建 筑 力 学

主　编：刘　佳　王　维　黄明非

副主编：满先慧　李姗姗　陈金锋　左良栋

　　　　甘其利　穆　锐　陈万清

参　编：张永平　柯　学　黄　川

西南交通大学出版社

·成　都·

内容提要

本书根据力学自身内在的联系,将理论力学、材料力学和结构力学三门课程融会贯通形成新的建筑力学体系。

本书内容包括绪论、静力学基本知识、平面力系的合成与平衡、轴向拉伸和压缩、剪切和扭转、梁的弯曲、组合变形、压杆稳定、平面体系的几何组成分析、静定结构的内力和位移分析、超静定结构的内力和位移、影响线及其应用等。

本书可作为高等职业院校建筑工程技术、道路桥梁技术、工程监理、工程管理、工程造价等土建类相关专业的教材,也可作为专升本考前复习、自学辅导用书,还可以作为有关技术人员的参考用书及建筑施工企业员工的培训用书。

图书在版编目(C I P)数据

建筑力学 / 刘佳,王维,黄明非主编. —成都:
西南交通大学出版社,2023.7
ISBN 978-7-5643-9312-0

Ⅰ. ①建… Ⅱ. ①刘… ②王… ③黄… Ⅲ. ①建筑科
学 – 力学 – 高等职业教育 – 教材 Ⅳ. ①TU311

中国国家版本馆 CIP 数据核字(2023)第 111019 号

Jianzhu Lixue
建筑力学

主　编　刘　佳　王　维　黄明非

责任编辑　韩洪黎
封面设计　吴　兵

出版发行　西南交通大学出版社
　　　　　(四川省成都市金牛区二环路北一段 111 号
　　　　　西南交通大学创新大厦 21 楼)
邮政编码　610031
发行部电话　028-87600564　028-87600533
网址　　　http://www.xnjdcbs.com
印刷　　　成都中永印务有限责任公司

成品尺寸　185 mm×260 mm
印张　　　18.75
字数　　　468 千
版次　　　2023 年 7 月第 1 版
印次　　　2023 年 7 月第 1 次
书号　　　ISBN 978-7-5643-9312-0
定价　　　49.50 元

课件咨询电话:028-81435775

"建筑力学"是高职高专院校建筑工程技术、工程造价、建设工程监理、建筑装饰工程技术等相关专业学生必学的专业基础课程，通过本课程的学习，为学生后续专业课程的学习及从事专业技术工作奠定良好的基础。

本书是编者多年建筑力学课程教学实践的总结。本书从职业教育培养目标和学生的实际情况出发，以"必需，够用"为度，注重应用，精选理论力学、材料力学和结构力学的有关内容形成简洁的教学体系，力求做到理论联系实际，注重科学性、实用性和针对性，突出学生应用能力的培养。本书相比市场现有教材，主要有如下创新点：

① 本书从力学知识的统一性和连贯性出发，考虑力学知识自身的内在联系，淡化理论力学、材料力学和结构力学三者之间的明显分界，精选有关内容融为一体，形成建筑力学新体系。根据近年来土木类专业对"建筑力学"的要求，重点放在使学生建立力学的基本概念、掌握基本理论及基本计算方法。同时了解各种结构的受力特征、变形特征，建立构件和结构的强度、刚度、稳定性的概念，为后续课程打下良好的力学基础。

② 为进一步强化教材的实用性和可操作性，使之更好地满足职业教育教学工作的需要，以知识目标、教学要求、重点难点、项目学习、任务实训、项目总结的体例形式，构建"引导—学习—练习—总结"的教学模式，引导学生从更深层次复习和巩固所学知识。

③ 本书参照国家、行业最新标准规范进行编写，进一步体现了教材的先进性和内容的严谨性。

④ 本书紧贴党的"二十大"关于职业教育的教学改革要求，以培养高技能人才为依据，以就业为导向，以学生为主体，强调提升学生的实践能力和动手能力，力求做到内容精简，由浅入深，联系工程实际，授课中将思想政治教育元素渗透到每个项目内容的学习中。

⑤ 行业专家学者参与了本教材的编审。"工学结合、校企合作、产教融合"一直是职业教育健康发展的基础。本教材在编写过程中，邀请了国内知名工程专家参与编审工作，确保教学内容更贴近建筑工程实际。

本书具体编写分工如下：项目 1 由重庆建筑科技职业学院李姗姗负责编写，项目 2 由重庆建筑科技职业学院李姗姗、甘其利及重庆市高新工程勘察设计院有限公司柯学负责编写，项目 3、项目 4 由重庆建筑科技职业学院刘佳负责编写，项目 5 由重庆建筑科技职业学院刘佳、陈万清、黄川及重庆大恒工程设计有限公司张永平负责编写，项目 6 由重庆建筑科技职业学院满先慧负责编写，项目 7 由重庆建筑科技职业学院满先慧、中国人民解放军陆军勤务学院陈金锋负责编写，项目 8、项目 9 由重庆建筑科技职业学院黄明非负责编写，项目 10、项目 11 由重庆建筑科技职业学院王维负责编写，项目 12 由重庆建筑科技职业学院黄明非、左良栋负责编写，附录由重庆建筑科技职业学院王维、中国人民解放军陆军勤务学院穆锐负责编写。

由于时间和水平有限，书中疏漏之处在所难免，希望读者批评指正！

编　者

2023 年 2 月

CONTENTS 　目　录

项目 1　绪　论

　　建筑力学是由静力学、材料力学与结构力学中的主要内容，按照相近、相似内容集于一处的原则，重新整合而成的一门综合学科。建筑力学主要是将力学原理应用于建筑工程实际的技术学科，为建筑工程专业的学生进一步学习专业课奠定基础，在整个知识结构与能力结构的构筑过程中起着相当大的作用，因此学生应重视建筑力学的学习。

知识目标

1. 了解建筑力学的研究对象、内容及任务。
2. 能将工程实际结构简化为结构计算简图。
3. 能区分静力学、材料力学和结构力学的研究内容。

教学要求

1. 能正确认识建筑力学的研究对象。
2. 能明确建筑力学的主要任务。
3. 能了解建筑力学的学习内容及学习方法。

重点难点

将工程实际结构简化为结构计算简图。

任务 1　建筑力学的研究对象

　　建筑力学主要研究建筑工程结构的力学性能。建筑工程结构中的各类建筑物，都是由许多构件组合而成的。在建造之前，都要由设计人员对组成它们的构件进行受力分析，构件的材料、尺寸、排列位置等都要通过计算来确定。

1. 结构和构件的概念

　　任何建筑物都由梁、板、墙、柱和基础等部件组成，这些部件在建筑物中相互联系、相互支承，并通过正确的连接组成能够承受和传递荷载的平面或空间体系，如图 1-1-1 所示。建筑物中承受和传递荷载、维持平衡并起骨架作用的部分或体系称为建筑结构，简称结构。结构可以是最简单的一根梁或一根柱，也可以是由板、梁、柱和基础组成的整体。组成结构的部件称为构件。构件在建筑物的建造及使用过程中都要承受各种力的作用，如各部分的自重，风、水、土的压力，人及设备的重力，甚至地震作用等，工程上习惯于将这类主动作用在建筑物上的外力称为荷载。

图 1-1-1

2. 建筑力学的研究对象

人们在改善生活、征服自然和改造自然的活动中，经常要利用各种建筑材料建造各种各样的建筑物和构筑物。人们直接在其内部进行生产、生活、娱乐的建筑（如宿舍楼、教学楼、商场、体育馆等）称为建筑物；人们不直接在其内部进行系列活动的建筑（如堤坝、烟囱、蓄水池等）称为构筑物。构筑物和建筑物又统称为建筑结构，简称结构。完整的结构是由许多单一的构件所组成的，如教学楼作为整体结构，是由梁、板、柱等许多构件所组成的。

建筑工程中的结构根据其几何特征的不同可分为杆件结构、薄壁结构和实体结构。

杆件结构是由若干杆件按照一定的方式连接起来组合而成的体系。杆件的几何特征是其横截面的高度、宽度比杆件的长度小得多，如房屋结构中的钢筋混凝土框架、南京长江大桥（图 1-1-2）等大跨度钢桁架桥等。

图 1-1-2

薄壁结构也称板壳结构，这类结构由薄壁构件组成，它的厚度比长度和宽度小得多。当它是由若干块薄板构成时称为薄板结构，如楼板、水池、薄壳屋面等，如图 1-1-3（a）所示；当它具有曲面或球面外形时称为薄壳结构，如图 1-1-3（b）所示。

实体结构也称为块状结构，这类结构本身可看作是一个实体构件或由若干实体构件组成的大结构。它的几何特征是呈块状的，长、宽、高三个方向的尺寸大体相近，且内部大多为实体，如挡土墙、基础、水坝等，如图 1-1-3（c）所示。

建筑力学的主要研究对象是杆件以及由杆件所组成的杆件结构。

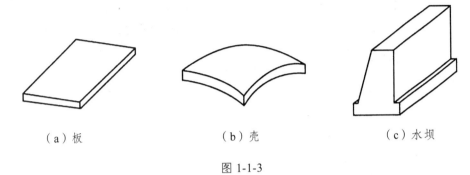

（a）板　　　　　　　　（b）壳　　　　　　　　（c）水坝

图 1-1-3

3. 建筑力学的主要任务

结构的主要作用就是承受荷载和传递荷载。承受和传递荷载就会使结构产生变形，并存在发生破坏的可能性。结构和构件本身就应具有一定的维持平衡、抵抗变形和破坏的能力，才能保证结构和构件的安全和正常使用的基础。

在结构设计时，如果把构件的截面设计得过小，构件会因强度或稳定性不足使结构丧失承载力，或者因刚度较弱，使构件产生过大变形而丧失正常使用的能力；反之，构件截面设计得过大，经济性不好，会造成人力、物力和财力上的浪费。建筑力学的任务就是为解决安全和经济这一矛盾提供必要的理论基础和计算方法，研究和分析作用在结构或构件上的力与平衡的关系，结构或构件的内力、应力和变形的计算方法以及构件的强度、刚度和稳定性问题。

在设计过程中需要讨论和研究建筑结构及构件在荷载或其他因素作用下的工作状况，具体归纳为以下几个方面：

（1）力系的简化和力系的平衡问题。

力是物体间的相互作用，力系是指作用在物体上的一群力，任何物体在力的作用下都将发生不同程度的变形，如梁柱受力后将产生弯曲和压缩变形。如果在其中的某个力作用下所产生的变形对物体的平衡问题影响甚小，常略去不计，因此可用简单的力系代替复杂的力系，从而可大大简化计算，这就是力系的简化问题。

力系的平衡是指物体相对地球静止或做匀速直线运动的状况。

（2）刚度问题。

刚度指的是构件在荷载作用下抵抗变形的能力。一个结构或构件在荷载作用下，尽管有足够的强度，但如果变形过大，也会影响正常的使用。例如，厂房中的吊车梁，变形过大会影响吊车的正常行驶；房屋中的檩条，变形过大会引起屋面漏水；跳水比赛中的跳水板，如果在受到运动员力的作用之后，变形过大，不能恢复，就会影响运动员水平的正常发挥。

（3）强度问题。

强度指的是构件在荷载作用下抵抗破坏的能力。构件在荷载作用下应能正常工作而不被破坏，因此构件应有足够的强度。构件若因强度不足而引起破坏，轻者使构件不能正常工作，严重者将发生如飞机坠毁、轮船沉没、桥梁折断和房屋倒塌等事故，造成人员伤亡、财产损失，甚至造成严重灾难。

（4）稳定问题。

稳定指的是杆件在荷载作用下保持其原有平衡状态的能力。有些构件（如建筑工程中细长的柱子）在受压时，从安全角度考虑的话，工程中要求它们始终保持直线的平衡形态。 如果压力过大，达到某一数值时，压杆将由直线平衡形态变为曲线平衡形态，这种现象称为压杆失稳。失稳往往是突然发生，易造成严重的工程事故，如 19 世纪末瑞士的孟希太因大桥、20 世纪初加拿大的魁北克大桥，都是由于桥架受压弦杆失稳，使大桥突然坍塌。因此，对压杆来说，满足稳定性的要求是其正常工作必不可少的条件。

（5）超静定结构的内力分析问题。

超静定结构是指利用静力分析的方法不能求出整个结构的全部内力以及支座反力的结构。超静定结构的建筑在工程实际中越来越多，与静定结构相比，超静定结构具有很多优点，比如受力更加均匀、变形幅度更小。另外，超静定结构的内力分析方法有很多，如力法、位移法、力矩分配法、分层法和反弯点法等。

（6）研究几何组成规则。

研究几何组成规则的目的是设计出在外荷载的作用下能够正常工作的结构。稳固的结构能够在外荷载的作用下不发生相对运动，能够维持自己的形状和位置不变。

任务实训

1. 什么是建筑结构？什么是构件？什么是建筑物和构筑物？

_____

_____

_____

_____

2. 建筑工程中的结构根据其几何特征的不同可分为哪三种？各自特点是什么？

_____

_____

_____

_____

3. 建筑力学的主要任务是什么？

_____

_____

_____

_____

4. 建筑力学的研究对象是什么？

_____

_____

_____

_____

5. 何为强度？何为刚度？何为超静定结构？

_____

_____

_____

_____

任务 2 结构计算简图

在实际工程中，建筑工程结构是多种多样的，结构上作用的荷载也比较复杂，要完全按照结构的实际情况进行力学分析计算是不可能的，有时也是没有必要的。分析结构进行力学计算前，必须对结构做一些简化，省略次要的影响因素，突出结构的主要特征，用一个简化的结构图形来代替实际结构，这种简化图形称为结构的计算简图。

在建筑力学中，是以建筑结构的计算简图为依据进行力学分析和计算的。计算简图的选择，直接影响计算的工作量和精确度。

选取结构计算简图应遵循以下两条原则：

（1）正确反映结构的实际情况，使计算结果精确、可靠。

（2）分清主次，省略次要因素，便于分析和计算。

工程中的建筑结构都是空间结构，各部分互相连接成一个空间整体，以便承受各个方向可能出现的荷载。因此，在一定条件下，根据结构的受力状态和特点，设法把空间结构简化为平面结构，这样可以简化计算。简化成平面结构后，结构中有很多构件存在着复杂的联系，因此，仍有进一步简化的必要。根据受力状态和特点，可以把结构分解为基本部分和附属部分；把荷载传递途径分为主要途径和次要途径；把结构变形分为主要变形和次要变形。在分清主次的基础上，就可以抓住主要因素、省略次要因素。

结构的简化一般包括下列内容：

（1）结构体系的简化；

（2）支座的简化；

（3）荷载的简化。

1．结构体系的简化

（1）平面简化。一般的建筑结构都是空间结构，但很多情况下，空间结构可以分解为几个平面结构来进行计算。如图 1-2-1 所示的单层工业厂房排架结构，可以简化成图 1-2-2 所示的平面结构进行计算。

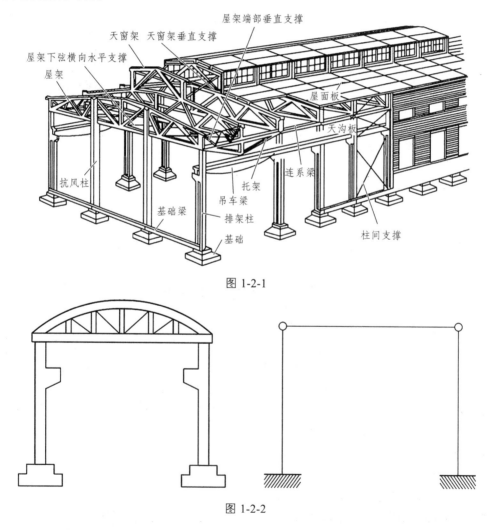

图 1-2-1

图 1-2-2

（2）杆件的简化。在结构计算简图中，结构的杆件可用其纵向轴线来代替，杆件的截面以它的形心来代替，如图 1-2-3 所示。

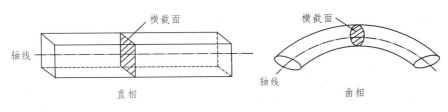

图 1-2-3

（3）结点的简化。杆件之间相互连接的部分称为结点。不同的结构连接方法不同，但在结构的计算简图中，通常结点只简化成铰结点和刚结点两种基本形式。

① 铰结点的特征是其所铰接的各杆件可绕结点自由转动，杆件之间的夹角大小可以改变。如图 1-2-4 所示，木结构中两杆件用铆钉连接，在计算简图中，铰结点用杆件交点处的小圆圈来表示。

② 刚结点的特征是其所连接的杆件之间不能绕结点转动，变形前后，结点处各杆间的夹角都保持不变。如图 1-2-5 所示为现浇钢筋混凝土框架梁柱连接结点构造，在计算简图中，刚结点用杆件轴线的交点来表示。

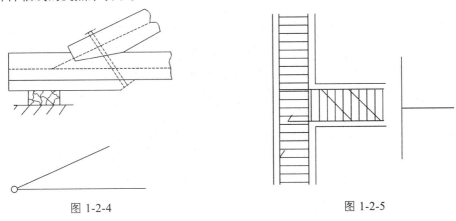

图 1-2-4

图 1-2-5

2. 支座的简化

支座是指结构与基础（或其他支承构件）之间的连接构造。在实际结构中，基础对结构的支承形式多种多样，但在结构平面计算简图中，支座通常可简化为可动铰支座、固定铰支座、滚轴支座和固定支座四种基本类型，如图 1-2-6 所示。

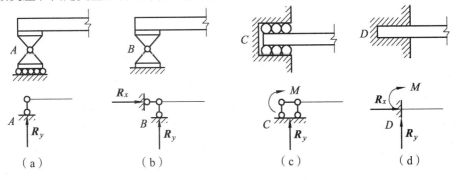

（a）　　　　　（b）　　　　　（c）　　　　　（d）

图 1-2-6

3. 荷载的简化

通常荷载可以简化为集中荷载、面均布荷载、线均布荷载及非均布荷载。

当作用在结构上的实际荷载分布在结构的较小区域，其分布面积远远小于结构尺寸时，可将此荷载简化为作用于一点的集中荷载，如图 1-2-7 所示。

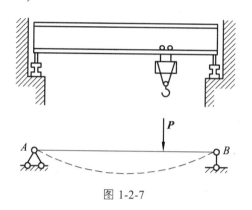

图 1-2-7

当荷载连续地作用在整个物件或构件的一部分（不能看作集中荷载）时，称为分布荷载。有些荷载分布在构件的体积内，称为体荷载，如大坝的自重；有些荷载分布在构件的某一面积上，称为面荷载，如楼板上的荷载、风荷载、雪荷载、水坝上的水压力等；有些荷载是分布在一个狭长的面积上或体积上，则可以把它简化为沿其中心线分布的荷载，称为线荷载，如梁的自重和楼板传给梁的荷载都可简化为沿梁的长度分布的线荷载。当荷载均匀分布时，称为均布荷载；当荷载分布不均匀时，称为非均布荷载。所以，板的自重即为面均布荷载，如图 1-2-8（a）所示；梁的自重即为线均布荷载，如图 1-2-8（b）所示；水池的池壁所受的水压力则因压强与水深成正比，而为三角形分布的非均布荷载，如图 1-2-8（c）所示。

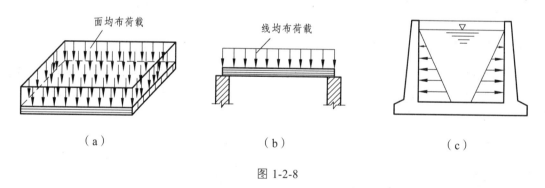

| （a） | （b） | （c） |

图 1-2-8

构件上每单位体积、单位面积或单位长度上所承受的荷载分别称为体荷载集度、面荷载集度或线荷载集度，它们各表示对应的分布荷载的密集程度。荷载集度要乘以相应的体积、面积或长度后才是荷载（力）。线荷载集度的单位是牛/米（N/m），面荷载集度与体荷载集度的单位则分别为牛/米^2（N/m^2）与牛/米^3（N/m^3）。

任务实训

1. 选取结构计算简图应遵循哪两条原则？

_____

_____

_____

_____

2. 结构计算简图应从几个方面进行简化？

_____

_____

_____

_____

3. 在结构的计算简图中，通常结点只简化成哪两种基本形式？分别是怎样简化的？

_____

_____

_____

_____

4. 何为均布荷载和非均布荷载？

_____

_____

_____

_____

5. 荷载通常可以简化为哪几种形式？

_____

_____

_____

_____

📝 **项目小结**

本项目主要讲述了建筑力学的研究对象和结构计算简图。

1. 建筑力学的研究对象着重介绍了结构和构件的概念、建筑力学的研究对象和建筑力学的主要任务。

2. 结构计算简图着重介绍了结构体系、支座和荷载的简化。

项目 2　静力学基本知识

　　静力学是研究物体平衡问题的科学，包括两个基本问题：力系的简化和物体在力系作用下的平衡条件。所谓物体的平衡，是指物体相对于地面保持静止或匀速直线运动状态。

　　静力学中将研究对象全部视为刚体。所谓刚体是指在力的作用下，其内部任意两点间的距离始终保持不变，即不变形体。显然，这是一个抽象化的理想力学模型。

知识目标

1. 掌握力、力系和平衡的概念，熟悉静力学的基本公理。
2. 熟悉各种常见约束的特点及约束反力的形式。
3. 能熟练地对物体进行受力分析并画出其受力图。

教学要求

1. 能正确掌握力、力系和平衡的概念。
2. 能明确各种常见约束的特点及约束反力的形式。
3. 能对物体进行受力分析并画出其受力图。

重点难点

对物体进行受力分析并画出其受力图。

任务 1　力学的基本概念

1. 力的概念

　　力的概念是人们在长期的生活和生产实践中逐渐建立起来的。例如，用手推车，手会感受到力的作用，同时车由静止开始运动；楼面板由于要承受楼面重物而发生弯曲。因此，力是物体间相互的机械作用，这种作用使物体的运动状态发生变化（外效应），或者使物体形状发生改变（内效应）。

2. 力的三要素

　　力对物体的作用效果取决于三要素，即：力的大小、方向和作用点。

① 力的大小表示物体相互间机械作用的强弱程度。

② 力的方向表示物体间的相互机械作用具有方向性，它包括力作用线在空间的方位和力

沿其作用线的指向。

③ 力的作用点是指力作用在物体上的位置。

3. 力的表示

力的三要素表明力是定点矢量，通常可用一段带箭头的线段 AB 来表示，如图 2-1-1 所示。线段 AB 的长度表示力的大小；箭头的指向表示力的方向；线段的起点 A（或终点 B）表示力的作用点；线段 AB 所在的直线称为力的作用线。本书中用黑体字母 F 表示力矢量，用普通字母 F 表示力的大小。在国际单位制中，力的单位是 N（牛顿）或 kN（千牛顿）。

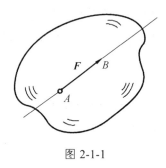

图 2-1-1

4. 力系的概念

力系是指作用于物体上的一系列力。例如一栋楼房，除了自重外，会承受人群及重物的压力作用，同时会受到自然条件的影响（如风荷载、雪荷载甚至地震荷载等）。以楼房为研究对象，受力分析时，我们称楼房受到力系作用。

根据力系中所有力的作用线的分布状况，可将力系分为如下四种：

① 汇交力系：力系中各力作用线汇交于一点。

② 力偶系：全部由力偶组成的力系。

③ 平行力系：力系中各力作用线相互平行。

④ 任意力系：力系中各力作用线不完全交于一点，力不完全相互平行。

按照各力的作用线是否位于同一平面内，力系又可分为平面力系和空间力系两大类。建筑力学主要研究平面力系。

5. 平　衡

平衡是指物体在力的作用下相对于惯性参考系处于静止或做匀速直线运动的状态。在一般工程技术问题中，平衡常常都是相对于地球而言的。例如，静止在地面上的房屋、桥梁、水坝等建筑物，在直线轨道上做匀速运动的火车等，都是在各种力的作用下处于平衡状态。平衡是物体机械运动的特殊情况。一切平衡都是相对的、暂时的和有条件的，而运动则是绝对的和永恒的。

使物体处于平衡状态的力系称为平衡力系。物体在力系作用下处于平衡时，力系所应该满足的条件，称为力系的平衡条件。这种条件有时是一个，有时是几个，它们是建筑力学分析的基础。

任务实训

1. 力对物体的作用效果取决于哪三个要素？

_____

_____

_____

_____

_____

2. 力如何来表示？

_____

_____

_____

_____

_____

3. 什么是力系？

_____

_____

_____

_____

_____

4. 何为物体的平衡状态？若作用于刚体同一平面上的三个力的作用线汇交于一点，此刚体是否一定平衡？

_____

_____

_____

_____

_____

任务 2　静力学基本公理

静力学公理是不能被更简单的原理再证明的真理，是人类在长期的生产和生活实践中，经过反复的观察和实验总结出来的客观规律。静力学的全部理论，即关于力系的简化和平衡条件的理论，都是由以下基本公理为依据得出的。

1. 作用与反作用公理

两物体间相互作用的力总是大小相等，方向相反，作用线沿同一直线，并分别作用在这两个物体上。

这一公理是结构受力分析，特别是绘制隔离体受力图的基础。需要强调的是，作用力与反作用力一定是分别作用于两个物体，且有作用力必定有反作用力；没有反作用力必定没有作用力，两者总是同时存在，又同时消失。

2. 二力平衡公理

两个力作用在同一刚体上，使刚体处于平衡状态的充分必要条件是：这两个力的大小相等、方向相反，且作用在同一条直线上。

二力平衡是一切平衡力系的基础。建筑结构中受二力平衡的构件很多，如钢筋受拉平衡、柱子受轴向压力平衡都属于这一类。在两个力作用下平衡的构件称为二力构件，如果构件是杆，则称二力杆。如图 2-2-1 所示的支架结构，如果不计杆自重，则图（a）中 AB、AC，图（b）中 AB 杆都是二力杆。二力杆可以是直杆也可以是曲杆。其受力特点是：两个力大小相等、方向相反且在同一条直线上，该直线为两力作用点的连线。对于只在两点上受力而平衡的杆件，应用二力平衡公理可以确定其所受未知力的方位。

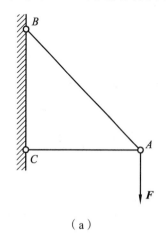
（a）

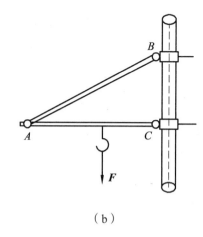
（b）

图 2-2-1

3. 加减平衡力系公理

在作用于同一刚体的某力系上增加或除去任意平衡力系，并不改变原力系对该刚体的作用这一公理表明，加减平衡力系后，新力系与原力系等效。

4. 力的平行四边形公理

作用于物体上同一点的两个力，可以合成为一个合力，合力也作用于该点，其大小和方向由以两个分力为邻边所构成的平行四边形的对角线来确定，如图 2-2-2（a）所示。

有时为了简便，只需画出力的平行四边形的一半即可，就是画出一个三角形，也称为力的三角形法则，如图 2-2-2（b）、（c）所示。

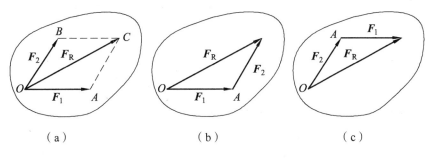

图 2-2-2

推论：三力平衡汇交原理

刚体在三个互不平行的力作用下处于平衡，则此三力必在同一平面内且汇交于一点，如图 2-2-3 所示。

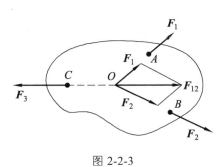

图 2-2-3

证明：此处只证三共面力平衡必汇交。刚体在 A、B、C 三点受到三个共面但互不平行的力 F_1、F_2、F_3 作用而平衡。根据力的可传性，将力 F_1 和 F_2 移到汇交点 O，再根据力的平行四边形法则，得到合力 F_{12}，则力 F_3 应与 F_{12} 平衡。由于二力平衡必须共线，所以力 F_3 必定过力 F_1 和 F_2 交点 O。

因任意三力平衡必共面的证明要用到空间力系简化知识，此处略去。

📝 任务实训

1. 静力学基本公理有哪些？分别是什么？

_____

_____

2. 何为作用与反作用公理？

3. 两个力作用在同一刚体上，使刚体处于平衡状态的充分必要条件是什么？

4. 什么是二力构件？分析二力构件受力时与构件的形状有无关系，为什么？

5. 二力平衡公理、作用力与反作用力公理中，均强调二力等值、共线、反向，其区别在哪里？

任务 3　约束与约束反力

自由体是在空间运动不受任何限制的物体，如在空中飞行的飞机、导弹等，它们在空中可以不受限制地自由飞行（不考虑空气阻力）。天花板下用绳索吊着的灯，铁轨上运行的火车，由墙支承的屋架等，它们在空中的运动都受到了一定的限制，这类在运动中受到某些限制的物体统称为非自由体。对非自由体运动的限制通常称为约束。例如，墙体对屋架下落的运动起到限制作用，则称墙体给屋架一个约束。墙体作为约束体，屋架显然是被约束体，约束体与被约束体间有相互接触和作用。

约束限制了物体的运动，必承受物体的作用力，同时给物体以反作用力，这种力称为约束力或约束反力。确定约束反力的大小、方向和作用点是绘制结构或构件的受力图和进行受力分析的基础。一般约束反力的值要根据主动力（或称荷载）的作用情况利用平衡条件才能确定，但约束反力的方向和作用点通常只与约束本身有关。一般来说，约束既然是对物体运动的限制，那么约束反力的方向必定与限制运动的方向相反，这是确定约束反力方向的基本原则。约束反力的作用点，显然应是约束体与被约束体的接触点。

建筑工程中常见的几种约束有柔体约束、光滑接触面约束、光滑圆柱形铰链约束、固定铰支座、可动铰支座、固定端支座、单链杆支座等。

1. 柔体约束

类似柔软的绳索、链条、胶带等约束，其本身只能承受拉力，因此它给物体的约束力也只能是拉力。柔体约束的约束力作用在接触点，方向沿着柔体约束的中心线背离被约束物体。常用 F_T 表示这类约束力，如图 2-3-1 所示。

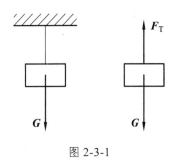

图 2-3-1

2. 光滑接触面约束

若两物体接触处的摩擦很小，与其他力相比可以忽略不计，则可认为接触面是光滑的。由光滑面所形成的约束，称为光滑接触面约束。简单地说，就是当两个物体光滑地接触在一起时，它们彼此都叫作对方的光滑接触面约束。

图 2-3-2 所示为吊车梁的轨道对轮子的约束，如不计接触面的摩擦，可看作是光滑接触面约束。图中支承于牛腿柱上的吊车梁受到柱的约束（支承作用），当不考虑摩擦时，可视为光滑接触面约束。

不论光滑接触面的形状如何，它都不能限制物体沿着光滑面的公切线方向并离开光滑接触面的运动，它只能限制物体沿光滑接触面的公法线并朝向光滑接触面（内侧）方向的运动。所以光滑接触面的约束反力必定作用在物体与约束的接触点（接触处的几何中心），沿着光滑接触面的公法线而指向物体本身（物体受压力）。该约束反力的方向已知、大小待求，通常用符号 F_N 表示。如图 2-3-3（a）所示，支撑面只能限制物体过接触点沿接触面公法线方向向下的位移，而不能限制该点离开支撑面或沿其他方向的运动。因此，光滑接触面对被约束物体的约束反力作用在接触点上，作用线过接触点沿接触面公法线方向，并指向被约束的物体，即物体受到压力作用，如图 2-3-3（b）所示。图 2-3-3（c）中的直杆搁置在凹槽中，A、B、C三点受到约束。假定接触面是光滑的，则其约束反力分别为 F_{NA}、F_{NB}、F_{NC}，而方向垂直于相应的接触面，如图 2-3-3（d）所示。

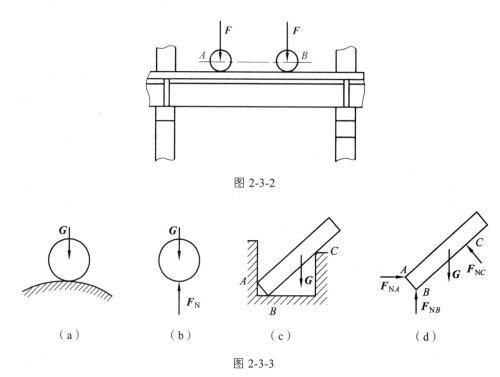

图 2-3-2

（a）　　　　　（b）　　　　　（c）　　　　　（d）

图 2-3-3

3. 光滑圆柱形铰链约束

如图 2-3-4 所示，两个物体都加工成内部含有一个直径相同的圆孔，用直径略小的圆柱体（称销子）将这两个物体连接所形成的装置称为圆柱形铰链。若圆孔间的摩擦忽略不计，则称为光滑圆柱形铰链，简称铰链。其约束特点是不能阻止物体绕销子的转动，但能阻止物体沿圆孔径向的运动。约束反力的作用点（作用线穿过接触点和圆孔中心）在圆孔中心，指向不定，它取决于主动力的状态。对于图 2-3-5（a）所示的 F_A，通常用它的两个正交分量表示在铰链简图上，如图 2-3-5（b）所示的 F_{Ax}、F_{Ay}。

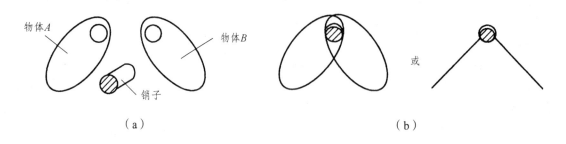

（a）　　　　　　　　　　　　　　　（b）

图 2-3-4

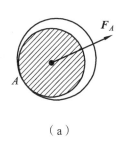 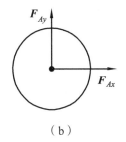

（a） （b）

图 2-3-5

4. 固定铰支座

用圆柱形铰链把结构或构件与基础或静止的构件相连构成的支座称为固定铰支座。图 2-3-6（a）所示为固定铰支座的形成结构，图 2-3-6（b）所示为固定铰支座的计算简图。事实表明：固定铰支座同样可以限制构件在 x 轴、y 轴两个方向的移动，而不限制构件绕销钉轴线的转动。所以，固定铰支座给予构件的约束反力是用通过铰链中心、方向待定的两个正交分力 F_x、F_y 来表示，如图 2-3-6（c）所示。

图 2-3-6（a）所示的固定铰支座是桥梁结构所用的理想铰支座，在房屋建筑中较少采用这种理想支座。通常将那些只能限制构件移动，而允许构件产生微小转动的支座都视为固定铰支座。

如图 2-3-7（a）所示，预制柱插入杯形基础后，在杯口周围用沥青麻丝填实。这样，柱子可以产生微小转动，而不能上下、左右移动。因此，柱子可视为支承在铰支座上，计算简图如图 2-3-7（b）所示。

固定铰支座与圆柱铰链的约束性能相同，其约束反力也相同。

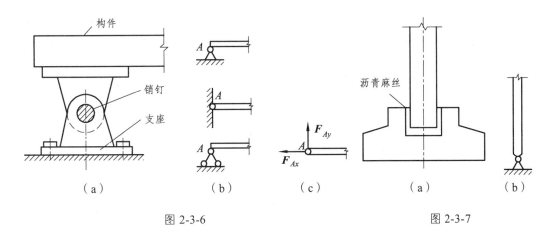

图 2-3-6 图 2-3-7

5. 可动铰支座

在桥梁、屋架和其他工程结构上经常采用可动铰支座，也称为滑移铰支座或滚轴支座。图 2-3-8（a）所示为桥梁上采用的可动铰支座，这种支座中有几个圆柱形轮子，可以沿固定面滚动，以便当温度变化而引起桥梁跨度伸长或缩短时，允许两支座间的距离有微小的变化。

但其中支座的连接使它不能离开支承面。

图 2-3-8（b）所示为可动铰支座的计算简图。这种支座只能限制构件在垂直于支承面方向的移动，而不能限制构件绕销钉轴线的转动和沿支承面方向的移动。所以，可动铰支座的约束反力（简称支反力）通过铰链中心、垂直于支承面、指向待定。如图 2-3-8（c）所示，F_{NA} 的箭头指向是假设的（为了方便，有时也常用 F_A 表示）。

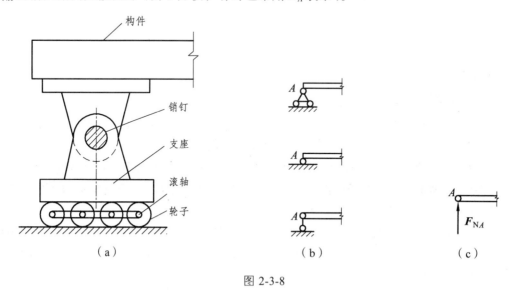

图 2-3-8

在实际工程中，将一根横梁通过混凝土垫块支承在砖柱上，如图 2-3-9 所示。当忽略梁与垫块接触处的摩擦时，垫块只能限制梁沿铅垂方向的移动，而不能限制梁的转动与沿水平方向的移动。这样，就可视为梁置于滚轴支座上。

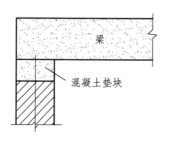

图 2-3-9

6. 固定端支座

房屋建筑中的悬挑梁，其一端嵌固在墙壁内而另一端自由。墙壁对悬挑梁的约束，既限制它沿任何方向（在平面内用 x 和 y 两个方向表示）的移动又限制它的转动，这样的约束称为固定端支座。

图 2-3-10（a）和图 2-3-10（b）表示了固定端支座的构造图和计算简图。由于这种支座既限制构件的移动、又限制构件的转动，所以，该固定端支座的约束反力是两个互相垂直的分力 F_{Ax}、F_{Ay} 和一个约束反力偶 M_A，如图 2-3-10（c）所示。其中，两个分力和反力偶的指向和大小均为待求量，受力分析时只要先作任意的假设即可。

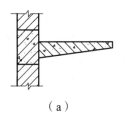 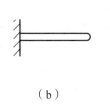 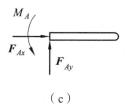

（a）　　　　　　　　　　　（b）　　　　　　　　　　　（c）

图 2-3-10

任务实训

1. 约束有几种基本类型？各类型约束反力的特点是什么？

_____

_____

_____

_____

2. 固定铰支座和可动铰支座区别是什么？各自受力有何特点？

_____

_____

_____

_____

3. 确定约束力方向的原则是什么？光滑圆柱铰约束有什么特点？

_____

_____

_____

_____

任务 4　受力图的画法

　　对物体进行受力分析并画出受力图，是解决力学问题的第一步，也是最关键的一步。在研究结构及其构件的强度、刚度和稳定性问题中，都要对所研究的对象进行受力分析。受力分析就是必须明确研究对象的受力情况，而不需要考虑其他部分的受力情况。因此就必须将所研究的对象从与它相联系的周围物体中分离出来，解除全部约束将其单独画出，成为分离体（或隔离体），然后在分离体的简图上将其所受各力正确标出，此图即为物体的受力图。画受力图的步骤如下：

（1）确定研究对象，取分离体。根据题意要求，确定研究对象，单独画出分离体的简图。研究对象可以是整体结构（不含支座），也可以是结构中的一个构件，还可以是一个构件的一部分，甚至是一个微元体，这取决于研究问题的需要。

（2）真实地画出作用于研究对象上的全部主动力。

（3）根据约束类型画约束反力。对于柔性约束、光滑接触面约束、链杆约束、可动铰支座等，可直接根据约束类型画出约束反力的方向。但对光滑圆柱体铰链约束、固定铰支座，其反力常用两个相互垂直的分力表示。对固定端约束，其反力常用两个相互垂直的分力再加一个力偶来表示，方向可任意假定。当题意要求确定这些约束反力的作用线方位及指向时，就必须根据约束类型并利用二力平衡条件（或三力平衡汇交定理）来确定约束反力的方向。同时，注意两物体间的相互约束反力必须符合作用与反作用公理。

（4）受力图上要表示清楚每个力的名称、作用点、方位及指向。

（5）注意：受力图上只画研究对象的简图和其所受的全部外力，不画已被解除的约束。画每个力要有依据，既不能多画也不能漏画。

1．单个物体的受力分析

下面通过例题来说明单个物体受力图的画法。

【例 2-4-1】重量为 G 的小球，放置方式如图 2-4-1（a）所示，试画出小球的受力图。

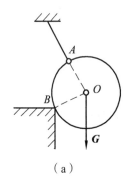 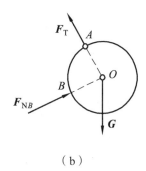

（a）　　　　　　　　　　（b）

图 2-4-1

【解】（1）根据题意取小球为研究对象。

（2）画小球受到的主动力：重力 G，作用于球心、竖直向下。

（3）画小球受到的约束反力：绳子的约束反力 F_T，作用于接触点 A，沿绳子的方向，背离小球；光滑面的约束反力 F_{NB}，作用于球面和支撑面的接触点 B，沿着接触点的公法线（沿半径、过球）指向小球。

把 G、F_T、F_{NB} 全部画在小球的相应位置处（三力汇交），就得到小球的受力图，如图 2-4-1（b）所示。其中，F_T、F_{NB} 的大小是未知的。

【例 2-4-2】试画出如图 2-4-2（a）所示的悬臂梁 AB 的受力图，梁的自重不计。

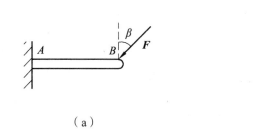 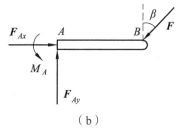

（a）　　　　　　　　　　　　　（b）

图 2-4-2

【**解**】（1）取梁 AB 为研究对象，画出分离体图。

（2）画出其主动力 **F**。

（3）画出其约束反力：A 端是固定支座，它的约束反力有两正交分力 F_{Ax}、F_{Ay} 及未知反力偶 M_A，且它们的指向均为假设。

梁 AB 的受力图如图 2-4-2（b）所示。

【**例 2-4-3**】试画出如图 2-4-3（a）所示外伸梁的受力图。

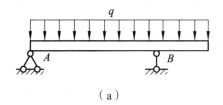 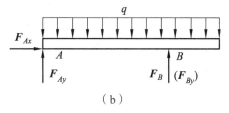

（a）　　　　　　　　　　　　　（b）

图 2-4-3

【**解**】（1）按题意取外伸梁为研究对象，并画出梁的分离体图。

（2）画梁所受到的主动力：梁的重力，表现为均匀分布的荷载 q（荷载集度，此处按 kN/m 计量）。

（3）画梁所受到的约束反力：梁在 B 点的约束为滚轴支座，其约束反力 F_B 与支承面垂直，指向假设为向上，也可以表示为 F_{By}；梁在 A 点的约束为铰支座，其约束反力通过铰链中心，但方向未定，常用互相垂直的两分力 F_{Ax} 与 F_{Ay} 表示，假设指向，如图 2-4-3（b）所示。

把 q、F_B、F_{Ax}、F_{Ay} 都画在梁的分离体对应位置处后就得到了梁的受力图，如图 2-4-3（b）所示。

2. 物体系统的受力分析

物体系统是指几个物体通过一定的约束和联系而组成的系统，简称物体系。

画物体系受力图与画单个物体受力图的方法基本相同，只是研究对象可能是整个物体系或物体系中的某一部分、某一物体。

画整体受力图时，只需把整体作为像单个物体一样的研究对象看待，只考虑整体外部的约束（支座）对它产生的约束反力。

【**例 2-4-4**】如图 2-4-4（a）所示为不计自重的三铰拱结构，已知左半拱上作用有荷载 **F**。试分析构件 AB 及整体的受力情况。

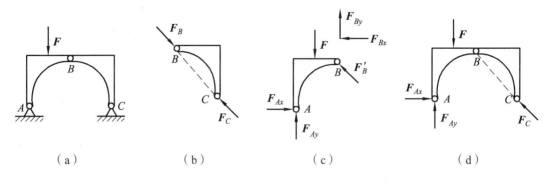

图 2-4-4

【**解**】（1）取 *AB* 构件为研究对象，画出分离体，并标注主动力 *F*。下面分析约束反力：*A* 处是铰支座，*B* 处是光滑圆柱铰链，它们的约束反力都可以用通过圆柱铰中心的两个正交分力来表示。但是，考虑到 *BC* 属二力构件，满足二力平衡公理，所以，*B*、*C* 两点的约束反力必会沿 *B*、*C* 两点的连线且等值反向，如图 2-4-4（b）所示，箭头指向可以假设。再根据作用力与反作用力公理，即可确定 *AB* 构件上 *B* 点的约束反力 F'_B 的方向。*A* 处的约束反力仍然可以用两个正交分力 F_{Ax}、F_{Ay} 来表示，如图 2-4-4（c）所示。

（2）取拱结构整体为研究对象，将整体从约束中分离出来并单独画出，标注主动力 *F* 后，将图 2-4-4（a）和图 2-4-4（b）中 *A* 和 *C* 处所受到的约束反力分别标注在整体分离体的 *A* 点和 *C* 点，即可得到整体的受力图，如图 2-4-4（d）所示。*AB* 构件只受三个力的作用而平衡，亦可根据三力平衡汇交定理，确定 *A* 处铰支座约束反力的作用线方位，箭头指向假设，如图 2-4-5 所示。

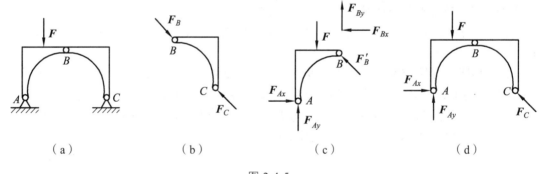

图 2-4-5

需要注意的是，铰结点 *B* 处的约束反力属于整体内部的相互作用力，叫作系统内力，不应出现在结构整体的受力图上（或者说，*AB* 与 *BC* 在 *B* 点同时相互作用，使得作用力和反作用力抵消）。必须指出，内力与外力的区分不是绝对的，它们在一定的条件下，可以相互转化。例如，当我们取 *AB* 构件为研究对象时，*B* 处的约束反力就属于 *AB* 的外力，但取整体为研究对象时，*B* 处的约束反力又成为整体的内力。可见，内力与外力的区分，只有相对于确定的研究对象才有意义。

【**例 2-4-5**】如图 2-4-6（a）所示，梁 *AC* 和 *CD* 用铰链 *C* 连接并支承在三个支座上，试画出梁 *AC*、*CD* 及整梁 *AD* 的受力图。

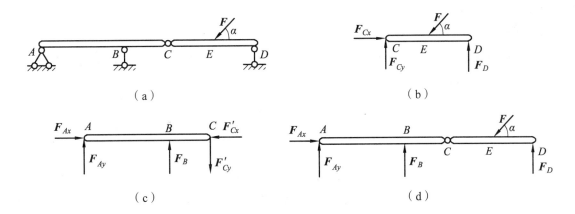

图 2-4-6

【解】（1）先取约束较少又有已知力的 CD 梁为研究对象，画出其分离体。CD 梁上受到的主动力为 F。D 处为滚轴支座，其约束反力垂直于支承面，指向假设向上；C 处为圆柱铰链约束，其约束反力由两个正交分力 F_{Cx}、F_{Cy} 表示，指向假设，如图 2-4-6（b）所示。亦可用三力平衡汇交定理确定 C 处铰链约束反力的方向，可自行绘制。

（2）再取 AC 梁为研究对象，画出分离体。C 处为圆柱铰链，其约束反力 F'_{Cx}、F'_{Cy} 与作用在 CD 梁上的 F_{Cx}、F_{Cy} 是作用力与反作用力的关系，而且是 AC 梁上的已知力。A 处为铰支座，其约束反力可用两正交分力 F_{Ax}、F_{Ay} 表示，箭头指向假设；B 处为可动铰支座，其约束反力 F_B 垂直于支承面，指向假设向上；AC 梁的受力图如图 2-4-6（c）所示。

（3）取 AD 整梁为研究对象，画出分离体并作受力分析得其受力图，如图 2-4-6（d）所示。

通过以上各例的分析可知，画受力图时应注意以下五点：

① 明确研究对象。根据解题的需要，可以取单个物体为研究对象，也可以取由几个物体组成的系统为研究对象，不同的研究对象有不同的受力图。

② 明确研究对象所受力的数目。在研究对象上要画出它所受到的全部主动力和约束反力，凡去掉一个约束就必须用相应的约束反力来代替。重力是特殊的主动力之一，不要在不可忽略重力时而忽略了它，也不是随处都要考虑它。对图中的每一个力都应明确它是哪一个物体施加的，绝不能凭空想象。

③ 确定约束反力的方向。一个物体往往同时受到几个约束的作用，这时应分别根据每个约束单独作用时，该约束本身的特性来确定约束反力的方向。一般来说，先标注可以确定作用线的那些约束反力（柔绳的拉力、光滑接触面的支持力、滚轴支座的支撑力等），最后结合基本公理考虑铰结点、铰支座的约束反力，用正交分力表示或用合力表示。同一点处的约束反力，在单个物体受力图和整体受力图中的标注符号以及方向的假设必须一致。

④ 作用力与反作用力的关系。相互连接着的两物体在连接点处存在作用力和反作用力的关系，画它们各自的受力图时必须引起注意。

⑤ 识别二力构件。二力构件在实际工程中经常遇到，它所受的两个力必定沿两力作用点的连线且等值、反向。这样就确定了其上两约束反力的方向，使受力图大大简化，并且减少了未知量的个数。

任务实训

1. 如图 2-4-7 所示，杆 AC 重为 G，C 端用绳子拉住，A 端靠在光滑的墙面上，问杆 AC 能否保持平衡状态？为什么？

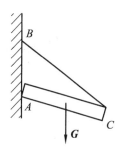

图 2-4-7

2. 已知图 2-4-8 中力 F_1、F_3 的大小且 F_1、F_2、F_3 及 F_4 的合力 $F_R = 0$，求 F_2、F_4 的大小。

提示：（1）使用平行四边形法则时，第一个分力的起点和最后一个分力的终点相重合；（2）使用合力投影定理时，合力的投影 $F_{Rx} = 0$、$F_{Ry} = 0$。

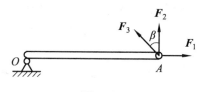

图 2-4-8

3. 如图 2-4-9 所示为砖混结构中的板式楼梯剖面图，试画出楼梯斜板、平台梁、平台板的结构计算简图。

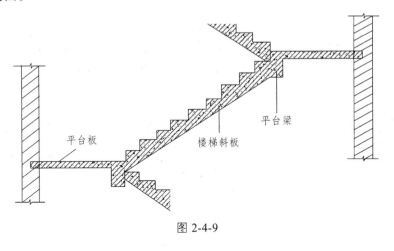

平台板   楼梯斜板   平台梁

图 2-4-9

4. 画出图 2-4-10 中球、杆的受力图。

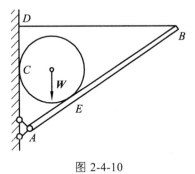

图 2-4-10

5. 画出图 2-4-11 中每个标注字符的物体（不含销钉与支座）的受力图。未画出重力的物体其自重不计，所有接触处均为光滑接触。

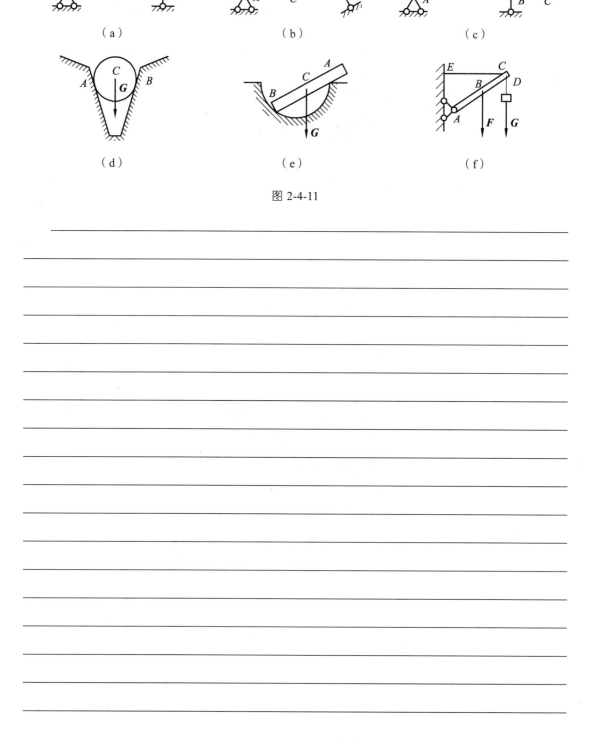

图 2-4-11

项目小结

本项目着重讲述了力学的基本概念、静力学基本公理、约束与约束反力和受力图的画法。

1. 力学的基本概念着重介绍了力的概念、力的三要素、力的表示、力系的概念和平衡。

2. 静力学基本公理着重介绍了作用与反作用公理、二力平衡公理、加减平衡力系公理和力的平行四边形公理。

3. 约束与约束反力着重介绍了柔性约束、光滑接触面约束、光滑圆柱形铰链约束、固定铰支座、可动铰支座和固定端支座。

4. 受力图的画法着重介绍了单个物体的受力分析和物体系统的受力分析。

项目3 平面力系的合成与平衡

当力系中各力作用线都在同一平面内时，称该力系为平面力系；当力系中各力作用线不在同一平面内时，称该力系为空间力系。由于工程实际中的力系大多能简化为平面力系，所以本书只分析平面力系。平面力系是研究平面一般力系的基础，工程实际中经常遇到平面力系问题。本项目主要阐述平面力系的简化、合成与平衡问题。

知识目标

1. 掌握各种平面力系的简化方法。
2. 掌握各种平面力系的平衡条件、平衡方程及平衡计算。
3. 掌握各种平面力系的简化过程。

教学要求

1. 会利用平面汇交力系合成与平衡的几何法和解析法解决相关力学问题。
2. 熟悉力偶的概念、力偶的基本性质以及平面力偶系的合成和计算。
3. 会利用平衡方程求解平衡问题。

重点难点

应用平面一般力系平衡方程解决平面力系问题。

任务1 平面汇交力系的合成与平衡

1. 平面汇交力系合成与平衡的几何法

在平面力系中，当各力作用线汇交于一点时称为平面汇交力系。

（1）平面汇交力系合成的几何法。

设一刚体受到平面汇交力系 F_1、F_2、F_3、F_4 的作用，各力的作用线汇交于点 A，如图 3-1-1（a）所示。为合成此力系，可根据力的平行四边形法则，两两逐步合成各力，最后求得一个通过汇交点 A 的合力 F_R。而要确定此合力 F_R 的大小和方向，可任取一点 a 将各分力的矢量依次首尾相连，由此组成一个不封闭的力多边形 $abcde$，而由起点 a 指向终点 e 的封闭边 $\overrightarrow{ae}$ 即表示合力 F_R 的大小和方向，如图 3-1-1（b）所示。图中的虚线 $\overrightarrow{ac}$（F_{R1}）为 F_1 与 F_2 的合力矢，图中的虚线 $\overrightarrow{ad}$（F_{R2}）为 F_{R1} 与 F_3 的合力矢，在作力多边形时不必画出。

在根据力多边形法则求平面汇交力系的合力时，根据矢量相加的交换律，任意变换各分力矢的作图次序，可得形状不同的力多边形，但其合力矢 $\overrightarrow{ae}$ 仍然不变，如图 3-1-1（c）所示。

封闭边矢量 $\overrightarrow{ae}$ 仅表示此平面汇交力系合力 $\boldsymbol{F}_R$ 的大小和方向（即合力矢），而合力的作用线仍应通过原汇交点 A。

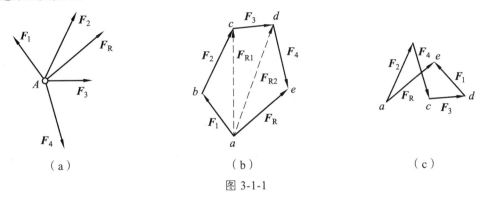

（a）　　　　　　　　　（b）　　　　　　　　　（c）

图 3-1-1

总之，平面汇交力系合成的结果为一合力，合力的大小和方向等于各分力的矢量和，合力的作用线通过汇交点。设平面汇交力系包含 n 个力，以 $\boldsymbol{F}_R$ 表示它们的合力矢，则有

$$\boldsymbol{F}_R = \boldsymbol{F}_1 + \boldsymbol{F}_2 + \cdots + \boldsymbol{F}_n = \sum_{i=1}^{n} \boldsymbol{F}_i \tag{3-1-1}$$

（2）平面汇交力系平衡的几何条件。

由于平面汇交力系可用其合力来代替，所以平面汇交力系平衡的必要和充分条件是该力系的合力等于零，即

$$\sum \boldsymbol{F}_i = 0 \tag{3-1-2}$$

在平衡力系下，力多边形中最后一个力的终点与第一个力的起点重合，此时的力多边形称为封闭的力多边形。因此平面汇交力系平衡的几何条件可表述为力多边形自行封闭。

求解平面汇交力系的平衡问题时可用图解法，即按比例先画出封闭的力多边形，然后用直尺和量角器在图上量得所要求的未知量，也可根据图形的几何关系，用三角公式计算出未知量，这种解题方法称为几何法。

2. 平面汇交力系合成与平衡的解析法

求解平面汇交力系问题，除了应用几何法外，经常应用的是解析法。解析法是以力在坐标轴上的投影为基础的。因此先介绍力在坐标轴上的投影的概念。

（1）力在坐标轴上的投影。

力在坐标轴上的投影如图 3-1-2 所示，设力 $\boldsymbol{F}$ 在直角坐标系 xOy 平面内，从力 $\boldsymbol{F}$ 的起点 A 和终点 B 分别向 Ox 轴作垂线，得到垂足 a、b，线段 ab 称为力 $\boldsymbol{F}$ 在 x 轴上的投影，记作 F_x。同理，从力 $\boldsymbol{F}$ 的起点 A 和终点 B 向 Oy 轴作垂线，得到垂足 a'、b'，线段 $a'b'$ 称为力 $\boldsymbol{F}$ 在 y 轴上的投影，记作 F_y。

力在坐标轴上的投影是代数量，其正负号的规定为：从起点 A 的投影 a（或 a'）到终点 B 的投影 b（或 b'）的指向与坐标轴的正向相同时，投影为正；反之为负。

设 α 和 β 分别表示力 $\boldsymbol{F}$ 与直角坐标系 x 轴和 y 轴正向间的夹角，则力 $\boldsymbol{F}$ 在 x 轴和 y 轴上

的投影分别为

$$F_x = F \cos \alpha$$

$$F_y = F \cos \beta$$

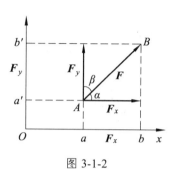

图 3-1-2

两种特殊情况：当力与轴垂直时，力在该轴上的投影为零；当力与轴平行时，力在该轴上投影的绝对值等于该力的大小。

反之，若已知力 F 在直角坐标系 x、y 轴上的投影 F_x、F_y，由图 3-1-2 可求出该力的大小和方向，即

$$F = \sqrt{F_x^2 + F_y^2} \tag{3-1-3}$$

$$\cos \alpha = \frac{F_x}{\sqrt{F_x^2 + F_y^2}} \qquad \cos \beta = \frac{F_y}{\sqrt{F_x^2 + F_y^2}}$$

【例 3-1-1】试分别求出图 3-1-3 中各力在 x 轴和 y 轴上的投影。已知力 F_1、F_2 的大小均为 200 kN。

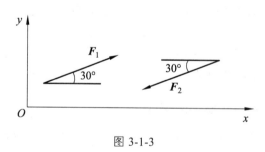

图 3-1-3

【解】 $F_{1x} = F_1 \cos 30° = 200 \times 0.866 = 173.2$ kN

$$F_{1y} = F_1 \sin 30° = 200 \times 0.5 = 100 \text{ kN}$$

$$F_{2x} = -F_2 \cos 30° = -200 \times 0.866 = -173.2 \text{ kN}$$

$$F_{2y} = -F_2 \sin 30° = -200 \times 0.5 = -100 \text{ kN}$$

（2）合力投影定理。

合力投影定理确定了合力的投影与分力的投影之间的关系。

图 3-1-4 表示平面汇交力系 F_1、F_2、F_3 组成的力多边形 $ABCD$，AD 表示该力系合力 F_R。

取任意 x 轴，把各力都投影到 x 轴上，得到四个垂足 a、b、c、d，并令 F_{1x}、F_{2x}、F_{3x} 和 F_{Rx} 分别表示力 $\boldsymbol{F}_1$、$\boldsymbol{F}_2$、$\boldsymbol{F}_3$ 和合力 $\boldsymbol{F}_R$ 在 x 轴上的投影。

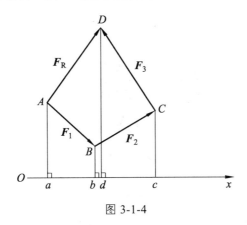

图 3-1-4

由图 3-1-4 可得

$$F_{1x} = ab, \quad F_{2x} = bc, \quad F_{3x} = -cd, \quad F_{Rx} = ad$$

而 $ad = ad + be - cd$，因此得

$$F_{Rx} = F_{1x} + F_{2x} + F_{3x}$$

上式可推广到任意多个汇交力的情况，即

$$
\begin{aligned}
F_{Rx} &= F_{1x} + F_{2x} + \cdots + F_{nx} = \sum F_x \\
F_{Ry} &= F_{1y} + F_{2y} + \cdots + F_{ny} = \sum F_y
\end{aligned}
\tag{3-1-4}
$$

合力在任一坐标轴上的投影等于各分力在同一坐标轴上投影的代数和，这就是合力投影定理。

（3）用解析法求平面汇交力系的合力公式。

根据合力投影定理，求出合力 $\boldsymbol{F}_R$ 的投影 F_{Rx} 及 F_{Ry} 后（图 3-1-5），即可按式（3-1-5）求出合力 $\boldsymbol{F}_R$ 的大小及方向。

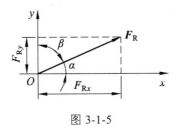

图 3-1-5

$$
\begin{aligned}
F_R &= \sqrt{F_{Rx}^2 + F_{Ry}^2} = \sqrt{\left(\sum F_x\right)^2 + \left(\sum F_y\right)^2} \\
\cos\alpha &= \frac{F_{Rx}}{F_R} = \frac{\sum F_x}{F_R}, \cos\beta = \frac{F_{Ry}}{F_R} = \frac{\sum F_y}{F_R}
\end{aligned}
\tag{3-1-5}
$$

【**例 3-1-2**】如图 3-1-6 所示，已知力 $F_1 = 3$ kN，$F_2 = 1$ kN，$F_3 = 1.5$ kN，$F_4 = 2$ kN。求合力 F_R。

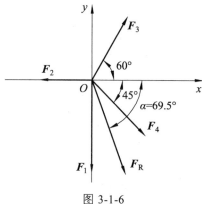

图 3-1-6

【**解**】建立直角坐标系 Oxy，合力在坐标轴上的投影分别为

$$F_{Rx} = \sum F_x = -F_2 + F_3 \cos 60° + F_4 \cos 45°$$
$$= -1 + 1.5 \times \cos 60° + 2 \times \cos 45° = 1.164 \text{ kN}$$

$$F_{Ry} = \sum F_y = -F_1 + F_3 \sin 60° - F_4 \sin 45°$$
$$= -3 + 1.5 \times \sin 60° - 2 \times \sin 45° = -3.115 \text{ kN}$$

合力 F_R 的大小为

$$F_R = \sqrt{F_{Rx}{}^2 + F_{Ry}{}^2} = \sqrt{1.164^2 + (-3.115)^2} = 3.325 \text{ kN}$$

合力 F_R 与 x 轴间所夹锐角为

$$\tan \alpha = \frac{|F_{Ry}|}{|F_{Rx}|} = \frac{|-3.116|}{|1.164|} = 2.676$$

$$\alpha = 69.5°$$

由 F_{Rx} 与 F_{Ry} 的正负号可判断 F_R 应指向右下方，如图 3-1-6 所示。

（4）平面汇交力系平衡的解析条件。

平面汇交力系平衡的必要和充分条件是该力系的合力等于零，即

$$F_R = \sqrt{F_{Rx}{}^2 + F_{Ry}{}^2} = \sqrt{\left(\sum F_x\right)^2 + \left(\sum F_y\right)^2} = 0$$

欲使上式成立，必须同时满足

$$\sum F_x = 0$$
$$\sum F_y = 0$$

（3-1-6）

即平面汇交力系平衡的解析条件是各力在两个坐标轴上投影的代数和分别等于零。式（3-1-6）称为平面汇交力系的平衡方程。

【**例 3-1-3**】平面刚架在点 C 受水平力 F 的作用，如图 3-1-7（a）所示。设 $F = 40$ kN，不计刚架自重，求支座 A、B 的反力。

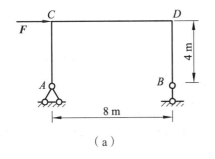
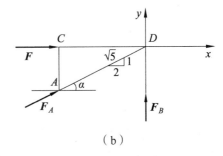

（a）　　　　　　　　　　　　　　　（b）

图 3-1-7

【**解**】① 选取研究对象。取刚架为研究对象，它受到水平力 F 及支座反力 F_A、F_B 3 个力的作用。图中支座 B 为可动铰支座，F_B 的方向为垂直于支承面。支座 A 为固定铰支座，约束力 F_A 的作用线可根据三力平衡汇交定理确定，它通过另外两个力的作用线的汇交点 D，如图 3-1-7（b）所示。

② 画出研究对象的受力图。

③ 选取适当的坐标系。最好使坐标轴与某一个未知力垂直，以便简化计算。设直角坐标系如图 3-1-7（b）所示。

④ 建立平衡方程求解未知力。

由 $\sum F_x = 0$，$F_A \cos \alpha + F = 0$

得 $F_A = -\dfrac{F}{\cos \alpha} = -40 \times \dfrac{\sqrt{5}}{2} - 44.72$ kN

所得结果为负号，表示力的实际方向与假设方向相反。

由 $\sum F_y = 0$，$F_B + F_A \sin \alpha = 0$

得 $F_B = -F_A \sin \alpha = -(-44.72) \times \dfrac{1}{\sqrt{5}} = 20$ kN

所得结果为正号，表示 F_B 假设的方向与实际方向一致。

任务实训

1. 如图 3-1-8 所示，起吊构件自重 $F_W = 10$ kN，两钢丝绳与铅垂线曲夹角都是 45°。求当构件匀速起吊时，两钢丝绳的拉力是多少？

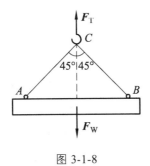

图 3-1-8

_____

_____

_____

_____

_____

_____

2. 某平面汇交力系如图 3-1-9 所示。已知 $F_1 = 200$ kN，$F_2 = 300$ kN，$F_3 = 100$ kN，$F_4 = 250$ kN，试求该力系的合力。

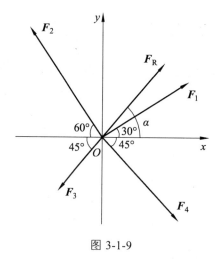

图 3-1-9

_____

_____

_____

_____

_____

3. 学习心得及总结。

_____

_____

_____

_____

_____

任务 2　力矩、力偶及平面力偶系的合成与平衡

1. 基本概念

力矩是度量力对刚体转动效应的物理量。力对刚体的作用效应使刚体的运动状态发生改变（包括移动与转动），其中力对刚体的移动效应用力矢来度量，而力对刚体的转动效应可用力对点的矩（简称力矩）来度量。

刚体是指在任何情况下都不发生变形的物体。任何物体在力的作用下，或多或少总要产生变形。在工程设计中构件的变形通常都非常微小，研究证明在很多情况下，这种微小的变形影响甚微，可以忽略不计。刚体是实际物体经过科学的抽象和简化而得到的一种理想模型，实际上并不存在这样的物体。在静力学中，所研究的问题只限于刚体。

如果在所研究的问题中，物体的变形成为主要因素时，就不能把物体看成是刚体，而是变形体。变形体的模型比刚体的模型更加接近现实生活中的物体。所以，变形体模型在建筑力学中比刚体模型应用得更加广泛，在材料力学和结构力学中，所研究的物体都是变形体。

（1）力矩。

如图 3-2-1 所示，力 F 与点 O 位于同一平面内，点 O 称为矩心，点 O 到力的作用线的垂直距离 d 称为力臂。

在平面问题中，力对点的矩的定义如下：

力对点的矩是一个代数量，它的绝对值等于力的大小与力臂的乘积，它的正负可按下列方法规定：力使物体绕矩心逆时针转向时为正，反之为负。

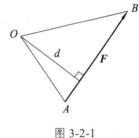

图 3-2-1

力 F 对点 O 的矩以 $M_O(F)$ 表示，即

$$M_O(F) = \pm Fd = \pm 2A_{\triangle OAB} \tag{3-2-1}$$

显然，当力的作用线通过矩心（即力臂等于零）时，则力对矩心的力矩等于零。力矩的单位常用牛顿·米（N·m）或千牛顿·米（kN·m）。

（2）合力矩定理。

平面汇交力系的合力对平面内任一点的力矩，等于力系中各分力对同一点力矩的代数和。这就是平面力系的合力矩定理，用公式表示为

$$M_O(F) = M_O(F_1) + M_O(F_2) + \cdots + M_O(F_n) = \sum_{i=1}^{n} M_O(F) \tag{3-2-2}$$

（3）力偶和力偶矩。

由两个大小相等、方向相反、不共线的平行力组成的力系，称为力偶，用符号（F，F'）表示，如图 3-2-2 所示。力偶的两个力之间的距离 d 称为力偶臂，力偶所在的平面称为力偶的作用面。由于力偶不能再简化成更简单的形式，所以力偶与力都是组成力系的两个基本元素。在生活和生产实践中，汽车司机用双手转动驾驶盘（图 3-2-3），人们用两手指拧开瓶盖和旋转钥匙开锁等，在驾驶盘、瓶盖和钥匙等物体上，都作用了成对的等值、反向、不共线的平

行力，这两个等值、反向、不共线的平行力不能平衡，会使物体转动，这就是力偶的作用。

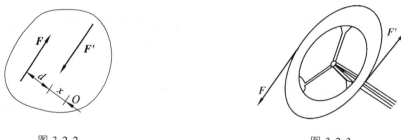

图 3-2-2   图 3-2-3

力偶是由两个力组成的特殊力系，它的作用只改变物体的转动状态。力偶对物体的转动效应可用力偶矩度量，而力偶矩的大小为力偶中的力与力偶臂的乘积。在图 3-2-2 中，力偶（F，F'）对任一点 O 的矩为 $-F(d+x)+F'x=-F(d+x-x)=-Fd$。这表明力偶对任意点的矩都等于力偶矩，而与矩心位置无关。

力偶在平面内的转向不同，其作用效应也不相同。因此，平面力偶对物体的作用效应由两个因素决定：力偶矩的大小和力偶在作用面内的转向。因此，平面力偶矩可视为代数量，以 M 或 $M(F，F')$ 表示，即

$$M = \pm Fd \tag{3-2-3}$$

于是可得出以下结论：平面力偶矩是一个代数量，其绝对值等于力的大小与力偶臂的乘积，正负号表示力偶的转向，一般以逆时针转向为正，顺时针转向为负。力偶矩的单位与力矩单位相同，也是牛顿·米（N·m）或千牛顿·米（kN·m）。

2. 力偶的基本性质

（1）力偶的等效性。

在同一平面内的两个力偶，如果力偶矩相等，则两力偶彼此等效。由此，得出两个推论：

【推论 1】力偶可以在其作用平面内任意移转，而不改变它对刚体的作用效果。

【推论 2】只要保持力偶矩的大小和力偶的转向不变，可同时改变力偶中力的大小和力偶臂。

由此可见，力偶臂和力的大小都不是力偶的特征量，力偶矩是平面力偶作用的唯一度量。常用图 3-2-4 所示的符号表示力偶，M 为力偶矩。

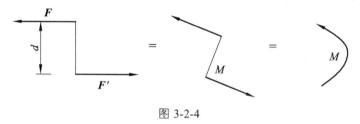

图 3-2-4

（2）力偶无合力。

由于力偶中的两个力大小相等，方向相反，作用线平行，因此说力偶无合力。由投影的概念可知，力偶对任一轴的投影都等于零，而且力偶的作用效应是使物体转动，它与一个力的作用效应是不能等效的。因而力偶不能和一个力平衡，力偶只能和力偶平衡。

项目 3　平面力系的合成与平衡

（3）力偶对点之矩恒等于力偶矩，与矩心的位置无关。

3. 平面力偶系的合成

在物体的某一平面内同时作用两个或两个以上的力偶时，这些力偶就称为平面力偶系。平面力偶系可以合成为一个合力偶，合力偶矩等于各分力偶矩的代数和（可用力偶的等效性证明），即

$$M = M_1 + M_2 + \cdots + M_n = \sum_{i=1}^{n} M_i \tag{3-2-4}$$

式中，M 表示合力偶矩；M_1，M_2，$\cdots$，M_n 分别表示力偶系中各力偶的力偶矩。

4. 平面力偶系的平衡条件

由平面力偶系合成结果可知，力偶系平衡时，其合力偶矩等于零。因此，平面力偶系平衡的充要条件是力偶系中所有各力偶矩的代数和等于零，即

$$M = \sum_{i=1}^{n} M_i = 0 \tag{3-2-5}$$

式（3-2-5）又称为平面力偶系的平衡方程。

【例 3-2-1】如图 3-2-5 所示，已知力 $F = 150\ \text{N}$。试计算力 F 对点 O 的矩。

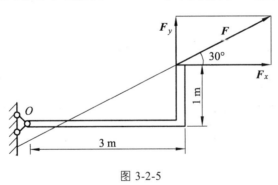

图 3-2-5

【解】根据合力矩定理，将力 F 分解为相互垂直的两个分力 F_x、F_y，则两分力的力臂是已知的。由式（3-2-2）可得：

$$\begin{aligned}
M_O(\boldsymbol{F}) &= M_O(\boldsymbol{F}_x) + M_O(\boldsymbol{F}_y) \\
&= -F_x \times 1 + F_y \times 3 \\
&= -F\cos 30° \times 1 + F\sin 30° \times 3 \\
&= -150 \times 0.866 \times 1 + 150 \times 0.5 \times 3 = 95.1\ \text{N} \cdot \text{m}
\end{aligned}$$

【例 3-2-2】有三个力偶同时作用于刚体某平面内（图 3-2-6）。已知 $F_1 = 50\ \text{N}$，$d_1 = 0.8\ \text{m}$，$F_2 = 100\ \text{N}$，$d_2 = 0.6\ \text{m}$，$M_3 = 30\ \text{N} \cdot \text{m}$，求其合成的结果。

039

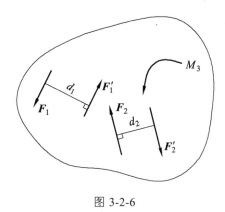

图 3-2-6

【解】三个力偶的力偶矩分别为

$$M_1 = F_1 d_1 = 50 \times 0.8 = 40 \, \text{N} \cdot \text{m}$$

$$M_2 = -F_2 d_2 = -100 \times 0.6 = -60 \, \text{N} \cdot \text{m}$$

$$M_3 = -F_3 d_3 = 30 \, \text{N} \cdot \text{m}$$

合力偶矩为

$$M = M_1 + M_2 + M_3 = 40 - 60 + 30 = 10 \, \text{N} \cdot \text{m} \quad (逆时针转向)$$

【例 3-2-3】如图 3-2-7 所示简支梁，梁的自重不计，在梁上作用一个力偶，力偶矩的大小 $M = 60 \, \text{kN} \cdot \text{m}$，跨长 $l = 6 \, \text{m}$，试求 A、B 两点的约束力。

（a）　　　　　　　　　　　　　　　　（b）

图 3-2-7

【解】① 选取简支梁为研究对象。

② 画受力图。主动力为作用于简支梁上的已知力偶。约束有两处，B 处为滑动铰支座，约束力 F_B 的作用线垂直于支承面；A 处为固定铰支座。因梁上只作用一个已知力偶，根据力偶只能和力偶平衡，可知 F_A 与 F_B 组成一个力偶。简支梁的受力图如图 3-2-7（b）所示。

③ 列平衡方程，得

$$\sum M_i = 0, F_A l - M = 0$$

$$F_A = F_B = \frac{M}{l} = \frac{60}{6} = 10 \, \text{kN}$$

任务实训

1. 如图 3-2-8 所示，有三个力偶同时作用在物体某平面内。已知 $F_1 = 80$ N，$d_1 = 0.8$ m，$F_2 = 100$ N，$d_2 = 0.6$ m，$M_2 = 24$ N·m，求其合成的结果。

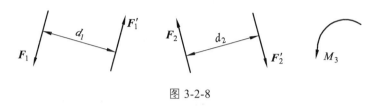

图 3-2-8

_____

_____

_____

_____

_____

2. 如图 3-2-9 所示的梁 AB，受一力偶的作用。已知力偶矩 $M = 20$ N·m，梁长 $l = 4$ m，梁自重不计。求 A、B 支座处的反力。

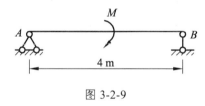

图 3-2-9

_____

_____

_____

_____

_____

3. 如图 3-2-10 所示，已知梁 AB 上作用一力偶，力偶矩为 M，梁长为 l，梁自重不计。求 A、B 支座处的反力。

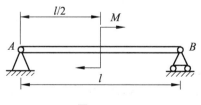

图 3-2-10

_____

_____

_____

_____

4. 学习心得及总结。

_____

_____

_____

_____

_____

_____

_____

_____

_____

_____

_____

任务3　平面任意力系的合成与平衡

1. 平面一般力系的简化

如图 3-3-1 所示，三角形屋架的厚度比其他两个方向的尺寸小得多，这种结构称为平面结构。在平面结构上作用的各力，一般都在同一平面内，组成平面一般力系。如图 3-3-1（b）所示，三角形屋架受到屋面传来的竖向荷载 F_1、风荷载 F_2 以及两端支座反力 F_{Ax}、F_{Ay}、F_B 作用，这些力组成平面一般力系。平面一般力系是指各力的作用线在同一平面内但不全交于一点，也不全互相平行的力系。平面一般力系是工程中最常见的力系，很多实际问题都可简化成平面一般力系问题处理。

（1）平面一般力系向作用面内任一点简化。

平面一般力系向一点简化是一种较为简便并具有普遍性的力系简化方法。此方法的理论基础是力的平移定理。

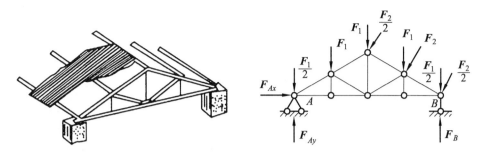

图 3-3-1

① 力的平移定理。

作用于刚体上某点的力可以平行移到此刚体上的任一点，但必须附加一个力偶，这个附加力偶的力偶矩等于原力对新作用点的矩，这就是力的平移定理。这个定理可用图 3-3-2 得以证明，设刚体在点 A 的作用力为 $\boldsymbol{F}$［图 3-3-2（a）］，在刚体上任取一点 O，并在点 O 加上一对平衡力 $\boldsymbol{F'}$ 和 $\boldsymbol{F''}$，且其作用线与力 $\boldsymbol{F}$ 平行［图 3-3-2（b）］，令 $\boldsymbol{F}=\boldsymbol{F'}=\boldsymbol{F''}$，则图 3-3-2（a）与（b）力系等效，而图 3-3-2（b）的三个力又可视作一个作用在 O 点的力 $\boldsymbol{F'}$ 和力偶（$\boldsymbol{F}$，$\boldsymbol{F''}$），该力偶称为附加力偶［图 3-3-2（c）］，其力偶矩为

$$M = Fd = M_O(\boldsymbol{F}) \tag{3-3-1}$$

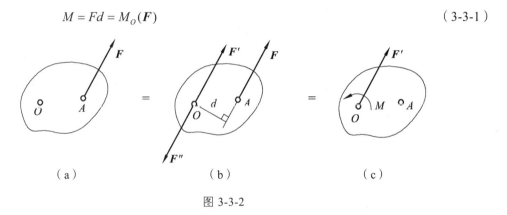

（a）　　　　　　　（b）　　　　　　　（c）

图 3-3-2

力的平移定理说明作用于物体上某点的一个力可以和作用于另外一点的一个力和力偶等效，反过来也可将同平面内的一个力和力偶转化为一个合力，如将图 3-3-2（c）转化为图 3-3-2（a），这个力 $\boldsymbol{F}$ 与 $\boldsymbol{F'}$ 大小相等、方向相同、作用线平行，作用线间的垂直距离为

$$d = \frac{|M|}{F'} \tag{3-3-2}$$

② 主矢和主矩。

刚体上作用有 n 个力 $\boldsymbol{F}_1$，$\boldsymbol{F}_2$，$\cdots$，$\boldsymbol{F}_n$ 组成的平面一般力系，如图 3-3-3（a）所示，在平面内任取一点 O，称为简化中心，应用力的平移，把各力都平移到点 O。这样，得到作用于点 O 的力系 $\boldsymbol{F}_1'$，$\boldsymbol{F}_2'$，$\cdots$，$\boldsymbol{F}_n'$ 以及相应的附加力偶，其附加力偶矩分别为 M_1，M_2，$\cdots$，M［图 3-3-3（b）］。其中平面汇交力系 $\boldsymbol{F}_1'$，$\boldsymbol{F}_2'$，$\cdots$，$\boldsymbol{F}_n'$ 可合成为作用于点 O 的一个力 $\boldsymbol{F}_R'$，这力矢 $\boldsymbol{F}_R'$ 称为原力系的主矢；附加平面力偶系可合成为一个力偶，这个力偶的力偶矩 M_O'，称为原力系对简化中心 O 的主矩，如图 3-3-3（c）所示。

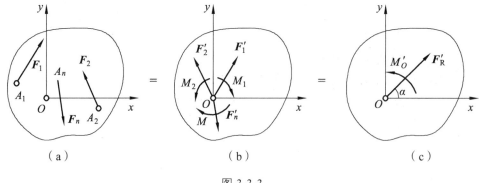

图 3-3-3

由平面汇交力系合成的理论可知

$$\boldsymbol{F}_R' = \boldsymbol{F}_1' + \boldsymbol{F}_2' + \cdots + \boldsymbol{F}_n' \quad 且 \quad \boldsymbol{F}_1' = \boldsymbol{F}_1, \boldsymbol{F}_2' = \boldsymbol{F}_2, \cdots, \boldsymbol{F}_n' = \boldsymbol{F}_n$$

$$故 \quad \boldsymbol{F}_R' = \boldsymbol{F}_1 + \boldsymbol{F}_2 + \cdots + \boldsymbol{F}_n = \sum \boldsymbol{F} \tag{3-3-3}$$

即力矢 $\boldsymbol{F}_R'$ 等于原来各力的矢量和。

确定主矢 $\boldsymbol{F}_R'$ 的大小和方向可应用解析法。过点 O 取直角坐标系 xOy，如图 3-3-3（c）所示，主矢 $\boldsymbol{F}_R'$ 在 x 轴和 y 轴上的投影为

$$F_{Rx}' = F_{1x}' + F_{2x}' + \cdots + F_{nx}' = F_{1x} + F_{2x} + \cdots + F_{nx} = \sum F_x$$

$$F_{Ry}' = F_{1y}' + F_{2y}' + \cdots + F_{ny}' = F_{1y} + F_{2y} + \cdots + F_{ny} = \sum F_y \tag{3-3-4}$$

式中，F_{nx}'、F_{ny}' 和 F_{nx}、F_{ny} 分别是力 $\boldsymbol{F}_n'$ 和 $\boldsymbol{F}_n$ 在坐标轴 x 和 y 上的投影。由于 $\boldsymbol{F}_n'$ 和 $\boldsymbol{F}_n$ 大小相等、方向相同，所以它们在同一轴上的投影相等。

于是可得主矢 $\boldsymbol{F}_R'$ 的大小和方向为

$$F_R' = \sqrt{\left(\sum F_x\right)^2 + \left(\sum F_y\right)^2}$$

$$\tan\alpha = \frac{\left|F_{Ry}'\right|}{\left|F_{Rx}'\right|} = \frac{\left|\sum F_y\right|}{\left|\sum F_x\right|} \tag{3-3-5}$$

式中，α 为主矢 $\boldsymbol{F}_R'$ 与 x 轴所夹的锐角。

由平面力偶系合成的理论可知

$$M_O' = M_1 + M_2 + \cdots + M_n$$

$$且 \quad M_1 = M_O(\boldsymbol{F}_1), M_2 = M_O(\boldsymbol{F}_2), \cdots, M_n = M_O(\boldsymbol{F}_n) \tag{3-3-6}$$

$$故 \quad M_O' = M_O(\boldsymbol{F}_1) + M_O(\boldsymbol{F}_2) + \cdots + M_O(\boldsymbol{F}_n) = \sum M_O(\boldsymbol{F})$$

综上所述可知：平面一般力系向作用面内任一点简化的结果，是一个力和力偶。这个力作用在简化中心，它的矢量称为原力系的主矢，并等于这个力系中各力的矢量和，其大小和方向与简化中心无关，但作用线通过简化中心；这个力偶的力偶矩称为原力系对简化中心的主矩，并等于原力系中各力对简化中心力矩的代数和，其值一般与简化中心有关。

（2）平面力系的合力矩定理。

由前面分析可知，当 $F_R' \neq 0$，$M_O' \neq 0$ 时，平面力系可简化为一个合力 $\boldsymbol{F}_R$，合力 $\boldsymbol{F}_R$ 对 O 的

矩为

$$M_O(\boldsymbol{F}_{\mathrm{R}}) = F_{\mathrm{R}}d$$

$$而\ F_{\mathrm{R}}d = M_O',\ \ M_O' = \sum M_O(\boldsymbol{F}) \tag{3-3-7}$$

$$所以\ M_O(\boldsymbol{F}_{\mathrm{R}}) = \sum M_O(\boldsymbol{F})$$

于是可得平面力系的合力矩定理：平面一般力系的合力对作用面内任一点的矩，等于力系中各力对同一点的矩的代数和。

（3）平面一般力系的平衡条件。

平面一般力系向作用面内任一点简化得到主矢 $\boldsymbol{F}_{\mathrm{R}}'$ 和主矩 M_O'。当力系的主矢 $\boldsymbol{F}_{\mathrm{R}}'$ 和主矩 M_O' 都为零时，该力系是平衡力系。反过来，若力系平衡，则其主矢 $\boldsymbol{F}_{\mathrm{R}}'$ 和主矩 M_O' 必定为零。由此可见，平面一般力系平衡的充要条件是力系的主矢 $\boldsymbol{F}_{\mathrm{R}}'$ 和主矩 M_O' 都为零，即

$$\boldsymbol{F}_{\mathrm{R}}' = 0\ ,\ \ M_O' = 0 \tag{3-3-8}$$

（4）平衡方程。

将式（3-3-5）和式（3-3-6）代入式（3-3-8）可得

$$\begin{aligned} &\sum F_x = 0 \\ &\sum F_y = 0 \\ &\sum M_O(\boldsymbol{F}) = 0 \end{aligned} \tag{3-3-9}$$

因此，平面一般力系平衡的充分必要条件也可以表述为：力系中各力在两个坐标轴上的投影的代数和分别等于零，而且力系中各力对任一点力矩的代数和也等于零。式（3-3-9）称为平面一般力系的平衡方程，是三个独立的方程，可以求解三个未知量。

（5）平衡方程的其他形式。

式（3-3-9）是平面一般力系平衡方程的基本形式。除了这种形式外，还可将平衡方程表示为二力矩形式或三力矩形式。

① 二力矩形式的平衡方程。

$$\begin{aligned} &\sum F_x = 0 \\ &\sum M_A(\boldsymbol{F}) = 0 \\ &\sum M_B(\boldsymbol{F}) = 0 \end{aligned} \tag{3-3-10}$$

式中，x 轴不可与 A、B 两点的连线垂直。

为何这组方程也能表示力系的平衡呢？这是因为当力矩方程成立时，力系便不可能简化成为力偶，只可能简化为一个合力或处于平衡。若简化为合力，其作用线必通过矩心 A、B 两点的连线，如图 3-3-4 所示。方程中要求 A、B 两点连线不能垂直于 x 轴，且 $\sum \boldsymbol{F}_x = 0$，那么只有合力为零时，才能满足这个条件。

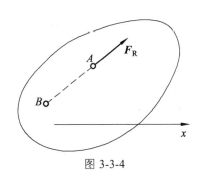

图 3-3-4

② 三力矩形式的平衡方程。

$$\sum M_A(\boldsymbol{F}) = 0$$
$$\sum M_B(\boldsymbol{F}) = 0 \qquad\qquad (3\text{-}3\text{-}11)$$
$$\sum M_C(\boldsymbol{F}) = 0$$

式中，A、B、C 三点不共线。

为何这组方程也能表示力系的平衡条件呢？由上述三个方程可知，力系不可能简化成为力偶。若力系简化为合力，则合力要过 A、B、C 三点，但由于此三点不共线，故力系不可能有合力，只能保持平衡。

平面一般力系的平衡方程虽有三种形式，但不论采用哪种形式，都只能写出三个独立的平衡方程。因为当力系满足式（3-3-9）、式（3-3-10）或式（3-3-11）的三个平衡方程时，力系必定平衡，任何第四个平衡方程都是力系平衡的必然结果，都不再是独立的，可以利用这个方程来校核计算的结果。在实际应用中，采用哪种形式的平衡方程，要根据具体条件确定。

（6）平衡方程的应用。

应用平面一般力系的平衡方程求解平衡问题的解题步骤如下：

① 确定研究对象。根据题意分析已知量和未知量，选取适当的研究对象。

② 画出研究对象受力图。

③ 列平衡方程求解未知量。为简化计算，避免解联立方程，在应用投影方程时，选取的投影轴应尽量与多个未知力相垂直；应用力矩方程时，矩心应选在多个未知力的交点上，这样可使方程中的未知量减少，使计算简化。

2. 物体系统的平衡问题

前面研究了单个物体的平衡问题，但是在工程实际问题中，往往遇到由几个物体通过一定的约束联系在一起的物体系统。当整个物体系统处于平衡时，其中每一个物体或物体的每一部分也必然处于平衡。因此，在解决物体系统的平衡问题时，既可选整个系统为研究对象，也可选其中某个物体为研究对象，然后列出相应的平衡方程，以解出所需的未知量。

研究物体系统平衡问题时，通过合理地选取研究对象，以及适当地列平衡方程，就能取得事半功倍的效果。而合理地选取研究对象，一般有以下两种方法：

方法一：先取整个物体系统作为研究对象，求得某些未知量；再取其中某部分物体（一个物体或几个物体的组合）作为研究对象，求出其他未知量。

方法二：先取某部分物体作为研究对象，再取其他部分物体或整体作为研究对象，逐步求得所有未知量。

【例 3-3-1】钢筋混凝土刚架受荷载及支承情况如图 3-3-5（a）所示。已知 $F_P = 6$ kN，$M = 3$ kN·m，刚架自重不计。求支座 A、B 的反力。

【解】取刚架为研究对象，其受力图如图 3-3-5（b）所示。刚架上作用有集中力 $\boldsymbol{F}_P$ 和力偶矩为 M 的力偶，以及支座反力 $\boldsymbol{F}_{Ax}$、$\boldsymbol{F}_{Ay}$、$\boldsymbol{F}_B$，各反力的指向都是假定的，它们组成平面一般力系。应用三个平衡方程可以求解三个未知反力。

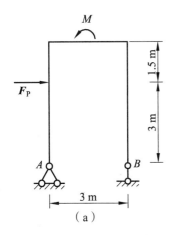

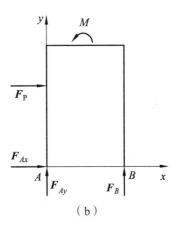

图 3-3-5

取直角坐标系如图 3-3-5（b）所示。

由 $\sum F_x = 0, F_{Ax} + F_P = 0$

得 $F_{Ax} = -F_P = -6\ \text{kN}$

$\sum M_A(\boldsymbol{F}) = 0, F_B \times 3 + M - F_P \times 3 = 0$

得 $F_B = \dfrac{3F_P - M}{3} = \dfrac{3 \times 6 - 3}{3} = 5\ \text{kN}$

由 $\sum F_y = 0, F_{Ay} + F_B = 0$

得 $F_{Ay} = -F_B = -5\ \text{kN}$

【例 3-3-2】外伸梁所受荷载如图 3-3-6（a）所示。已知均布荷载集度 $q = 20\ \text{kN/m}$，力偶矩 $M = 38\ \text{kN} \cdot \text{m}$，集中力 $F_P = 10\ \text{kN}$。试求支座 A、B 的反力。

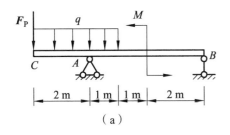

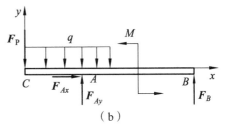

图 3-3-6

【解】取梁 RC 为研究对象，其受力图如图 3-3-6（b）所示，建立坐标系 xOy。

由 $\sum F_x = 0$

得 $F_{Ax} = 0$

由 $\sum M_A(\boldsymbol{F}) = 0, F_B \times 4 + M + q \times 3 \times 0.5 + F_P \times 2 = 0$

得 $F_B = \dfrac{M + 1.5 \times q + 2 \times F_P}{4} = \dfrac{38 + 1.5 \times 20 + 2 \times 10}{4} = -22\ \text{kN}$

由 $\sum M_B(\boldsymbol{F}) = 0, -F_{Ay} \times 4 + M + q \times 3 \times 4.5 + F_p \times 6 = 0$

得 $F_{Ay} = \dfrac{M + 13.5 \times q + 6 \times F_p}{4} = \dfrac{38 + 13.5 \times 20 + 6 \times 10}{4} = 92 \text{ kN}$

校核：$\sum F_y = F_{Ay} + F_B - F_p - 3 \times q = 99 - 22 - 10 - 3 \times 20 = 0$

说明计算无误。

【例 3-3-3】钢筋混凝土三铰刚架受荷载如图 3-3-7（a）所示，已知 $q = 12 \text{ kN/m}$，$F_p = 18 \text{ kN}$，求支座 A、B 及顶铰 C 处的约束反力。

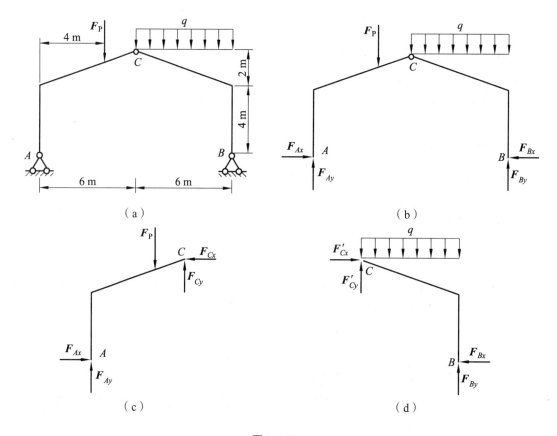

图 3-3-7

【解】三铰刚架由左、右两半架组成，它们都受到平面一般力系的作用，因此可列出 6 个独立的平衡方程，而所求未知力总计也是 6 个，即 A、B 固定铰支座及 C 铰处的约束反力各两个未知量。6 个独立的平衡方程可以求解 6 个未知量。

三铰刚架整体、左半架和右半架的受力图分别如图 3-3-7（b）、（c）、（d）所示。图中约束反力的指向都是假设的。如果先取左半架或右半架为研究对象，在其上有 4 个未知力，用平衡方程解不出任何一个未知量。如果先取整体刚架为研究对象，虽然也有 4 个未知量，但由于 $\boldsymbol{F}_{Ax}$、$\boldsymbol{F}_{Ay}$、$\boldsymbol{F}_{Bx}$ 交于 A 点，$\boldsymbol{F}_{Bx}$、$\boldsymbol{F}_{By}$、$\boldsymbol{F}_{Ax}$ 交于 B 点，所以无论以点 A 还是点 B 为矩心列的力矩方程，都能立即求出未知力 F_{By} 或 F_{Ay}。然后再考虑左半架或右半架的平衡，这时每个半架都只剩下 3 个未知力，问题就迎刃而解了。

① 取三铰刚架整体为研究对象［图 3-3-7（b）］。

由 $\sum M_A(\boldsymbol{F}) = 0, F_{By} \times 12 - F_p \times 4 - q \times 6 \times 9 = 0$

得 $F_{By} = \dfrac{4 \times F_p + 54 \times q}{12} = \dfrac{4 \times 18 + 54 \times 12}{12} = 60 \text{ kN}$

由 $\sum M_B(\boldsymbol{F}) = 0, -F_{Ay} \times 12 + F_p \times 8 + q \times 6 \times 3 = 0$

得 $F_{Ay} = \dfrac{8 \times F_p + 18 \times q}{12} = \dfrac{8 \times 18 + 18 \times 12}{12} = 30 \text{ kN}$

由 $\sum F_x = 0, F_{Ax} - F_{Bx} = 0$

得 $F_{Ax} = F_{Bx}$

② 再取左半架为研究对象［图 3-3-7（c）］。

由 $\sum M_C(\boldsymbol{F}) = 0, F_{Ax} \times 6 + F_p \times 2 - F_{Ay} \times 6 = 0$

得 $F_{Ax} = \dfrac{6 \times F_{Ay} - F_p \times 2}{6} = \dfrac{6 \times 30 - 2 \times 18}{6} = 24 \text{ kN}$

由 $\sum F_x = 0, F_{Ax} - F_{Cx} = 0$

得 $F_{Cx} = F_{Ax} = 24 \text{ kN}$

由 $\sum F_y = 0, F_{Cy} + F_{Ay} - F_p = 0$

得 $F_{Cy} = F_p - F_{Ay} = 18 - 30 = -12 \text{ kN}$

将 F_{Ax} 的值代入 $F_{Ax} = F_{Bx}$，可得 $F_{Bx} = F_{Ax} = 24 \text{ kN}$

【例 3-3-4】组合梁 AC 及 CE 用铰链 C 连接而成，受力情况如图 3-3-8（a）所示。设 $q = 25 \text{ kN/m}$，$F = 50 \text{ kN}$，$M = 50 \text{ kN·m}$。求各支座反力。

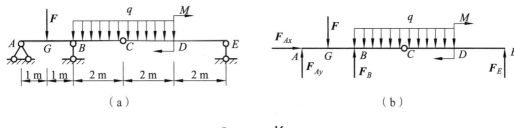

（a）　　　　　　　　　　　　　　　　（b）

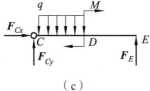

（c）

图 3-3-8

【解】先以整体为研究对象，如图 3-3-8（b）所示。列平衡方程：

由 $\sum F_x = 0$，得 $F_{Ax} = 0$

由 $\sum F_y = 0$，得 $F_{Ay} + F_B + F_E - F - q \times 4 = 0$

由 $\sum M_A(\boldsymbol{F}) = 0$，得 $-F \times 1 + F_B \times 2 - q \times 4 \times 4 - M + F_E \times 2 = 0$

以上 3 个方程中包含有 4 个未知量，必须补充方程才能求解。为此可以取梁 CE 为研究对象，受力如图 3-3-8（c）所示。列力矩方程：

$$\sum M_C(\boldsymbol{F}) = 0, F_E \times 4 - q \times 2 \times 1 - M = 0，得 F_E = 25 \text{ kN}$$

代入上式 3 个方程，得 $F_{Ax} = 0$，$F_{Ay} = -25 \text{ kN}$，$F_B = 150 \text{ kN}$

📝 任务实训

1. 已知：挡土墙自重 $F_w = 400 \text{ kN}$，水压力 $F_1 = 170 \text{ kN}$，土压力 $F_2 = 340 \text{ kN}$，各力的方向及作用线位置如图 3-3-9 所示。试将这 3 个力向底面中心点 O 简化，并求简化的最后结果。

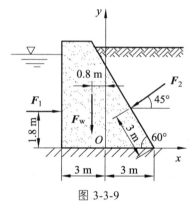

图 3-3-9

2. 组合梁受荷载如图 3-3-10 所示。已知 $q = 4 \text{ kN/m}$，$F_p = 20 \text{ kN}$，梁自重不计。求支座 A、C 的约束反力。

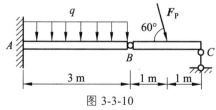

图 3-3-10

3. 外伸梁 AD，梁长 6 m，C 处作用集中荷载 80 kN，BD 段作用均布荷载 5 kN/m，如图 3-3-11 所示。梁自重不计，求支座 A、B 的约束反力。

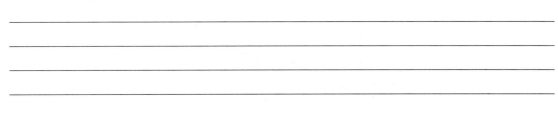

图 3-3-11

4. 如图 3-3-12 所示的刚架中，已知 $q = 3$ kN/m，$F = 6\sqrt{2}$ kN，$M = 10$ kN·m，刚架自重不计，求固定端 A 的约束力。

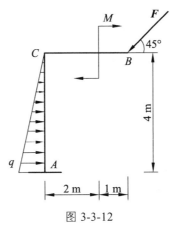

图 3-3-12

5. 组合梁 *AC* 及 *CE* 用铰链 *C* 连接而成,如图 3-3-13 所示,已知 $q = 25$ kN/m, $F = 50$ kN, $M = 50$ kN · m,梁自重不计,求各支座反力。

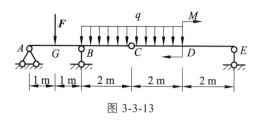

图 3-3-13

_____

_____

_____

_____

_____

6. 学习心得及总结。

_____

_____

_____

_____

_____

_____

_____

▤ 项目小结

本项目着重讲述了平面汇交力系的合成与平衡,力矩、力偶及平面力偶系的合成与平衡,平面任意力系的合成与平衡。

1. 平面汇交力系的合成与平衡着重介绍了平面汇交力系合成与平衡的几何法和解析法。

2. 力矩、力偶及平面力偶系的合成与平衡着重介绍了力偶的概念、力偶的基本性质以及平面力偶系的合成和计算。

3. 平面任意力系的合成与平衡着重介绍了平面力系平衡方程的一般形式、二矩式和三矩式。

项目 4　轴向拉伸和压缩

本项目研究杆件产生轴向拉伸和压缩时的内力、应力、变形及强度计算方法。

知识目标

1. 正确理解内力、应力等概念，熟悉材料力学解决问题的方法。
2. 掌握截面法求轴力。
3. 掌握轴向拉压杆的正应力公式、胡克定律和拉杆强度的计算方法。

教学要求

1. 会利用截面法求轴力。
2. 会计算拉（压）杆横截面及斜截面上的应力。
3. 会计算拉杆强度及掌握胡克定律。

重点难点

斜截面上的应力计算及拉（压）杆的强度计算。

任务 1　轴向拉伸和压缩的外力和内力

1. 轴向拉伸和压缩的工程实例及概念

若杆件受轴向拉力作用，杆件产生沿轴线方向的伸长变形，同时垂直轴线方向变细，简称轴向拉伸；若杆件受轴向压力作用，杆件产生沿轴线方向的缩短变形，垂直轴线方向变粗，简称轴向压缩。

工程中有许多杆件受轴向力作用而产生拉伸或压缩变形。图 4-1-1 中用于连接的螺栓、图 4-1-2 中悬臂吊车的拉杆 AB、桁架中的拉杆等都属于轴向拉伸的实例；图 4-1-3 中汽车式起重机的支腿、千斤顶的螺杆和桁架中的压杆等都属于轴向压缩的实例。虽然杆件的外形各有差异，加载方式也不同，但对轴向拉伸与压缩的杆件进行简化，均可表示为图 4-1-4 所示的计算简图，即构件可简化为等直杆，其所受外力的合力的作用线与轴线重合。

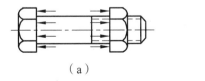

（a）

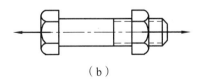

（b）

图 4-1-1

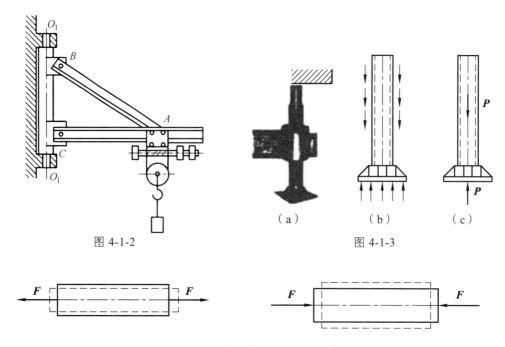

图 4-1-2

（a） （b） （c）

图 4-1-3

图 4-1-4

2. 拉（压）杆的轴力和轴力图

（1）内力的概念。

物体在受到外力作用而变形时，内部各质点间的相对位置将发生变化。与此同时，各质点间的相互作用力也将发生改变。上述相互作用力的改变量是由物体受到外力作用而引起的。因此内力是指由外力作用引起的、物体内相邻部分之间分布作用力的合成。

（2）求杆件内力的基本方法——截面法。

为了更清晰地分析在外力作用下构件某截面处的内力，确定其大小和方向，通常采用截面法。如图 4-1-5（a）所示，直杆受轴向拉力作用，为求某一横截面 $m—m$ 上的内力，可假想地用一个横截面在 $m—m$ 处把杆截开，分为左右两段。由于直杆是平衡的，则图 4-1-5（b）、（c）所示的两段杆仍然平衡。任取其中一段，例如，取左段为研究对象，根据其平衡分析，可知在横截面上必然有一个力 F_N 作用，它就是右段对左段的作用力，即内力。由于物体的连续性，左右两段的相互作用力实际上是分布于整个横截面上的，这里的内力 F_N 是指这些分布力的合力。同样，如果选取右段为研究对象，则左段对右段的作用也可以用力 F'_N 来代替。F'_N 与 F_N 是左右两部分在横截面上的作用力与反作用力，两者大小相等，方向相反，通常不必区分，一律用 F_N 表示。

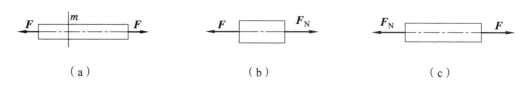

（a） （b） （c）

图 4-1-5

截面上内力的大小和方向，可以利用平衡方程来确定，例如，取左段杆分析，根据平衡条件，内力 F_N 必然与杆的轴线相重合，则

$$F_N - F = 0$$

即 $F_N = F$

如果选取右段为研究对象，根据平衡也可以得到同样的结果。

综上所述，这种假想地用一个截面将构件截开，从而分析内力并确定内力的方法，称为截面法。利用截面法求解内力的步骤如下：

① 假想地用一个截面将构件截开为两部分，取其中一部分为研究对象，弃去另一部分；

② 用作用于截面上的内力代替弃去部分对留下部分的作用；

③ 建立留下部分的平衡方程，确定未知内力的大小和方向。

由以上分析可知，轴向拉伸和压缩的杆件，其横截面上内力作用线与轴线重合，称为轴力。一般规定，拉伸时的轴力为正，压缩时的轴力为负。

轴力的常用单位是牛顿（N）或千牛顿（kN）。

（3）内力计算和轴力图。

当杆受到多个轴向外力作用时，在杆的不同横截面上，轴力也不同。为了能够直观地表示出杆横截面上的轴力随横截面位置而变化的情况，以确定其最大轴力和危险截面，需先绘制轴力图，进而进行强度计算。轴力图的画法如下：用平行于杆轴线的坐标表示横截面的位置，用垂直于杆轴线的坐标表示横截面上轴力的数值，按照选定的比例尺，绘出轴力与截面位置关系的曲线。从轴力图上即可确定最大轴力的数值及其所在横截面的位置。习惯上将正轴力画在上侧，负轴力画在下侧。

【例 4-1-1】一等截面直杆 AE，受力如图 4-1-6（a）所示，求 1—1、2—2、4—3、4—4 截面上的轴力，并画轴力图。

【解】① 求支座反力。

由杆 AE 的平衡方程

$$\sum F_x = 0, F_E - 2 - 3 + 6 - 2 = 0$$

得 $F_E = 1\,\text{kN}$

② 求轴力。

沿横截面 1—1 假想地将杆截开，取左段为研究对象，设截面上的轴力为 F_{N1}，如图 4-1-6（b）所示，由平衡方程

$$\sum F_x = 0, F_{N1} - 2 = 0$$

得 $F_{N1} = 2\,\text{kN}$

计算所得的结果为正，表明 F_{N1} 为拉力。当然也可以取右段为研究对象来求轴力 F_{N1}，但右段上包含的外力较多，计算较为复杂。因此，计算时应选取受力较简单的部分作为研究对象。

再沿横截面 2—2 假想地将杆截开，仍取左段为研究对象，设截面上的轴力为 F_{N2}，如图 4-1-6（c）所示，由平衡方程

$$\sum F_x = 0, F_{N2} - 2 - 3 = 0$$

得 $\qquad F_{N2} = 5 \text{ kN}$

同理，沿截面 3—3 将杆截开，取右段为研究对象，可得轴力 F_{N3}，如图 4-1-6（d）所示，由平衡方程得

$$F_{N3} = -1 \text{ kN}$$

结果为负，表明 F_{N3} 为压力。由图 4-1-6（e）可得横截面 4—4 上的轴力 F_{N4} 为

$$F_{N4} = 1 \text{ kN}$$

③ 作轴力图。

以平行于杆轴的 x 轴为横坐标，垂直于杆轴的坐标轴为 y 轴，按一定比例将各段轴力标在坐标轴上，得出轴力图，如图 4-1-6（f）所示。在轴力图上需标明 "+" 或 "-"，表示拉力或压力。

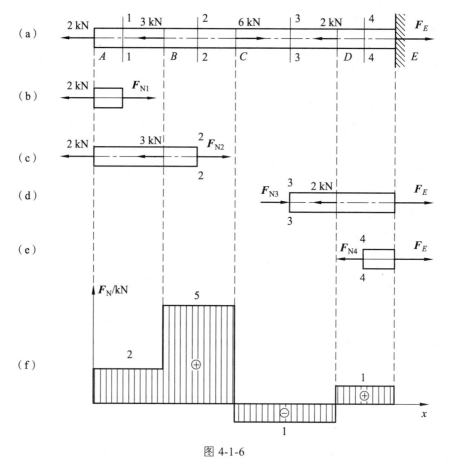

图 4-1-6

✏️ **任务实训**

1. 一等截面直杆受力如图 4-1-7 所示，求 1—1、2—2 截面上的轴力。

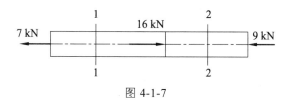

图 4-1-7

2. 如图 4-1-8 所示，直杆受轴向外力作用，求杆件各段横截面上的轴力。

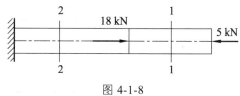

图 4-1-8

3. 试画出如图 4-1-9 所示等截面直杆的轴力图。

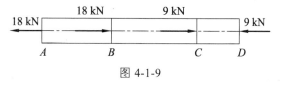

图 4-1-9

4. 学习心得及总结。

_____

_____

_____

_____

_____

_____

_____

_____

_____

_____

_____

任务2　拉（压）杆横截面及斜截面上的应力

1. 应力的概念

实践中，用相同材料制成两根杆，横截面积不同，在相同的拉力作用下，当拉力增大到某一程度时，细杆必定先被拉断。这说明拉杆的强度取决于单位面积上的内力集度的大小，同时还与材料承受荷载的能力有关。杆件截面上内力的分布集度称为应力，应力是衡量构件是否发生强度破坏的重要指标。

图 4-2-1（a）为从任意受力构件中取出的分离体，m—m 截面上作用有连续分布的内力。围绕任一点 O 取微面积 ΔA，其上作用的内力设为 ΔF，定义 ΔF 与 ΔA 的比值为该截面 ΔA 上的平均应力，即

$$P_{\mathrm{m}} = \frac{\Delta F}{\Delta A}$$

由于截面上内力的分布一般是不均匀的，所以平均应力将与所取面积 ΔA 的大小有关。为了消除 ΔA 的影响，更准确地描述点 O 处的内力分布集度，取平均应力的极限值，定义为该截面点 O 处的应力，即

$$P = \lim_{\Delta A \to 0} \frac{\Delta F}{\Delta A} = \frac{\mathrm{d}F}{\mathrm{d}A}$$

通常将应力 p 分解为两个分量，如图 4-2-1（b）所示。与截面垂直的分量称为正应力，用符号 σ 表示；平行于截面的分量称为切应力，用符号 τ 表示；p 称为全应力。三者之间存在下列关系：

$$\sigma = p\cos\alpha, \tau = p\sin\alpha \tag{4-2-1}$$

式中，α 为全应力 p 与正应力 σ 间所夹的锐角。应力的单位为 Pa（N/m^2），在工程实践中，通常采用 kPa、MPa 和 GPa 来表示应力，其换算关系为 $1\ kPa = 10^3\ Pa$，$1\ MPa = 10^6\ Pa$，$1\ GPa = 10^9\ Pa$。

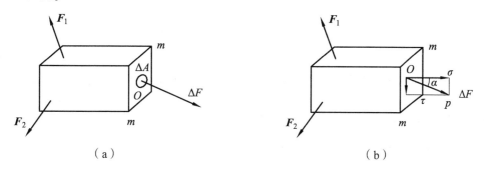

图 4-2-1

2. 拉（压）杆横截面上的应力

在已知轴向拉（压）杆横截面轴力的情况下，确定该横截面的应力，必须首先了解横截面上应力的分布规律。由于应力分布与构件变形之间存在着一定的物理关系，因此可以从杆件的变形特点上着手，分析应力在横截面上的变化规律。

首先取一等直杆，在其表面等间距地画出与杆轴线平行的纵向线和垂直轴线的横向线，如图 4-2-2（a）所示。当杆受到拉力 F 作用时，观察变形后的杆件可发现：纵向线仍为直线，且仍与轴线平行；横向线仍为直线，且仍与轴线垂直；横向线的间距增加，纵向线的间距减小，变形前横向线和纵向线间相交得到的一系列正方形都沿轴向伸长，横向缩短，变成一系列矩形，如图 4-2-2（b）所示。

根据观察到的变形现象和材料的连续性假设，可以对杆件内部变形作出如下假设：变形前为平面的横截面，在变形后仍然保持为平面，并且垂直于轴线，只是各横截面沿杆轴线间距增加，此为平面假设。

基于杆件的连续性假设，可假想杆件是由许多纵向纤维所组成的，由平面假设可以推断，两任意横截面间的纵向纤维具有相同的伸长变形。由于材料是均匀的，不难想象，各纵向纤维变形相同，受力也应相同，由此可以推断横截面上各点处的应力均匀分布，如图 4-2-2（c）所示。

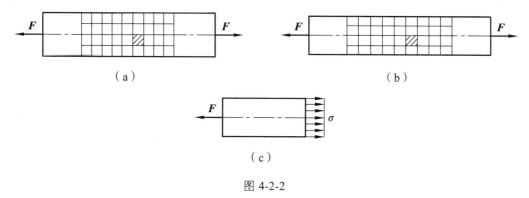

图 4-2-2

由内力、应力的概念可知，横截面上 σdA（称为内力因素）的合力即为横截面上的轴力 F_N。由于轴力垂直于横截面，可知拉（压）杆横截面上只有垂直于截面的正应力 σ，因此有

$$F_N = \int_A \sigma dA \qquad (4\text{-}2\text{-}1)$$

即

$$\sigma = \frac{F_N}{A}$$

式中，A 为横截面面积。正应力的正负号随轴力的正负号而定，即拉应力为正，压应力为负。

3. 斜截面上的应力

前面分析了等直杆拉伸或压缩时横截面上的应力。但实验表明，铸铁试件受压时，并不是沿着横截面方向发生破坏，而是沿着斜截面方向破坏，所以需要研究拉（压）杆在任意斜截面上的应力情况。

现以拉杆为例，杆的横截面积为 A，受轴向拉力 F 的作用，如图 4-2-3（a）所示。为了研究任意斜截面上的应力，用一个与横截面夹角为 α 的斜截面 m—m，将杆分成两部分〔图 4-2-3（b）〕。用 A_α 表示斜截面面积，用 p_α 表示斜截面上的应力，F_α 表示斜截面上分布内力的合力。按照研究横截面上应力分布情况的方法，同样可以得到斜截面上各点处的应力 p_α 相等的结论。由左段的平衡条件〔图 4-2-3（b）〕可知

$$F = F_\alpha$$

$$p_\alpha = \frac{F_\alpha}{A_\alpha} = \frac{F}{A_\alpha}$$

由几何关系可知 $\quad A_\alpha = \dfrac{A}{\cos\alpha}$

由以上公式可得 $\quad p_\alpha = \dfrac{F}{A}\cos\alpha = \sigma\cos\alpha$

把应力 p_α 分解成垂直于斜截面的正应力 σ_α 和平行于斜截面的切应力 τ_α〔图 4-2-3（c）〕，得

$$\sigma_\alpha = p_\alpha \cos\alpha = \sigma\cos^2\alpha \qquad (4\text{-}2\text{-}2)$$

$$\tau_\alpha = p_\alpha \sin\alpha = \sigma\cos\alpha\sin\alpha = \frac{\sigma}{2}\sin 2\alpha \qquad (4\text{-}2\text{-}3)$$

从以上公式看出，σ_α 和 τ_α 都是 α 的函数，所以斜截面的方位不同，截面上的应力也就不同。

当 $\alpha = 0$ 时，$\sigma_\alpha = \sigma_{max}, \tau_\alpha = 0$，即最大正应力发生在垂直杆轴的横截面上。

当 $\alpha = 45°$ 时，$\sigma_\alpha = \dfrac{\sigma}{2}, \tau_\alpha = \tau_{max} = \dfrac{\sigma}{2}$，即最大切应力发生在与横截面成 45° 的斜截面上。

当 $\alpha = 90°$ 时，$\sigma_\alpha = 0, \tau_\alpha = 0$，即纵向面上，正应力与切应力均为零。

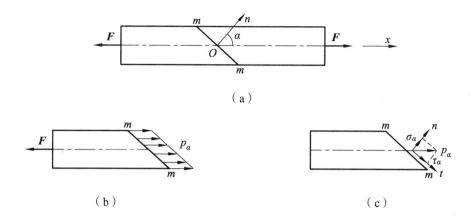

（a）

（b）　　　　　　　　　　　　　（c）

图 4-2-3

【**例 4-2-1**】如图 4-2-4 所示，已知 AB 段和 CD 段的横断面面积为 $200\ \text{mm}^2$，BC 段的横断面面积为 $100\ \text{mm}^2$，$F = 10\ \text{kN}$。试求杆件各段截面上的应力。

【**解**】① 计算各段轴力，画轴力图。

由截面法求得各段的轴力为

AB 段：$F_{N1} = F = -10\ \text{kN}$

BC 段：$F_{N2} = F = 10\ \text{kN}$

CD 段：$F_{N3} = F = 10\ \text{kN}$

② 计算各段横截面上的应力。

AB 段：$\sigma_1 = \dfrac{F_{N1}}{A_{AB}} = \dfrac{-10 \times 10^3}{200} = -50\ \text{MPa}$

BC 段：$\sigma_2 = \dfrac{F_{N2}}{A_{BC}} = \dfrac{10 \times 10^3}{100} = 100\ \text{MPa}$

CD 段：$\sigma_3 = \dfrac{F_{N3}}{A_{CD}} = \dfrac{10 \times 10^3}{200} = 50\ \text{MPa}$

结果表明，该杆的最大应力发生在 BC 段。

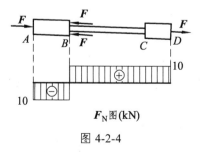

F_N图(kN)

图 4-2-4

【**例 4-2-2**】某轴向受压等截面直杆，横截面面积 $A = 400\ \text{mm}^2$，轴力 $F_N = 50\ \text{kN}$，斜截面的方位角 $\alpha = 50°$，试求斜截面上的正应力与切应力。

【**解**】杆件横截面上的正应力为

$$\sigma_1 = \frac{F_N}{A} = \frac{50 \times 10^3}{400 \times 10^{-6}} = -1.25 \times 10^8 \text{ Pa} = -125 \text{ MPa}$$

方位角为 50°斜截面上的正应力与切应力分别为

$$\sigma_{50°} = \sigma \cos^2 \alpha = -125 \cos^2 50° = -51.6 \text{ MPa}$$

$$\tau_{50°} = \frac{\sigma}{2} \sin 2\alpha = -\frac{125}{2} \sin(2 \times 50°) = -61.6 \text{ MPa}$$

任务实训

1. 三脚架结构尺寸及受力如图 4-2-5 所示。其中 $F = 22.2$ kN，圆形钢杆 BD 的直径 $d = 25.4$ mm，圆形钢杆 CD 的横截面面积为 $A = 2.32 \times 10^5 \text{ mm}^2$。试求 BD 杆与 CD 杆横截面上的正应力。

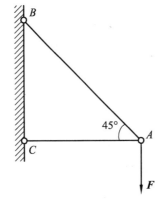

图 4-2-5

2. 如图 4-2-6 所示，等直杆 1—1、2—2、3—3 横截面上的轴力，如横截面积 $A = 400 \text{ mm}^2$，求各段横截面上的应力，并作轴力图。

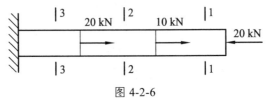

图 4-2-6

3. 如图 4-2-7 所示，阶梯状直杆横截面 1—1、2—2、3—3，如横截面面积 $A_1 = 200\ \text{mm}^2$，$A_2 = 300\ \text{mm}^2$，$A_3 = 400\ \text{mm}^2$，求各段横截面上的应力，并作轴力图。

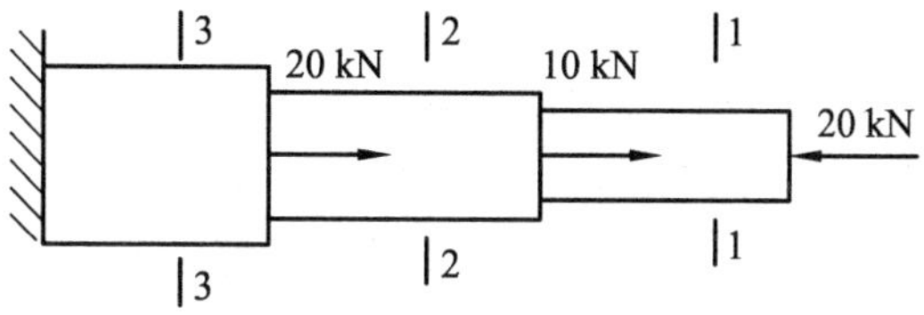

图 4-2-7

4. 学习心得及总结。

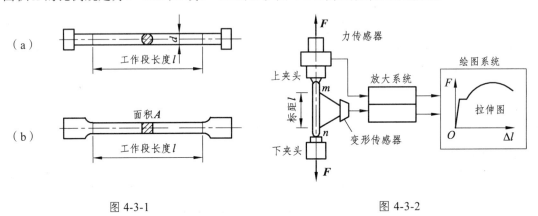

任务3 材料拉伸、压缩时的力学性能

两根几何尺寸相同的杆件,受相同大小的轴向拉力作用,其中一根杆件的材料是木材,另一根杆件的材料是钢材,显然,钢杆比木杆的承载能力要强很多。由前面的分析可知,衡量一个杆件是否破坏,不仅需要研究杆件在外力作用下的最大应力,还需要研究材料本身强度方面的性能。因而研究材料在一定温度条件和外力作用下所表现出来的抵抗变形和断裂的能力(即材料的力学性能)十分重要。材料的力学性能由试验测定。试验表明,材料的力学性能不但取决于材料的成分及其内部组织的结构,还与试验条件(如受力状态、温度及加载方式等)有关。材料在常温和静载作用下处于轴向拉伸和压缩时的力学性能是材料最基本的力学性能。

拉伸试验是研究材料力学性能最常用和最基本的试验。为了便于对试验结果进行比较,需将试验材料按照国家标准制成标准试样,称为比例试件。一般金属材料采用圆截面或矩形截面比例试件(图4-3-1)。试验时在试件等直部分的中部取长度为 l 的一段测量变形的工作段,其长度 l 称为标距。对于圆截面试件,如图4-3-1(a)所示,通常将标距 l 与横截面直径 d 的比例规定为 $l=10d$ 或 $l=5d$。对于矩形截面试件,如图4-3-1(b)所示,其标距与横截面面积 A 的比例规定为 $l=11.3\sqrt{A}$ 或 $l=5.65\sqrt{A}$。图4-3-2为试验装置示意图。

图4-3-1　　　　　　　　　　图4-3-2

工程上常用的材料品种很多,这里将主要讨论在工程中应用较广,且力学性能较典型的低碳钢和铸铁在常温和静荷载作用下的力学性能。

1. 低碳钢在拉伸时的力学性能

低碳钢是指含碳量在0.3%以下的碳素钢。这类材料在工程中应用广泛,其拉伸时的力学性能最为典型。

将试样装在试验机上,使其受到缓慢增加的拉力作用。随着拉力 F 的变化,试样的伸长量 Δl 也随之变化。

F-Δl 曲线与试样的尺寸有关,为了消除试件尺寸的影响,将拉力 F 除以试件横截面的原始面积 A,得到横截面上的正应力 $\sigma=\dfrac{F}{A}$;同时,将伸长量 Δl 除以标距 l,得到试件单位长度

的伸长量 $\varepsilon = \dfrac{\Delta l}{l}$，$\varepsilon$ 称为轴向拉压杆的平均线应变，是一个无量纲量。以 σ 为纵坐标，ε 为横坐标，绘出与拉伸图相似的 $\sigma\text{-}\varepsilon$ 曲线，此曲线称为应力-应变曲线。

如图 4-3-3 所示，根据 $\sigma\text{-}\varepsilon$ 曲线，低碳钢的整个拉伸过程可分为以下四个阶段，其力学性能大致如下：

（1）弹性阶段。

在拉伸的初始阶段 Ob 段，应力 σ 小于点 b 所对应的应力，如果卸去外力，变形全部消失，这种撤去外力可以恢复的变形称为弹性变形，Ob 段称之为弹性阶段。相应于点 b 的应力用 σ_c 表示，称为弹性极限。在弹性阶段 Ob 内，开始部分 Oa 段为一斜直线，即应力 σ 与应变 ε 成正比关系，因此 Oa 段称为线弹性阶段，点 a 相应的应力 σ_P 称为比例极限。应力与应变间的关系可以表示为

$$\sigma = E\varepsilon \tag{4-3-1}$$

这就是轴向拉压杆在线弹性范围内的胡克定律，其中 E 为斜线 Oa 的斜率，是仅与材料有关的一个常数，称为弹性模量。由于 ε 是一个无量纲量，故弹性模量 E 的单位与应力相同。在 $\sigma\text{-}\varepsilon$ 曲线上，超过点 a 后的 ab 段的图线微弯，点 b 与点 a 极为接近，因此工程中对弹性极限和比例极限并不严格区分。低碳钢的比例极限 $\sigma_P \approx 200$ MPa。

（2）屈服阶段。

如图 4-3-3（b）所示的 bc 段，当应力达到 $\sigma\text{-}\varepsilon$ 曲线的点 b，应力几乎不再增加或在一微小范围内波动，变形却继续增大，在 $\sigma\text{-}\varepsilon$ 曲线上出现一条近似水平的小锯齿形线段，这种应力几乎保持不变而应变显著增长的现象，称为屈服或流动，bc 阶段称为屈服阶段。在屈服阶段内的最高应力和最低应力分别称为上屈服强度和下屈服强度。由于上屈服强度一般不如下屈服强度稳定，故规定下屈服强度为材料的屈服强度或屈服极限，用 σ_s 表示。低碳钢的屈服极限为 $\sigma_s \approx 240$ GPa。

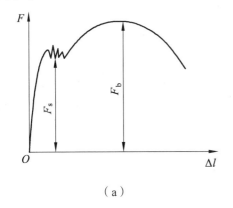

（a）

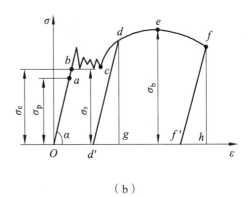

（b）

图 4-3-3

如果用砂纸将试件表面打磨，当材料屈服时，会发现试件表面呈现出与轴线成 45°方向的斜纹。这是由于试件的 45°斜截面上作用有最大切应力，这些斜纹是由于材料沿最大切应力作用面产生滑移所造成的，故称为滑移线，也称契尔诺夫滑移线，如图 4-3-4 所示。

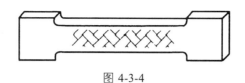

图 4-3-4

（3）强化阶段。

经过屈服阶段后，应力-应变曲线重新呈现上升趋势，这说明材料又恢复了抵抗变形的能力，这种现象称为应变硬化。从点 c 到曲线的最高点 e（即 ce 阶段）为强化阶段。点 e 所对应的应力是材料所能承受的最大应力，故称强度极限，用 σ_b 表示。低碳钢的强度极限 $\sigma_b \approx 380$ MPa。在这一阶段中，试件发生明显的横向收缩。

如果在 ce 段中的任意一点 d 处，逐渐卸掉拉力，此时应力-应变曲线将沿着斜直线 dd' 回到点 d'，且 dd' 近似平行于 Oa。卸载后，杆件只有部分变形可以恢复，另一部分变形将无法恢复，这部分残留下来无法恢复的变形称为残余变形或塑性变形。这时材料产生较大的塑性变形，$d'g$ 则表示可恢复的弹性应变。如果立即重新加载，应力-应变关系大体上沿卸载时的斜直线 $d'd$ 变化，到点 d 后又沿曲线 def 变化，直至断裂。在重新加载过程中，直到点 d 以前，材料的变形是线弹性的，过点 d 后才开始有塑性变形。比较图中的 $Oabcdef$ 和 $d'def$ 两条曲线可知，重新加载时其比例极限得到提高，但塑性变形却有所降低。这说明，如果将卸载后已有塑性变形的试样重新进行拉伸试验，其比例极限或弹性极限将得到提高，这一现象称为冷作硬化。在工程中常利用冷作硬化来提高材料的强度，例如用冷拉的办法可以提高钢筋的强度。但有时则要消除其塑性降低的不利影响，例如，冷轧钢板或冷拔钢丝时，由于加工硬化，降低了材料的塑性，使继续轧制和拉拔困难，为了恢复塑性，则要进行退火处理。

（4）颈缩阶段。

在点 e 以前，试件标距段内的变形通常是均匀的。当到达点 e 后，试件变形开始集中于某一局部长度内，此处横截面面积迅速减小，形成颈缩现象，如图 4-3-5 所示。由于局部的截面收缩，使试件继续变形所需的拉力逐渐减小，直到点 f 试件断裂。

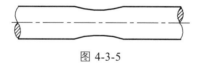

图 4-3-5

从上述的实验现象可知，当应力达到 σ_s 时，材料会产生显著的塑性变形，进而影响结构的正常工作；当应力达到 σ_b 时，材料会由于颈缩而进一步导致断裂。屈服和断裂均属于破坏现象，因此，σ_s 和 σ_b 是衡量材料强度的两个重要指标。

材料产生塑性变形的能力称为材料的塑性性能。塑性性能是工程中评定材料质量优劣的重要方面，衡量材料塑性性能的指标有延伸率 δ 和断面收缩率 ψ。延伸率 δ 定义为

$$\delta = \frac{l_1 - l}{l} \times 100\% \qquad\qquad (4\text{-}3\text{-}2)$$

式中，l_1 为试件断裂后的长度；l 为原长度。

断面收缩率 ψ 定义为

$$\psi = \frac{A - A_1}{A} \times 100\% \qquad\qquad (4\text{-}3\text{-}3)$$

式中，A_1 为试件断裂后断口的面积；A 为原面积。

工程中通常把延伸率 $\delta > 5\%$ 的材料称为塑性材料，$\delta \leqslant 5\%$ 的材料称为脆性材料。低碳钢的延伸率 $\delta = 25\% \sim 30\%$，断面收缩率 $\psi = 60\%$，是典型的塑性材料；而铸铁、陶瓷等属于脆性材料。

2. 其他材料拉伸时的力学性能

（1）铸铁拉伸时的力学性能。

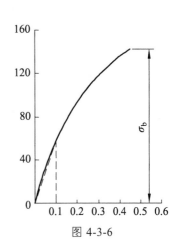

图 4-3-6

另一类材料的共同特点是延伸率 δ 均很小，这类材料称为脆性材料。通常以延伸率 $\delta < 2\% \sim 5\%$ 作为定义脆性材料的界限。图 4-3-6 为铸铁拉伸时的应力-应变关系曲线。整个拉伸过程中 σ-ε 关系为一微弯的曲线，从开始受力直到拉断，试件变形始终很小，既不存在屈服阶段，也没有颈缩现象。断裂时应变仅仅是 $0.4\% \sim 0.5\%$。在工程中，通常用总应变为 0.1% 时的应力-应变曲线的割线斜率作为弹性模量 E。这样确定的弹性模量称为割线弹性模量，如图 4-3-6 中虚线所示。由于铸铁没有屈服现象，因此强度极限 σ_b 是衡量强度的唯一指标。

（2）其他几种塑性材料拉伸时的力学性能。

工程上常用的塑性材料除低碳钢外，还有中碳钢、某些高碳钢和合金钢、铝合金、青铜、黄铜等。图 4-3-7（a）中给出了几种塑性材料拉伸时的 σ-ε 曲线，它们有一个共同特点是拉断前均有较大的塑性变形，然而它们的应力-应变规律却大不相同。

除了 16Mn 钢和低碳钢一样有明显的弹性阶段、屈服阶段、强化阶段和颈缩阶段外，其他材料并没有明显的屈服阶段。对于没有明显屈服阶段的塑性材料，通常以产生的塑性应变为 0.2% 时的应力作为屈服极限，称为名义屈服极限，用 $\sigma_{0.2}$ 表示，如图 4-3-7（b）所示。

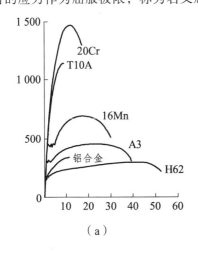

（a）

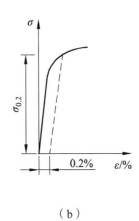

（b）

图 4-3-7

3. 材料在压缩时的力学性能

材料的压缩试件一般做成短而粗的形状，以免发生失稳。金属材料的压缩试件为圆柱形，混凝土、石料等材料的试件为立方体。

低碳钢压缩时的应力-应变曲线如图 4-3-8 所示。为了便于比较，图中还画出了拉伸时的应力-应变曲线，用虚线表示。可以看出，在屈服以前两条曲线基本重合，这表明低碳钢压缩时的弹性模量 E、屈服极限 σ_s 等都与拉伸时基本相同。不同的是，随着外力的增大，试件被越压越扁，却并不断裂。由于无法测出压缩时的强度极限，所以对低碳钢一般不做压缩试验，主要力学性能可由拉伸试验确定。类似情况在一般的塑性金属材料中也存在，但有的塑性材料，如铬钼硅合金钢，在拉伸和压缩时的屈服极限并不相同，因此对这些材料还要做压缩试验，以测定其压缩屈服极限。

铸铁是典型的脆性材料，压缩时的 σ-ε 曲线如图 4-3-9 所示，曲线没有明显的直线部分，当铸铁压缩试样的纵向应变达到一定程度时发生破裂，破裂面与试样轴线大约成 45°~55° 的倾角。由于破坏面上的切应力比较大，所以试样的破坏形式属于剪断。铸铁的抗压强度极限为它的抗拉强度极限的 4~5 倍，为区别起见，常用 σ_{bt} 和 σ_{bc} 分别表示铸铁的抗拉、抗压强度极限。又因铸铁易于浇铸成形状复杂的零件，且坚硬耐磨、价格低廉，故广泛应用于铸造机床床身、机座、缸体及轴承支座等主要受压的零部件。因此，铸铁的压缩试验与拉伸试验一样重要。

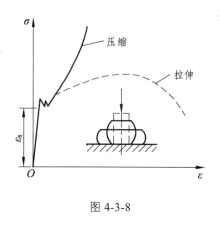

图 4-3-8

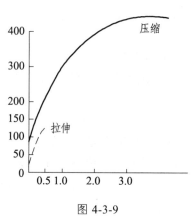

图 4-3-9

任务实训

1. 低碳钢在拉伸试验过程中表现为几个阶段?分别有哪些特征?

2. 铸铁在拉伸试验过程中有哪些特征?

_____

_____

_____

_____

_____

3. 学习心得及总结。

_____

_____

_____

_____

_____

_____

_____

_____

_____

_____

_____

_____

任务 4　轴向拉压杆变形及强度计算

1. 轴向拉（压）杆的变形

设拉杆的原长为 l，承受一对轴向拉力 F 的作用，变形后其长度增加为 l_1，如图 4-4-1 所示，则杆的纵向伸长量为

$$\Delta l = l_1 - l$$

杆件沿轴线方向的变形量 Δl 只反映了杆的总变形，其大小与杆件的原长有关，不能说明杆件变形的程度。因此，定义单位长度内杆的伸长量来表示杆件的变形程度，即

$$\varepsilon = \frac{\Delta l}{l} \tag{4-4-1}$$

ε 称为纵向线应变，简称线应变，是一个无量纲量。

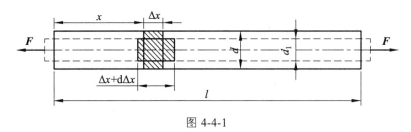

图 4-4-1

ε 表示的是标件在长度 l 内的平均线应变，若杆沿长度变形均匀，平均线应变等于杆在各点处的线应变；若杆沿长度的变形并非均匀，必须用某点处平均线应变的极限值来表示，即

$$\varepsilon_x = \lim_{\Delta x \to 0} \frac{\mathrm{d}\Delta x}{x}$$

设杆的原横向尺寸为 d，变形后为 d_1，则杆的横向绝对变形，即缩短量为

$$\Delta d = d_1 - d$$

而杆的横向线应变则为

$$\varepsilon' = \frac{\Delta d}{d} \qquad (4\text{-}4\text{-}2)$$

式中，ε' 称为横向线应变，也是一个无量纲量。

上述有关变形的概念同样适用于轴向压缩。拉杆的 ε 为正，ε' 为负；而压杆的 ε 为负，ε' 为正。

2. 泊松比与胡克定律

试验表明，当材料处于线弹性变形阶段时，横向线应变与纵向线应变之比的绝对值为一个常数，即

$$\mu = \left| \frac{\varepsilon'}{\varepsilon} \right| \qquad (4\text{-}4\text{-}3)$$

μ 称为横向变形系数或泊松比，是一个无量纲量，它是材料的弹性常数。利用这一关系可以通过纵向线应变求出横向线应变，即

$$\varepsilon' = -\mu\varepsilon$$

式中，负号表示杆件的纵向线应变和横向线应变总是相反的。

从生产及生活中我们知道，杆的变形量与所受外力、杆所选用的材料等因素有关。大量的实验表明，当杆的变形为弹性变形时，杆的纵向变形 Δl 与轴力 $\boldsymbol{F}_{\mathrm{N}}$ 及杆长 l 成正比，而与杆的横截面面积 A 成反比，即

$$\Delta l \propto \frac{F_{\mathrm{N}} l}{A}$$

引进比例系数 E，则有

$$\Delta l = \frac{F_{\mathrm{N}} l}{EA} \tag{4-4-4}$$

这一关系式也称为胡克定律。由式（4-4-4）可知，EA 值越大则杆的变形越小；EA 值越小则杆的变形越大，EA 则反映了杆件抵抗拉（压）变形的能力，称为抗拉（压）刚度。

弹性模量 E 和泊松比 μ 均由试验测定。表 4-4-1 列出了工程中常用材料的 E、μ 值。

表 4-4-1　常用材料的 E、μ 值

材料名称	牌号	弹性模量 E/GPa	泊松比 μ
低碳钢	Q235	200～210	0.24～0.28
中碳钢	45	205	
低合金钢	16Mn	200	0.25～0.30
合金钢	40CrNiMo	210	0.25
灰口铸铁		60～162	0.23～0.27
球墨铸铁		150～180	
混凝土		15.2～36.0	0.16～0.18
木材（顺纹）		8～12	

3. 拉（压）杆的强度计算

前述试验表明，由脆性材料制成的构件，在拉力作用下，变形很小时就会突然断裂。塑性材料制成的构件，在拉断之前先已出现较大的塑性变形。由于这些材料不能保持原有的形状和尺寸，不能正常工作，因此工程上将材料发生断裂和出现较大的塑性变形统称为失效。

脆性材料断裂时的应力是强度极限 σ_{b}，塑性材料到达屈服时的应力是屈服极限 σ_{s}，这两者都是构件失效时的极限应力，记为 σ_{u}。

根据计算分析所得到的构件的应力，称为工作应力。在理想的情况下，为了充分利用材料的强度，可使构件的工作应力接近于材料的极限应力。但实际上这是不可能的，构件的材料会有缺陷，实际加载方式也会有偏差，都不可能是绝对理想的状态，同时还要考虑构件承载的不确定性和复杂性。为了确保安全，构件必须具有适当的强度储备，特别是对于破坏将带来严重后果的构件，更应给予较大的强度储备。将材料的极限应力除以一个大于 1 的安全系数 n，作为衡量材料承载能力的依据，称为许用应力，并用[σ]表示。许用应力与极限应力的关系为

$$[\sigma] = \frac{\sigma_{\mathrm{u}}}{n} \tag{4-4-5}$$

式中，n 为大于 1 的因数，称为安全因数。

如上所述，安全因数是由多种因素决定的。各种材料在不同工作条件下的安全因数或许用应力，可从有关规范或设计手册中查到。在一般静荷载计算中，对于塑性材料，按屈服极限所规定的安全因数 n_{s}，通常取为 1.5～2.2；对于脆性材料，按强度极限所规定的安全因数 n_{b}，通常取为 3.0～5.0，甚至更大。

根据以上分析，为了保证拉（压）杆在工作时不致因强度不够而破坏，杆内的最大工作

应力 σ_{max} 不得超过材料的许用应力$[\sigma]$，即要求

$$\sigma_{max}=\left(\frac{F_N}{A}\right)_{max} \leqslant [\sigma] \qquad (4-4-6)$$

上述判据称为拉（压）杆的强度条件。对于等截面拉（压）杆，上式则变为

$$\frac{F_{max}}{A} \leqslant [\sigma] \qquad (4-4-7)$$

利用上述条件，可以解决以下几类强度问题：

（1）校核强度。

当已知拉（压）杆的横截面尺寸、许用应力和所受外力时，通过比较工作应力与许用应力的大小，即可判断该杆在所受外力作用下能否安全工作。

（2）选择截面尺寸。

如果已知拉（压）杆所受外力和许用应力，根据强度条件可以确定该杆所需横截面面积，例如，对于等截面拉（压）杆，其所需横截面面积为

$$A \geqslant \frac{F_{max}}{[\sigma]} \qquad (4-4-8)$$

（3）确定承载能力。

如果已知拉（压）杆的横截面尺寸和许用应力，根据强度条件可以确定该杆所能承受的最大轴力，其值为

$$[F_N] = A[\sigma] \qquad (4-4-9)$$

值得注意的是，如果工作应力 σ_{max} 超过了许用应力$[\sigma]$，但只要超过量（σ_{max} 与$[\sigma]$之差）不大，例如，不超过许用应力的 5%，在工程计算中仍然是允许的。

4. 圣维南原理与应力集中的概念

在计算拉（压）杆的应力时，认为应力沿截面是均匀分布的。实际上，应用式（4-2-1）~（4-2-3）来计算拉压杆的应力是有前提的，只有对于直杆、横截面尺寸无突变，并且距离外力作用点较远的截面处，才可以应用上述公式。上述公式是以直杆为研究对象推导出来的，因此容易理解。其余两个限制条件分别用以下两个概念给以解释。

（1）圣维南原理。

法国科学家圣维南在 1885 年指出，荷载作用于杆端方式的不同，不会影响距离杆端较远处的应力分布，这就是著名的圣维南原理。杆端局部范围内的应力分布会受到影响，影响区的轴向范围大约是杆横向尺寸的 1~2 倍。此原理已被大量试验与计算所证实。例如，图 4-4-2（a）所示承受集中力 F 作用的杆，其截面宽度为 δ，高度为 h，且 $\delta<h$，在 $x=h/4$ 与 $h/2$ 的横截面 1—1 与 2—2 上，应力为非均匀分布［图 4-4-2（b）］，但在 $x=h$ 的横截面 3—3 上，应力则已趋向均匀［图 4-4-2（c）］。因此，只要荷载合力的作用线沿杆件轴线，在距集中荷载作用点稍远处，横截面上的应力分布都可视为均匀的，就可按式（4-2-2）计算横截面上的应力。

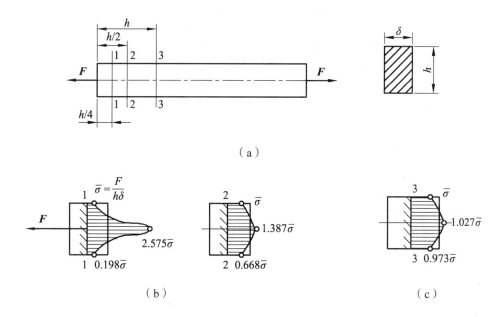

图 4-4-2

（2）应力集中的概念。

等截面直杆受轴向拉伸或压缩时,除两端受力的局部区域外,横截面上的应力是均匀 分布的,但当构件的形状或横截面尺寸有突变（如具有沟槽或孔等）时,情况就有所不同了。沟槽或孔所在的局部区域内,应力将急剧增大。如图 4-4-3（a）所示,含圆孔的受拉薄板,圆孔处截面 A—A 上的应力分布如图 4-4-3(b)所示,其最大应力显著超过了该截面的平均应力。这种由于截面尺寸急剧变化所引起的应力局部增大的现象,称为应力集中。

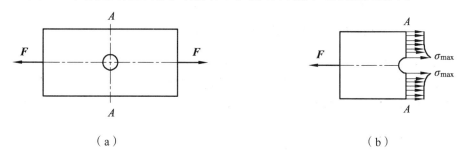

图 4-4-3

试验结果表明:截面尺寸改变得越急剧、角越尖、孔越小,应力集中的程度就越严重。因此,构件上应尽可能地避免带尖角的孔和槽,在阶梯轴的轴肩处要用圆弧过渡,而且应尽量使圆弧半径大一些。

【例 4-4-1】一矩形截面钢杆如图 4-4-4 所示,其截面尺寸 $b \times h = 3$ mm×80 mm,材料的弹性模量 $E = 200$ GPa。经拉伸试验测得:在纵向 100 mm 的长度内,杆伸长了 0.05 mm,在横向 60 mm 的高度内,杆的尺寸缩小了 0.0093 mm。试求:① 该钢材的泊松比;② 杆件所受的轴向拉力 F。

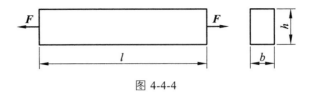

图 4-4-4

【解】① 求泊松比 μ。

求杆的纵向线应变 ε:

$$\varepsilon = \frac{\Delta l}{l} = \frac{0.05}{100} = 5 \times 10^{-4}$$

求杆的横向线应变 ε':

$$\varepsilon' = \frac{\Delta h}{h} = \frac{-0.0093}{60} = -1.55 \times 10^{-4}$$

求泊松比 μ:

$$\mu = \left| \frac{\varepsilon'}{\varepsilon} \right| = \left| \frac{-1.55 \times 10^{-4}}{5 \times 10^{-4}} \right| = 0.31$$

② 求杆件所受的轴向拉力 F。

由式（4-3-1）计算杆件在 F 作用下任一截面上的正应力

$$\sigma = E\varepsilon = 5 \times 10^{-4} \times 200 \times 10^{3} = 100 \text{ MPa}$$

由杆件横截面上的轴力

$$F_N = \sigma A = 100 \times 3 \times 80 = 24 \times 10^{3} = 24 \text{ kN}$$

可得 $F = F_N = 24$ kN

【例 4-4-2】如图 4-4-5（a）所示为正方形截面阶梯形柱。已知：材料的许用压应力 $[\sigma] = 1.05$ MPa，弹性模量 $E = 3$ GPa，荷载 $F_p = 60$ kN，柱自重不计。试校核该柱的强度。

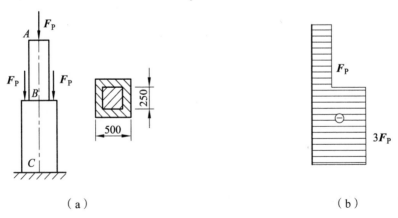

（a）   （b）

图 4-4-5

【解】① 画轴力图［图 4-4-5（b）］。

② 求 AB 段及 BC 段的应力。

AB 段：

$$\sigma_{AB} = \frac{F_{NAB}}{A_{AB}} = -\frac{60 \times 10^3}{250 \times 250} = -0.96 \text{ MPa}$$

BC 段：

$$\sigma_{AB} = \frac{F_{NBC}}{A_{BC}} = -\frac{180 \times 10^3}{500 \times 500} = -0.72 \text{ MPa}$$

③ 校核强度。

$$\sigma_{\max} = 0.96 \text{ MPa} < [\sigma] = 1.05 \text{ MPa}$$

因此该柱满足强度要求。

【例 4-4-3】如图 4-4-6 所示的实心圆截面木杆，杆的直径沿轴线变化，A 截面直径为 $d_A = 140$ mm，C 截面直径为 $d_c = 160$ mm，B 截面为 AC 杆的中点截面，木材的许用拉应力 $[\sigma_t] = 6.5$ MPa，许用压应力 $[\sigma_c] = 10$ MPa。求该杆的许用荷载 $[F_p]$。

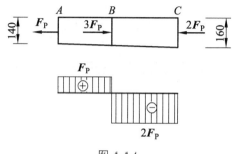

图 4-4-6

【解】① 画轴力图。

② 利用强度条件确定各段的许用荷载。

AB 段：$\sigma_{t\max} = \dfrac{F_{NAB}}{A_{AB\min}} \leqslant [\sigma_t]$

$$F_{NAB} \leqslant [\sigma_t] A_{AB\min} = 6.5 \times \frac{\pi \times 140^2}{4} = 100\ 009 \text{ N} \approx 100 \text{ kN}$$

$$[F_{NAB}] = 100 \text{ kN}$$

BC 段：$\sigma_{c\max} = \dfrac{|F_{NBC}|}{A_{BC\min}} \leqslant [\sigma_c]$

$$|F_{NBC}| \leqslant [\sigma_c] A_{BC\min} = 10 \times \frac{\pi \times 150^2}{4} = 176\ 620 \text{ N} \approx 176.6 \text{ kN}$$

$$[F_{NBC}] = 176.6 \text{ kN}$$

③ 确定许用的外荷载。

$$F_{NAB} = F_p, |F_{NBC}| = 2F_p$$

AB 段：$F_p \leqslant 100$ kN

BC 段：由 $2F_p \leqslant 176.6\,kN$ 得 $F_p \leqslant 88.3\,kN$

要使杆安全使用，那么必须保证每一段都不破坏，所以许用荷载取上述计算结果的较小值，即 $F_p = 88.3\,kN$。

📝 任务实训

1. 图 4-4-7 所示为可以绕垂轴 OO_1 旋转的吊车简图，其中斜拉杆 AC 由两根 50 mm× 50 mm×5 mm 的等边角钢组成，水平横梁 AB 由两根 10 号槽钢组成。AC 杆和 AB 梁的材料都是 $Q235$ 钢，许用应力$[\sigma] = 120$ MPa。当行走小车位于点 A 时（小车的两个轮子之间的距离很小，小车作用在横梁上的力可以看作是作用在点 A 的集中力），求允许的最大起吊重力 F_w（包括行走小车和电动机的自重）。杆和梁的自重忽略不计。

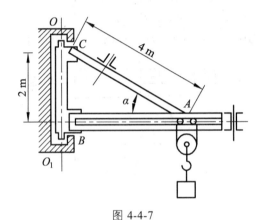

图 4-4-7

2. 图 4-4-8 所示的受多个力作用的等直杆，横截面面积 $A = 500$ mm²，材料的弹性模量 $E = 200$ GPa，试求杆件总的纵向变形量。

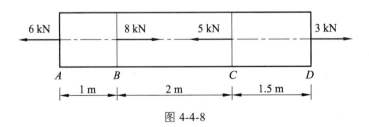

图 4-4-8

3. 一空心圆截面杆，内径 $d = 15$ mm，承受轴向压力 $F = 20$ kN 作用，已知材料的屈服应力 $[\sigma_s] = 240$ MPa，安全因数 $n_s = 1.6$。试确定杆的外径 D。

4. 如图 4-4-9 所示，梁 BD 为刚性杆，杆 1 与杆 2 用同一种材料制成，横截面面积均为 $A = 300$ mm²，许用应力 $[\sigma] = 160$ MPa，荷载 $F = 50$ kN，试校核杆 1、2 的强度。

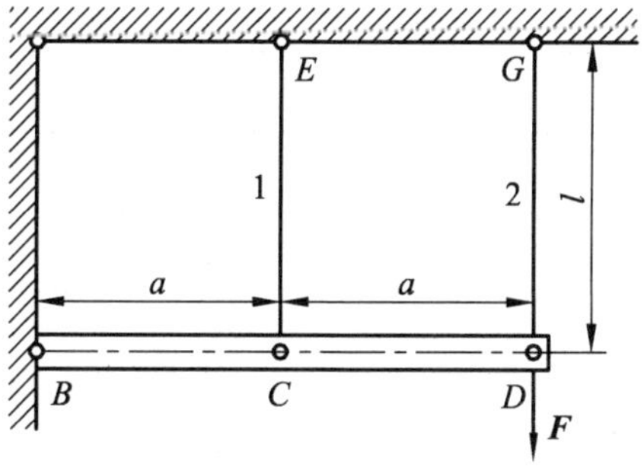

图 4-4-9

5. 图 4-4-10 所示阶梯形杆 AC，$F = 10$ kN，$l_1 = l_2 = 400$ mm，$A_1 = 2A_2 = 100$ mm²，$E = 200$ GPa，试计算杆 AC 的轴向变形 Δl。

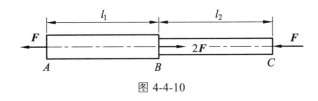

图 4-4-10

_____

_____

_____

_____

_____

6. 学习心得及总结。

_____

_____

_____

_____

_____

_____

_____

_____

_____

_____

_____

项目小结

本项目着重讲述了轴向拉伸和压缩的外力和内力、拉（压）杆横截面及斜截面上的应力、材料拉伸、压缩时的力学性能、轴向拉压杆变形及强度计算。

1. 轴向拉伸和压缩的外力和内力着重介绍了截面法求轴力。

2. 拉（压）杆横截面及斜截面上的应力着重介绍了应力的概念、拉（压）杆横截面及斜截面上的应力计算。

3. 材料拉伸、压缩时的力学性能着重介绍了低碳钢和铸铁等材料在荷载作用下的力学性能。

4. 轴向拉压杆变形及强度计算着重介绍了胡克定律和拉杆强度的计算。

项目5 剪切和扭转

本项目主要介绍剪切、扭转的基本概念，以及剪切、扭转的实用计算方法。

知识目标

1. 了解剪切的概念及其工程应用。
2. 掌握圆轴扭转时的内力、应力及变形。

教学要求

1. 熟悉剪切的概念及实用计算。
2. 熟悉扭转变形的外力和内力计算。
3. 掌握圆轴扭转时的变形、强度、刚度计算。

重点难点

圆轴扭转时的应力变形和强度计算。

任务1 剪切的实例与概念

图 5-1-1 是一铆钉连接的两块钢板的简图。当钢板受拉时，铆钉的左上侧和右下侧受到一对力 *F* 的作用。这时铆钉的受力部分将沿着外力的方向分别向右和向左移动。当外力足够大时，将使铆钉剪断，这就是剪切破坏。在工程实际中，构件与构件之间的连接一般都采用螺栓、销钉、焊接等形式。这些连接件中，都要受剪切作用。

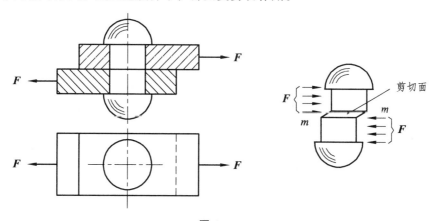

图 5-1-1

由此可知，构件受到一对大小相等、方向相反、作用线相距很近的横向力（即垂直杆轴向方向力）作用时，两力间的横截面将沿力的方向发生相对错动，这种变形称为剪切变形。发生相对错动的截面称为剪切面。只有一个受剪切面的情况称为单剪（图 5-1-1 中的铆钉），同时存在两个受剪切面的情况称为双剪（图 5-1-2）。

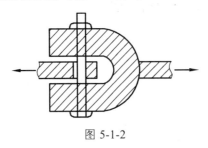

图 5-1-2

📝 任务实训

1. 什么叫剪切变形？举例说明生活中遇到的剪切变形。

_____

_____

_____

_____

_____

2. 学习心得及总结。

_____

_____

_____

_____

_____

_____

_____

_____

_____

任务 2　剪切的实用计算

以螺栓（图 5-2-1）为例，说明剪切强度的计算方法。

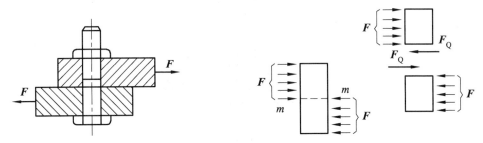

图 5-2-1

取螺栓为研究对象，其受力情况如图 5-2-1 所示。首先求出 m—m 截面上的内力，将螺栓从 m—m 截面假想截开，分为上下两部分，取其中一部分作为研究对象。根据静力平衡条件，在剪切面必然有一个与外力 F 大小相等、方向相反的内力存在，这个内力叫剪力，用 F_Q 表示。受剪面上的剪力是沿着截面作用的，因此在截面上各点处均引起相应的剪应力。剪应力在剪应面上的分布是复杂的，工程上常以实验为基础的实用计算法来计算，即假设剪应力在剪切面上是均匀分布的，所以剪应力的计算公式为

$$\tau = \frac{F_Q}{A} \qquad\qquad (5\text{-}2\text{-}1)$$

式中，F_Q 为剪切面上的剪力；A 为剪切面面积。

为了保证构件在工作中不发生剪切破坏，必须使构件工作时产生的剪应力，不超过材料的许用剪应力，即

$$\tau = \frac{F_Q}{A} \leqslant [\tau] \qquad\qquad (5\text{-}2\text{-}2)$$

式中，$[\tau]$ 为材料的许用剪应力。

式（5-2-2）就是剪切强度条件。

工程中常用材料的许用剪应力可从规范中查到，也可用下面的经验公式确定：

脆性材料：　　　　　　$[\tau] = (0.6\sim0.8)[\sigma_i]$

塑性材料：　　　　　　$[\tau] = (0.8\sim1.0)[\sigma_i]$

式中，$[\sigma_i]$ 为材料的许用拉应力。

【例 5-2-1】如图 5-2-2 所示榫头，$a = 12$ cm，$b = c = 5$ cm，$h = 5.5$ cm，$P = 50$ kN，试求接头的剪应力。

【解】根据受力情况，剪切面积 $A = hb$。

取阴影部分为研究对象，由平衡方程容易求出，剪力 $F_Q = p$，于是木榫接头上的剪应力为

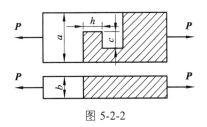

图 5-2-2

$$\tau = \frac{F_Q}{A} = \frac{50 \times 10^3}{5.5 \times 5 \times 10^2} = 18.18 \text{ MPa}$$

【**例 5-2-2**】如图 5-2-3 所示，两块厚度 $t = 12 \text{ mm}$，宽度 $b = 60 \text{ mm}$ 的钢板，用一个直径为 $d = 18 \text{ mm}$ 的圆形铆钉连接在一起，钢板受拉力 $F = 42 \text{ kN}$。设铆钉受力相等，已知 $[\tau] = 180 \text{ MPa}$，$[\sigma] = 190 \text{ MPa}$，试校核铆钉连接件的强度。

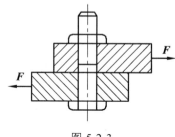

图 5-2-3

【**解**】① 该连接件破坏的形式一般有两种，即剪切和拉伸。板上有一个铆钉，故每个铆钉的剪力为 $F_Q = F$。

② 校核铆钉的剪切强度为

$$\tau = \frac{F_Q}{A} = \frac{42 \times 10^3}{\pi d^2/4} = \frac{4 \times 42 \times 10^3}{3.14 \times 18^2} = 165 \text{ MPa} < 180 \text{ MPa}$$

故满足剪切强度。

③ 校核板的拉伸强度为

$$\tau = \frac{F}{(b-d)t} = \frac{42 \times 10^3}{(60-18) \times 12} = 83 \text{ MPa} < 190 \text{ MPa}$$

故满足拉伸强度要求。

从上面的例题可以看出，在剪切计算中，关键是剪切面的计算。一般来说，剪切面与外力平行，在两个外力的作用线之间。它是同一物体的一部分相对另一部分沿外力方向发生错动的平面。

任务实训

1. 如图 5-2-4 所示，已知 $F = 150 \text{ kN}$，销钉直径 $d = 30 \text{ mm}$，材料的许用切应力 $[\tau] = 80 \text{ MPa}$。校核图示连接销钉的剪切强度，若强度不够，应改用多大直径的销钉。

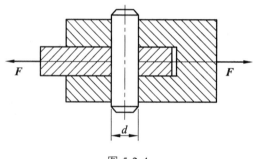

图 5-2-4

_____

_____

_____

_____

_____

2. 电机挂钩的销钉连接如图 5-2-5 所示，已知 $F = 20$ kN，板厚 $t_1 = 12$ mm，$t_2 = 10$ mm，销钉的材料与板相同，许用剪应力 $[\tau] = 90$ MPa，试选择销钉直径。

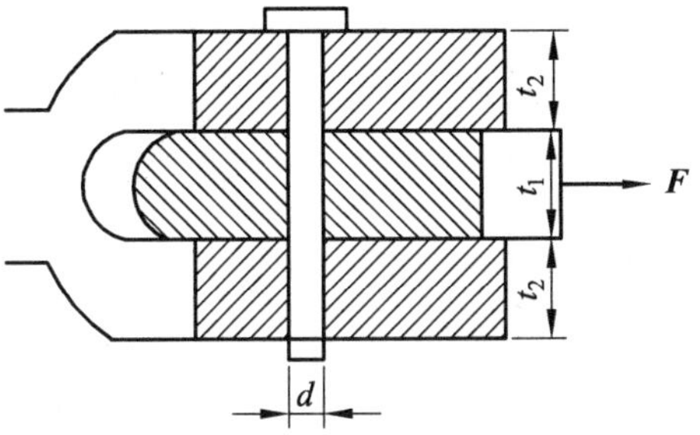

图 5-2-5

_____

_____

_____

_____

3. 学习心得及总结。

_____

_____

_____

_____

_____

_____

_____

_____

任务3　扭转变形的外力和内力

1. 扭转的概念及实例

在工程实际中，有很多以扭转变形为主的杆件，例如，图 5-3-1（a）中的电钻、螺丝刀杆和钻头都是受扭的杆件；图 5-3-1（b）中载重汽车的传动轴；图 5-3-1（c）中挡雨篷的雨篷梁等。

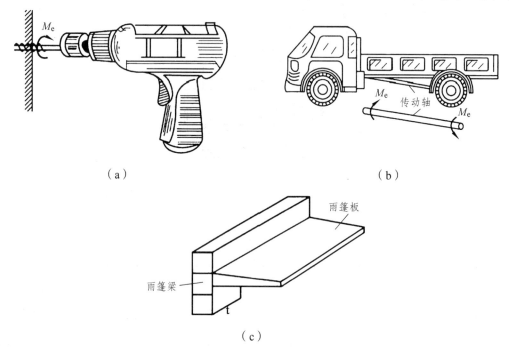

（a）　　　　　　　　　　　　　（b）

（c）

图 5-3-1

以上受扭杆件的特点是：杆件受力偶系的作用，这些力偶的作用面都垂直于杆轴，杆件发生扭转变形。变形后杆件各横截面之间绕杆轴相对转动了一个角度，称为相对扭转角，用 γ 表示，如图 5-3-2 所示。以扭转为主要变形的直杆一般称为轴。

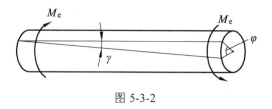

图 5-3-2

2. 外力偶矩、扭矩的计算

（1）外力偶矩的计算。

工程中常用的传动轴（图 5-3-3）是通过转动传递动力的构件，其外力偶矩一般不是直接给出的，通常已知轴所传递的功率和轴的转速，可导出外力偶矩、功率和转速之间的关系为

$$M_e = 9\,549\frac{p}{n} \qquad\qquad (5\text{-}3\text{-}1)$$

式中，M_e 为作用在轴上的外力偶矩；P 为轴传递的功率；n 为轴的转速。

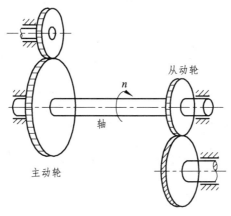

图 5-3-3

（2）扭矩的计算。

已知受扭圆轴外力偶矩，可以利用截面法求任意横截面的内力。图 5-3-4（a）为受扭圆轴，设外力偶矩为 M_e，求距 A 端为 x 的任意截面 m—m 上的内力。假设在 m—m 截面将圆轴截开，取左部分为研究对象，如图 5-3-4（b）所示，由平衡条件得内力偶矩 T 和外力偶矩 M_e 的关系，即

$$T = M_e$$

式中，内力偶矩 T 称为扭矩。若取图 5-3-4（c）所示的右半部分为研究对象，仍可求得该截面的扭矩 T'。

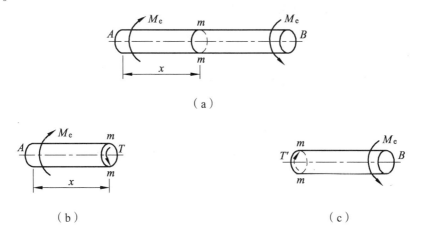

图 5-3-4

扭矩的正负号采用右手螺旋法则确定，以右手四指表示扭矩的转向，当拇指的指向与截面外法线方向一致时，扭矩为正号；反之为负号。

扭矩的单位是 N·m 或 kN·m。

3. 绘制扭矩图

为了清楚地表示扭矩沿轴线变化的规律，以便于确定危险截面，常用与轴线平行的 x 坐标表示横截面的位置，与之垂直的坐标表示相应横截面的扭矩，把计算结果按比例绘制在图上。一般情况下，正扭矩画在 x 轴上方，负扭矩画在 x 轴下方。这种图形称为扭矩图。

【**例 5-3-1**】如图 5-3-5（a）所示，已知传动轴的转速 $n = 300$ r/min，主动轮 A 的输入功率 $P_A = 29$ kW，从动轮 B、C、D 的输出功率分别为 $P_B = 7$ kW，$P_C = P_D = 11$ kW。绘制该轴的扭矩图。

【**解**】① 计算外力偶矩。

$$M_{eA} = 9\,549\,\frac{p_A}{n} = 9\,549 \times \frac{29}{300} = 923\,\text{N} \cdot \text{m}$$

$$M_{eB} = 9\,549\,\frac{p_B}{n} = 9\,549 \times \frac{7}{300} = 223\,\text{N} \cdot \text{m}$$

$$M_{eC} = M_{eD} = 9\,549\,\frac{p_C}{n} = 9\,549 \times \frac{11}{300} = 350\,\text{N} \cdot \text{m}$$

② 分段计算扭矩。

利用截面法，取 1—1 横截面以左部分为研究对象［图 5-3-5（c）］，为保持左段平衡，1—1 横截面上的扭矩 M_{T_1} 为

$$M_{T_1} = -M_{eB} = -223\,\text{N} \cdot \text{m}$$

M_{T_1} 为负值，表示实际的扭矩方向与计算过程中假设的方向相反。

取 2—2 横截面以左部分为研究对象［图 5-3-5（d）］，为保持左段平衡，2—2 横截面上的扭矩 M_{T_2} 为

$$M_{T_2} = -(M_{eC} + M_{eB}) = -573\,\text{N} \cdot \text{m}$$

取 3—3 横截面以右部分为研究对象［图 5-3-5（e）］，为保持右段平衡，3—3 横截面上的扭矩 M_{T_3} 为

$$M_{T_3} = M_{eD} = 350\,\text{N} \cdot \text{m}$$

③ 作扭矩图。

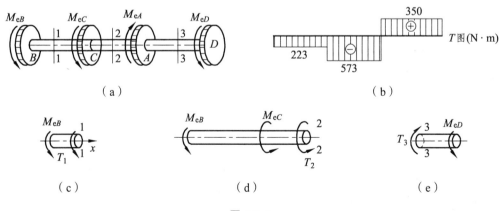

（a）　　　　　　　　　　　　　（b）

（c）　　　　　（d）　　　　　（e）

图 5-3-5

任务实训

1. 如图 5-3-6 所示，传动轴的转速 $n = 350$ r/min，A 轮为主动轮，输入功率 $P_A = 15$ kW，B、C、D 为从动轮，输出功率分别为 $P_B = 5$ kW，$P_C = 4$ kW，$P_D = 3.5$ kW，试求各段扭矩。

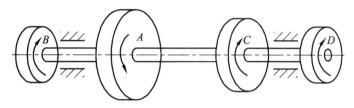

图 5-3-6

2. 圆轴受力如图 5-3-7 所示，其中 $M_{e1} = 1.2$ kN·m，$M_{e2} = 0.8$ kN·m，$M_{e3} = 0.5$ kN·m，$M_{e4} = 0.5$ kN·m。① 试作轴的扭矩图；② 若 M_{e1} 和 M_{e2} 的作用位置互换，则扭矩图有何变化？

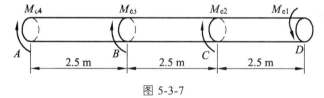

图 5-3-7

3. 学习心得及总结。

任务 4　圆轴扭转时的应力变形和强度计算

1. 圆轴扭转时的应力

工程中要求对受扭圆轴进行强度计算，实心圆轴横截面上的应力及其分布规律推导如下：

（1）物理关系。

根据剪切胡克定律，在剪切比例极限之内（或弹性范围以内）切应力和切应变成正比关系，即

$$\tau = G\gamma$$

将 $\gamma = \rho \dfrac{\mathrm{d}\varphi}{\mathrm{d}x}$ 代入上式，得

$$\tau_\rho = G\gamma = G\rho \frac{\mathrm{d}\varphi}{\mathrm{d}x} \tag{5-4-1}$$

上式表明，圆轴扭转时，横截面上任意点处的切应力 τ_ρ 与该点到圆心的距离 ρ 成正比，其分布如图 5-4-1 所示，式中 $\dfrac{\mathrm{d}\varphi}{\mathrm{d}x}$ 可利用静力方程确定。

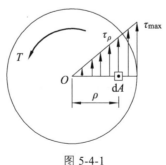

图 5-4-1

（2）变形几何关系。

取一实心圆轴，等距离地在其表面绘制与轴线垂直的圆周线和与轴线平行的纵向线，　如

图 5-4-2（a）所示，然后在圆轴右端施加一扭转力偶矩 M_e，使圆轴产生扭转变形，如图 5-4-2（b）所示。

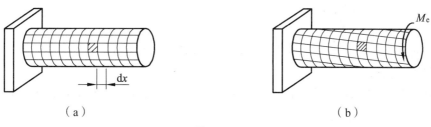

（a）　　　　　　　　　　　　　（b）

图 5-4-2

观察变形后的圆轴，发现圆周线的位置不变；圆周线的大小、形状不变；圆周线绕圆轴的轴线转过了一个角度，纵向线顺应外力偶的转向倾斜了一微小角度 γ，矩形都歪斜成平行四边形。可以想象，圆轴受扭后横截面仍然保持为平面，只是绕轴线转过一个角度。

分析变形后的圆轴，可得如下结论：圆轴沿轴线方向没有伸长和缩短，即横截面没有正应力；圆周线的大小、形状不变，说明圆轴的横截面保持为平面，即平面假设，且横截面的切应力没有沿着径向的分量；纵向线沿着外力偶的转向发生倾斜，矩形都歪斜成平行四边形，说明切应力的方向垂直半径，与扭矩的转向相一致；根据受扭圆轴的极对称性，可知横截面的切应力关于横截面圆心极对称分布。

圆轴扭转时，横截面上的切应力并非均匀分布，其分布规律需进一步分析，因此仅依靠静力平衡方程无法求出，必须利用圆轴的变形条件建立补充方程。

根据上述假设，从圆轴中取相距为 dx 的微段进行研究，如图 5-4-3（a）所示。

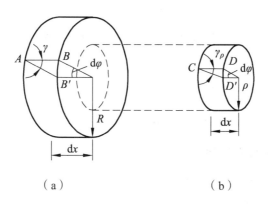

（a）　　　　　　　　　　（b）

图 5-4-3

设圆轴半径为 R，根据平面假设，可以设想扭转时各横截面如同刚性平面一样绕杆轴做相对转动。由图 5-4-3（a）可知，变形后的纵向线段 $\overline{AB}$ 变为 $\overline{AB'}$，$\overline{AB}$ 和 $\overline{AB'}$ 的夹角为 γ（切应变），BB' 对应横截面的圆心角 $d\varphi$，在微小变形的条件下可以建立如下关系：

$$BB'=\gamma dx=Rd\varphi$$

$$\gamma=R\frac{d\varphi}{dx}$$

为了研究横截面上任意点的切应变，从圆轴截面内取半径为 ρ 的微段，如图 5-4-3（b）所示。同理可得

$$\gamma_\rho = R\frac{\mathrm{d}\varphi}{\mathrm{d}x} \tag{5-4-2}$$

上式表明，横截面上任意点的切应变同该点到圆心的距离 ρ 成正比关系。

（3）静力学关系。

根据图 5-4-1，横截面上内力因素 $\tau_\rho \mathrm{d}A$ 在整个截面上的合成结果等于扭矩，即

$$T = \int_A \rho\tau_\rho \mathrm{d}A$$

将式（5-4-1）代入

$$T = G\frac{\mathrm{d}\varphi}{\mathrm{d}x}\int_A \rho^2 \mathrm{d}A = G\frac{\mathrm{d}\varphi}{\mathrm{d}x}I_\mathrm{p}$$

式中，$I_\mathrm{p} = \int_A \rho^2 \mathrm{d}A$，称为截面的极惯性矩，是一个只和截面形状有关的纯几何量。由上式可得

$$\frac{\mathrm{d}\varphi}{\mathrm{d}x} = \frac{T}{GI_\mathrm{p}} \tag{5-4-3}$$

将式（5-4-3）代入式（5-4-1），得到圆轴扭转横截面上任意点切应力公式，即

$$\tau_\rho = \frac{T\rho}{I_\mathrm{p}} \tag{5-4-4}$$

显然，当 $\rho = R$ 时，圆截面边缘处的切应力取得最大值，即

$$\tau_{\max} = \frac{T}{I_\mathrm{p}/R} = \frac{T}{W_\mathrm{p}} \tag{5-4-5}$$

式中，W_p 称为抗扭截面系数。它也是仅与截面形状和尺寸有关的纯几何量。

2. 极惯性矩和抗扭截面系数

极惯性矩 I_p 和抗扭截面系数 W_p 可按其定义通过积分求得。圆截面和圆环截面的极惯性矩 I_p 和抗扭截面系数 W_p 的算法如下：

如图 5-4-4（a）所示实心圆轴，可在圆轴截面上距圆心为 ρ 处取厚度为 $\mathrm{d}\rho$ 的环形面积作为微面积 $\mathrm{d}A$，于是 $\mathrm{d}A = 2\pi\rho\mathrm{d}\rho$，从而可得实心圆截面的极惯性矩为

$$I_\mathrm{p} = \int_A \rho^2 \mathrm{d}A = 2\pi\int_0^{\frac{D}{2}} \rho^3 \mathrm{d}\rho = \frac{\pi D^4}{32}$$

抗扭截面系数为

$$W_\mathrm{p} = \frac{I_\mathrm{p}}{D/2} = \frac{\pi D^4/32}{D/2} = \frac{\pi D^3}{16}$$

如图 5-4-4（b）中的空心圆轴，则有

$$I_\mathrm{p} = \int_A \rho^2 \mathrm{d}A = 2\pi \int_{\frac{d}{2}}^{\frac{D}{2}} \rho^3 \mathrm{d}\rho = \frac{\pi}{32}(D^4 - d^4) = \frac{\pi D^4}{32}(1 - \alpha^4)$$

式中，$\alpha = \dfrac{d}{D}$ 为空心圆轴内外径之比。空心圆轴截面的抗扭截面系数为

$$W_\mathrm{p} = \frac{I_\mathrm{p}}{D/2} = \frac{\pi D^3}{16}(1 - \alpha^4)$$

极惯性矩 I_p 的量纲是长度的四次方，常用的单位为 mm^4 或 m^4。抗扭截面系数 W_p 的量纲是长度的三次方，常用单位为 mm^3 或 m^3。

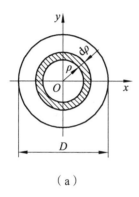
（a）

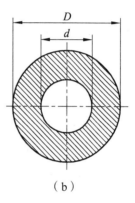
（b）

图 5-4-4

3. 圆轴扭转时的变形

轴的扭转变形用两横截面的相对扭转角表示，由式 $\dfrac{\mathrm{d}\varphi}{\mathrm{d}x} = \dfrac{T}{GI_\mathrm{p}}$ 可得 $\mathrm{d}x$ 段的相对扭转角。

$$\mathrm{d}\varphi = \frac{T}{GI_\mathrm{p}} \mathrm{d}x$$

当扭矩为常数，且 GI_p 也为常量时，相距长度为 l 的两横截面的相对扭转角为

$$\varphi = \int_l \mathrm{d}\varphi = \int_l \frac{T}{GI_\mathrm{p}} \mathrm{d}x = \frac{Tl}{GI_\mathrm{p}} \tag{5-4-6}$$

式中，GI_p 称为圆轴扭转刚度，扭转角 φ 的单位是 rad。GI_p 反映了圆轴抵抗扭转变形的能力。

相对扭转角的正负号由扭矩的正负号确定，即正扭矩产生正扭转角，负扭矩产生负扭转角。

若两横截面之间的扭矩 T 有变化，或极惯性矩 I_p 变化，或材料不同（剪切弹性模量 G 有变化），则应通过积分或分段计算出各段的扭转角，然后代数相加，即

$$\varphi = \sum_{i=1}^{n} \frac{T_i l_i}{G_i I_{\mathrm{p}i}}$$

在工程中，对于受扭圆轴的刚度通常用相对扭转角沿杆长度的变化率 $\dfrac{d\varphi}{dx}$ 来度量，用 θ 表示，称为单位长度扭转角，单位为 rad/m，即

$$\theta = \frac{d\theta}{dx} = \frac{T}{GI_p} \tag{5-4-7}$$

4. 圆轴扭转强度条件

工程上要求圆轴扭转时的最大切应力不得超过材料的许用切应力 $[\tau]$，即

$$\tau_{max} = \left(\frac{T}{W_p} \right)_{max} \leqslant [\tau] \tag{5-4-8}$$

对于等截面圆轴，表示为

$$\tau_{max} = \frac{T_{max}}{W_p} \leqslant [\tau] \tag{5-4-9}$$

上式称为圆轴扭转强度条件。

试验表明，材料扭转许用切应力 $[\tau]$ 和许用拉应力 $[\sigma]$ 有如下近似的关系：

脆性材料： $[\tau] = (0.5{\sim}0.6)[\sigma]$

塑性材料： $[\tau] = (0.8{\sim}1.0)[\sigma]$

5. 圆轴扭转刚度条件

工程中轴类构件，除应满足强度要求外，对其扭转变形也有一定要求，例如，汽车车轮轴的扭转角过大，汽车在高速行驶或紧急刹车时就会跑偏而造成交通事故；车床转动轴扭转角过大，会降低加工精度，对于精密机械，刚度的要求比强度更严格。受扭圆轴刚度条件表示为

$$\theta_{max} \leqslant [\theta] \tag{5-4-10}$$

将上式中的量纲由 rad/m 换算为 °/m，得

$$\theta_{max} = \left(\frac{T}{GI_p} \right)_{max} \times \frac{180°}{\pi} \leqslant [\theta]$$

对于等截面圆轴，即为

$$\theta_{max} = \frac{T_{max}}{GI_p} \times \frac{180°}{\pi} \leqslant [\theta]$$

许用单位长度扭转角 $[\theta]$ 的数值，根据轴的使用精密度、生产要求和工作条件等因素确定，对一般传动轴，$[\theta]$ 为 $0.5 \sim 1$ °/m；对于精密机器的轴，$[\theta]$ 常取 $0.15 \sim 0.30$ °/m。

【例 5-4-1】某主传动钢轴，传递功率 $P = 60$ kW，转速 $n = 250$ r/min，传动轴的许用切应力 $[\tau] = 40$ MPa，许用单位长度扭转角 $[\theta] = 0.5$ °/m，剪切弹性模量 $G = 80$ GPa，试计算传动轴

所需的直径。

【解】① 计算轴的扭矩。

$$T = 9\,549 \times \frac{60}{250} = 2\,292 \text{ N} \cdot \text{m}$$

② 根据强度条件求所需直径。

$$\tau = \frac{T}{W_P} = \frac{16T}{\pi d^3} \leqslant [\tau]$$

$$d \geqslant \sqrt[3]{\frac{16T}{\pi[\tau]}} = \sqrt[3]{\frac{16 \times 2\,292}{\pi \times 40 \times 10^6}} = 66.3 \text{ mm}$$

③ 根据圆轴扭转的刚度条件求直径。

$$d \geqslant \sqrt[4]{\frac{132T}{\pi[\tau]}} = \sqrt[4]{\frac{16 \times 2\,292}{80 \times 10^3 \times \pi \times 0.5 \times \frac{\pi}{180}}} = 76.1 \text{ mm}$$

故应按刚度条件确定传动轴直径，取 $d = 77$ mm。

【例 5-4-2】如图 5-4-5 所示，轴 AB 的转速 $n = 360$ r/min，传递的功率 $P = 15$ kW。轴的 AC 段为实心圆截面，CB 段为空心圆截面。已知 $D = 30$ mm，$d = 20$ mm。试计算 AC 段横截面边缘处的切应力以及 CB 段横截面内外边缘处的切应力。

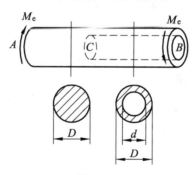

图 5-4-5

【解】① 计算扭矩，轴所受的外力偶矩为

$$M_e = 9\,549 \times \frac{15}{360} = 398 \text{ N} \cdot \text{m}$$

由截面法，各截面上的扭矩为

$$M_T = M_e = 398 \text{ N} \cdot \text{m}$$

② 计算极惯性矩，AC 段和 CB 段横截面的极惯性矩分别为

$$I_{p1} = \frac{\pi D^4}{32} = \frac{3.14 \times 30^4}{32} = 7.95 \times 10^4 \text{ mm}^4$$

$$I_{p2} = \frac{\pi D^4}{32} - \frac{\pi d^4}{32} = \frac{3.14 \times 30^4}{32} - \frac{3.14 \times 20^4}{32} = 6.38 \times 10^4 \ mm^4$$

③ 计算应力，AC 段轴在横截面边缘处的切应力为

$$\tau_{AC}^{外} = \frac{M_T \cdot D/2}{I_{P1}} = \frac{398 \times 10^3 \times 15}{7.95 \times 10^4} = 75 \ MPa$$

CB 段轴在横截面内外边缘处的切应力为

$$\tau_{CB}^{外} = \frac{M_T \cdot D/2}{I_{P2}} = \frac{398 \times 10^3 \times 15}{6.38 \times 10^4} = 93.6 \ MPa$$

$$\tau_{CB}^{内} = \frac{M_T \cdot d/2}{I_{P2}} = \frac{398 \times 10^3 \times 10}{6.38 \times 10^4} = 62.4 \ MPa$$

【例 5-4-3】 如图 5-4-6（a）所示的传动轴，在截面 A、B、C 三处作用的外力偶矩分别为 $M_{eA} = 4.77 \ kN \cdot m$，$M_{eB} = 2.86 \ kN \cdot m$，$M_{eC} = 1.91 \ kN \cdot m$。已知轴的直径 $D = 90 \ mm$，材料的切变模量 $G = 80 \times 10^3 \ MPa$，材料的许用切应力 $[\tau] = 60 \ MPa$，单位长度许用扭转角 $[\theta] = 1.1 \ °/m$。试校核该轴的强度和刚度。

（a）   （b）

图 5-4-6

【解】 ① 求危险截面上的扭矩。

绘出扭矩图，如图 5-4-6（b）所示。由图可知，BA 段各截面为危险截面，其上的扭矩为

$$M_{Tmax} = 2.86 \ kN \cdot m$$

② 强度校核。

截面的扭转截面系数和极惯性矩分别为

$$W_p = \frac{\pi D^3}{16} = \frac{3.14 \times 90^3 \times 10^{-9}}{16} = 1.43 \times 10^{-4} \ mm^3$$

$$I_p = \frac{\pi D^4}{32} = \frac{3.14 \times 90^4 \times 10^{-12}}{32} = 6.44 \times 10^{-6} \ mm^4$$

轴的最大切应力为

$$\tau_{max} = \frac{M_{Tmax}}{W_p} = \frac{2.86 \times 10^3}{1.43 \times 10^{-4}} = 20 \times 10^6 \ Pa = 20 \ MPa < [\tau] = 60 \ MPa$$

强度满足要求。

③ 刚度校核。

轴的单位长度最大扭转角为

$$\theta_{max} = \frac{T_{max}}{GI_P} \times \frac{180°}{\pi} = \frac{2.86 \times 10^3}{8 \times 10^{10} \times 6.44 \times 10^{-6}} \times \frac{180°}{\pi} = 0.318\,°/m \leqslant [\theta]$$

刚度满足要求。

📝 任务实训

1. 图 5-4-7 所示轴的直径 $D = 60$ mm，剪切弹性模量 $G = 100$ GPa，试计算该轴两端截面之间的相对扭转角。

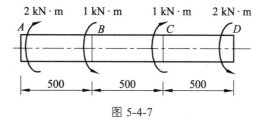

图 5-4-7

___

___

___

___

___

___

___

2. 某受扭圆管，外径 $D = 44$ mm，内径 $d = 40$ mm，横截面上的扭矩 $T = 750$ N·m，试计算圆管横截面上的扭转切应力。

___

___

___

___

___

___

___

3. 图 5-4-8 中圆截面轴的直径 $d = 50$ mm，扭矩 $T = 2$ kN·m，试计算点 A 处（$\rho_A = 30$ mm）的扭转切应力为 τ_A，以及横截面上的最大扭转切应力 τ_{max}。

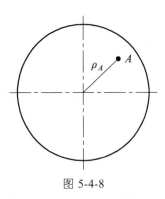

图 5-4-8

4. 一圆截面试样，直径 $d = 30$ mm，两端承受扭转力偶矩 $M = 240$ N·m 作用，试验测得标距 $l_0 = 105$ mm 范围内的扭转角 $\varphi = 0.0174$ rad，试确定剪切弹性模量 G。

5. 某圆截面钢轴，转速 $n = 240$ r/min，所传功率 $P = 55$ kW，许用应力 $[\tau] = 40$ MPa，单位长度的许用扭转角 $[\theta] = 0.8$ °/m，剪切弹性模量 $G = 75$ GPa，试确定轴的直径。

6. 学习心得及总结。

_____

_____

_____

_____

_____

_____

_____

_____

_____

_____

_____

📝 项目小结

本项目着重讲述了剪切的实例与概念、剪切的实用计算、扭转变形的外力和内力、圆轴扭转时的应力变形和强度计算。

1. 扭转变形的外力和内力着重介绍了扭转的概念、外力偶矩和扭矩的计算和绘制扭矩图。

2. 圆轴扭转时的应力变形和强度计算着重介绍了圆轴扭转时的应力、极惯性矩和抗扭截面系数、圆轴扭转时的变形、圆轴扭转强度条件及圆轴扭转刚度条件。

项目 6　梁的弯曲

工程结构中常用的一类构件，当其收到垂直于轴线的横向外力或纵向平面内外力偶的作用时，其轴线变形后成为曲线，这种变形即为弯曲变形。例如楼板梁 [图 6-0-1（a）]、阳台挑梁 [图 6-0-1（b）] 等。它们承受的荷载都垂直于构件，使其轴线由原来的直线变成曲线。

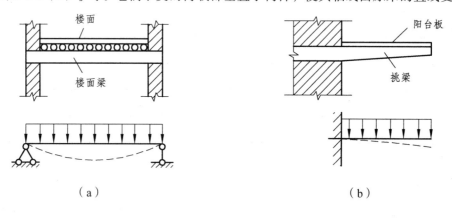

（a）　　　　　　　　　　　　　　　　（b）

图 6-0-1

知识目标

1. 掌握平面弯曲的概念。
2. 掌握剪力图、弯矩图的绘制。
3. 掌握弯曲应力的计算方法。
4. 掌握提高梁弯曲强度的措施。

教学要求

1. 能计算梁的弯曲正应力和梁的弯曲切应力。
2. 能计算梁的弯曲正应力强度校核。
3. 掌握提高梁的强度及刚度的主要方法。

重点难点

工程上等截面直梁的弯曲正应力、弯曲切应力的计算及强度计算。

任务 1　梁弯曲变形的概念

1. 平面弯曲的概念

当杆件受到垂直于杆轴的外力作用或在纵向平面内作用外力偶时，杆的轴线由直线变成曲线（图 6-1-1），这种变形称为弯曲。

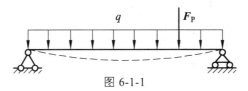

图 6-1-1

凡是以弯曲为主要变形的杆件通常称为梁。梁是工程中一种常用的杆件，尤其是在建筑工程中占有特别重要的地位。例如，房屋建筑中常用于支承楼板的梁（图 6-1-2）、阳台的挑梁（图 6-1-3）、门窗过梁（图 6-1-4）、厂房中的吊车梁（图 6-1-5）和梁式桥的主梁等。

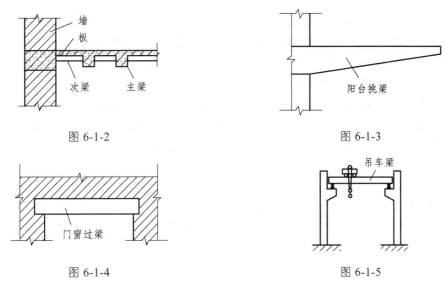

图 6-1-2

图 6-1-3

图 6-1-4

图 6-1-5

梁的横截面为矩形、工字形、T 字形、槽形等，如图 6-1-6 所示。横截面都有对称轴，梁横截面的对称轴和梁的轴线所组成的平面通常称为纵向对称平面，如图 6-1-7 所示。当梁上的外力（包括主动力和约束反力）全部作用于梁的同一纵向对称平面内时，梁变形后的轴线变成一条平面曲线，称为梁的挠曲线，挠曲线也必定在此纵向对称平面内，这种弯曲变形称为平面弯曲。平面弯曲是弯曲问题中最简单的情形，也是建筑工程中经常遇到的情形。图 6-1-7 中所示的梁就产生了平面弯曲。

图 6-1-6

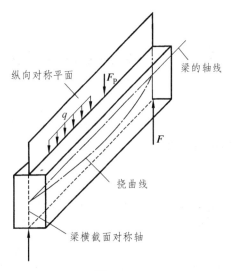

纵向对称平面
F_P
梁的轴线
q
F
挠曲线
梁横截面对称轴

图 6-1-7

2. 梁的分类和简图

工程中将梁分为静定梁和超静定梁两类。凡是通过静力平衡方程就能够求出全部反力和内力的梁，称为静定梁；凡是通过静力平衡方程不能够求出全部反力和内力的梁，称为超静定梁。而静定梁又根据其跨数分为单跨静定梁和多跨静定梁两类。本任务主要分析单跨静定梁，单跨静定梁分为以下三种形式：

（1）悬臂梁。一端为固定端支座，另一端为自由端的梁［图 6-1-8（a）］。

（2）简支梁。一端为固定铰支座，另一端为可动铰支座的梁［图 6-1-8（b）］。

（3）外伸梁。简支梁的一端或两端伸出支座的梁［图 6-1-8（c）、（d）］。

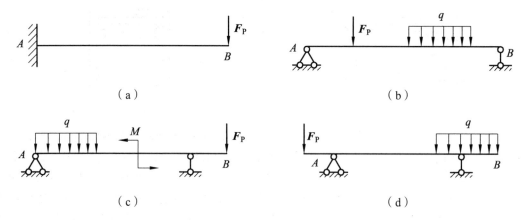

（a）

（b）

（c）

（d）

图 6-1-8

📝 任务实训

1. 什么是平面弯曲？

_____

_____

_____

_____

_____

2. 举例说明生活中见到了哪些平面弯曲的构件？

_____

_____

_____

_____

_____

3. 学习心得及总结。

_____

_____

_____

_____

_____

_____

_____

_____

_____

任务 2　梁的弯曲内力

1. 梁的内力——剪力、弯矩

当作用在梁上的全部外力（包括荷载和支反力）均为已知时，任一横截面上的内力可由截面法确定。

现以图 6-2-1 所示的简支梁为例。

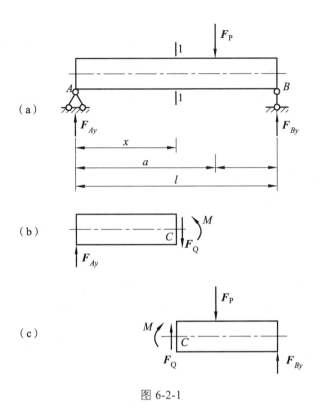

图 6-2-1

首先由平衡方程求出约束反力 F_{Ay}、F_{By}。取点 A 为坐标 x 轴的原点，根据求内力的截面法，可计算任一横截面 m—m 上的内力。由平衡方程

$$\sum F_y = 0, F_{Ay} - F_Q = 0$$

可得　　　　　　　　$F_Q = F_{Ay}$

内力 F_Q 称为截面的剪力。另外，由于 F_{Ay} 与 F_Q 构成一力偶，因而，可断定 m—m 上一定存在一个与其平衡的内力偶，其力偶矩为 M，对 m—m 截面的形心取矩，建立平衡方程

$$\sum M_C = 0, M - F_{Ay}x = 0$$

可得　　　　　　　　$M = F_{Ay}x$

内力偶矩 M，称为截面的弯矩。由此可以确定，梁弯曲时截面内力有两项，即剪力和弯矩。

根据作用与反作用定律，如取右段为研究对象，用相同的方法也可以求得 m—m 截面上的内力。但要注意，其数值与上述两式相等，方向和转向却与其相反。

2. 内力的符号

由上述分析可知，分别取左、右梁段所求出的同一截面上的内力必然数值相等、方向（或转向）相反。为了使根据两段梁的平衡条件求得的同一截面（如 m—m 截面）上的剪力和弯矩具有相同的正、负号，故对剪力和弯矩的正、负号作如下规定：

（1）剪力正、负号的规定：当截面上的剪力 F_Q 使所研究的梁段有顺时针方向转动趋势时，

取正号（图 6-2-2），反之为负。

（2）弯矩正、负号的规定：当截面上的弯矩 M 使所研究的水平梁段产生向下凸的变形即下侧纤维受拉时弯矩为正（图 6-2-3），反之为负。

图 6-2-2   图 6-2-3

3. 用截面法求指定截面上的剪力和弯矩

用截面法求指定截面上的剪力和弯矩的求解步骤如下：

① 求支座反力。

② 用假想的截面（悬臂梁除外）在待求内力处将梁截开。

③ 取截面的任一侧（通常取外力少的一侧）为隔离体，画出其受力图（截面上的剪力和弯矩都先假设为正方向），列平衡方程求出剪力和弯矩。

【例 6-2-1】用截面法求图 6-2-4（a）中外伸梁指定截面上的剪力和弯矩。已知 $F_p = 100$ kN，$a = 1.5$ m，$M = 75$ kN·m，图中截面 1—1、2—2 都无限接近于截面 A，但 1—1 截面在 A 左侧、2—2 截面在 A 右侧，习惯称 1—1 为 A 偏左截面，2—2 为 A 偏右截面；同样，3—3、4—4 分别称为 D 偏左截面及 D 偏右截面。

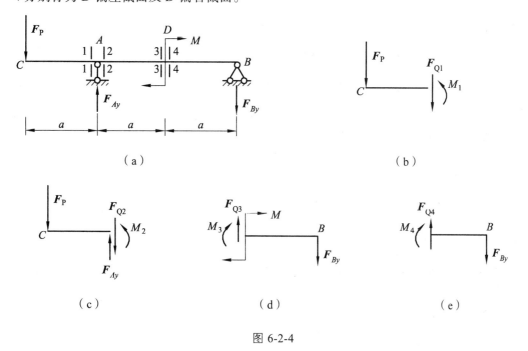

（a）   （b）

（c）   （d）   （e）

图 6-2-4

【解】① 求支座反力。

由 $\quad \sum M_B = 0, -F_{Ay} \times 2a + F_p \times 3a - M = 0$

得 $F_{Ay} = \dfrac{F_P \times 3a - M}{2a} = \dfrac{100 \times 3 \times 1.5 - 75}{2 \times 1.5} = 125\ \text{kN （↑）}$

$\sum F_y = 0, -F_{By} - F_P + F_{Ay} = 0$

$F_{By} = -F_P + F_{Ay} = -100 + 125 = 25\ \text{kN （↓）}$

② 求 1—1 截面上的剪力和弯矩。取 1—1 截面的左侧梁段为隔离体，受力图如图 6-2-4（b）所示。

由 $\sum F_y = 0, -F_{Q1} - F_P = 0$

得 $F_{Q1} = -F_P = -100\ \text{kN}$

由 $\sum M_1 = 0, M_1 + F_P \times a = 0$

得 $M_1 = -F_P \times a = -100 \times 1.5 = -150\ \text{kN·m}$

③ 求 2—2 截面上的剪力和弯矩。取 2—2 截面的左侧梁段为隔离体，受力图如图 6-2-4（c）所示。

由 $\sum F_y = 0, -F_{Q2} - F_P + F_{Ay} = 0$

得 $F_{Q2} = -F_P + F_{Ay} = -100 + 125 = 25\ \text{kN}$

由 $\sum M_2 = 0, M_2 + F_P \times a = 0$

得 $M_2 = -F_P \times a = -100 \times 1.5 = -150\ \text{kN·m}$

④ 求 3—3 截面上的剪力和弯矩。取 3—3 截面的右段为隔离体，受力图如图 6-2-4（d）所示。

由 $\sum F_y = 0, F_{Q3} - F_{By} = 0$

得 $F_{Q3} = F_{By} = 25\ \text{kN}$

由 $\sum M_3 = 0, -M_3 - M - F_{By} \times a = 0$

得 $M_3 = -M - F_{By} \times a = -75 - 25 \times 1.5 = -112.5\ \text{kN·m}$

⑤ 求 4—4 截面上的剪力和弯矩。取 4—4 截面的右段为隔离体，受力图如图 6-2-4（e）所示。

由 $\sum F_y = 0, F_{Q4} - F_{By} = 0$

得 $F_{Q4} = F_{By} = 25\ \text{kN}$

由 $\sum M_4 = 0, -M_4 - F_{By} \times a = 0$

得 $M_4 = -F_{By} \times a = -25 \times 1.5 = -37.5\ \text{kN·m}$

对比 1—1 截面、2—2 截面上的内力会发现：在 A 偏左及偏右截面上的剪力不同，而弯矩相同，左、右两侧剪力相差的数值正好等于 A 截面处集中力的大小，这种现象被称为剪力发生了突变。对比 3—3 截面、4—4 截面上的内力会发现：在 D 偏左及偏右截面上的剪力相同，而弯矩不同，左、右两侧弯矩相差的数值正好等于 D 截面处集中力偶的大小，这种现象被称为弯矩发生了突变。

4. 直接用外力计算截面上的剪力和弯矩

（1）横截面上的剪力 F_Q，在数值上等于该截面一侧（左侧或右侧）横向外力的代数和。若横向外力对所求截面产生顺时针方向转动趋势时将引起正剪力，反之则引起负剪力。用公式可表示为

$$F_Q = \sum F_{\text{外}}^{\text{左}} \text{ 或 } F_Q = \sum F_{\text{外}}^{\text{右}}$$

（2）横截面上的弯矩 M，在数值上等于该截面一侧（左侧或右侧）所有外力（包括力偶）对该截面形心力矩的代数和。若外力矩使所考虑的梁段产生下凸变形（即上部受压，下部受拉）时，将产生正弯矩，反之则产生负弯矩。用公式表示为

$$M = \sum M_C(F_{\text{外}}^{\text{左}}) \text{ 或 } M = \sum M_C(F_{\text{外}}^{\text{右}})$$

简便方法求内力的优点是无须切开截面、取分离体、进行受力分析以及列出平衡方程，可以根据截面一侧梁段上的外力直接写出截面的剪力和弯矩。这种方法大大简化了求内力的计算步骤，但要特别注意代数和中竖向外力或力（力偶）矩的正负号。

【例 6-2-2】直接用简便方法求图 6-2-5 中简支梁指定截面上的剪力和弯矩。已知 $M = 8 \text{ kN} \cdot \text{m}$，$q = 2 \text{ kN/m}$。

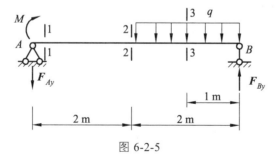

图 6-2-5

【解】① 求支座反力。

$$F_{Ay} = 1 \text{ kN } (\downarrow), \quad F_{By} = 5 \text{ kN } (\uparrow)$$

② 求 1—1 截面上的剪力和弯矩，取截面的左侧分析，得

$$F_{Q1} = -F_{Ay} = -1 \text{ kN}$$

$$M_1 = 8 \text{ kN} \cdot \text{m}$$

③ 求 2—2 截面上的剪力和弯矩。取截面的右侧分析，得

$$F_{Q2} = q \times 2 - F_{By} = 2 \times 2 - 5 = -1\,\text{kN}$$

$$M_2 = -q \times 2 \times 1 + F_{By} \times 2 = -2 \times 2 \times 1 + 5 \times 2 = 6\,\text{kN} \cdot \text{m}$$

④ 求 3—3 截面上的剪力和弯矩，取截面的右侧分析，得

$$F_{Q3} = q \times 1 - F_{By} = 2 \times 1 - 5 = -3\,\text{kN}$$

$$M_2 = -q \times 1 \times 0.5 + F_{By} \times 1 = -2 \times 1 \times 0.5 + 5 \times 1 = 4\,\text{kN} \cdot \text{m}$$

【例 6-2-3】图 6-2-6 所示为一在整个长度上受线性分布荷载作用的悬臂梁。已知最大荷载集度 q_0，几何尺寸如图所示。试求 C 处横截面上的剪力和弯矩。

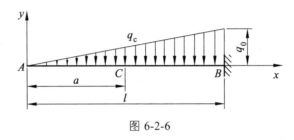

图 6-2-6

解题分析：当求悬臂梁横截面上的内力时，若取包含自由端的截面一侧的梁段来计算，则不必求出支反力。用求内力的简便方法，可直接写出横截面 C 上的剪力 F_{QC} 和弯矩 M_C。

【解】① 求 C 点荷载集度 q_C，由三角形比例关系得

$$q_C = \frac{a}{l} q_0$$

② 取 C 截面的左侧分析有

$$F_{QC} = \sum F_{外}^{左} = -\frac{q_C}{2} a = -\frac{q_0}{2l} a^2$$

$$M_C = \sum M_C(F_{外}^{左}) = -\frac{q_C}{2} \times a \times \frac{1}{3} a = -\frac{q_C}{6} a^2 = -\frac{q_0}{6l} a^3$$

可见，简便方法求内力，计算过程非常简单。

5. 梁的内力图——剪力图、弯矩图

一般情况下，梁横截面上的内力是随横截面的位置而变化的，即不同的横截面有不同的剪力和弯矩。设横截面沿梁轴线的位置用坐标 x 表示，以 x 为横坐标，以剪力或弯矩为纵坐标绘出的曲线，即为梁的剪力图和弯矩图。作内力图的步骤是，首先画一条基线（x 轴）平行且等于梁的长度；然后，习惯上将正值的剪力画在 x 轴上方，负值的剪力画在 x 轴下方，而将正值的弯矩画在 x 轴的下方，负值的弯矩画在 x 轴的上方，也就是画在梁的受拉侧，如图 6-2-7 所示。作内力图的主要目的就是能很清楚地看到梁上内力（剪力、弯矩）的最大值发生在哪个截面，以便对该截面进行强度校核。另外，根据梁的内力图还可以进行梁的变形计算。

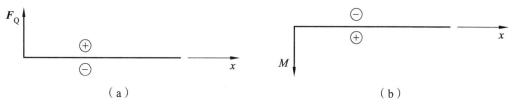

图 6-2-7

（1）内力方程。

将剪力、弯矩写成 x 的函数称为内力方程，即

$$F_Q = F_Q(x), \quad M = M(x)$$

由剪力方程、弯矩方程可以判断内力图的形状，即可绘出内力图。

【**例 6-2-4**】图 6-2-8（a）所示的简支梁，在全梁上受集度为 q 的均布荷载作用。试作梁的剪力图和弯矩图。

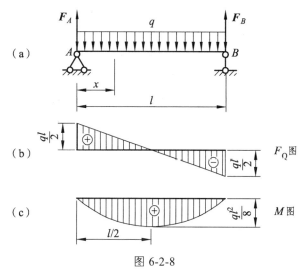

图 6-2-8

解题分析：对于简支梁，需先计算其支座反力。由于荷载及支反力均对称于梁跨的中点，因此，两支座反力相等，即 $F_A = F_B = \dfrac{ql}{2}$。

【**解**】① 求支座反力。

$$F_A = F_B = \frac{ql}{2}$$

② 任意横截面 x 处的剪力和弯矩方程可写成（x 截面左侧）

$$F_Q(x) = F_A - qx = \frac{ql}{2} - qx \quad (0 \leqslant x \leqslant l)$$

$$M(x) = F_A x - qx \cdot \frac{x}{2} = \frac{qlx}{2} - \frac{qx^2}{2} \quad (0 \leqslant x \leqslant l)$$

由上式可知，剪力图为一倾斜直线，弯矩图为抛物线。斜直线确定线上两点，而抛物线至少需要确定三个点才能画出曲线（ $x = 0, M = 0; x = l, M = 0; x = \dfrac{l}{2}, M = \dfrac{ql^2}{8}$ ）。剪力图和弯矩图如图 6-2-8（b）、（c）所示。

由内力图可见，梁在梁跨中截面上的弯矩值为最大， $M_{max} = \dfrac{ql^2}{8}$ ，而该截面上 $F_Q = 0$ ；两支座内侧横截面上的剪力值为最大， $F_{Q,max} = \left| \dfrac{ql}{2} \right|$ 。

【例 6-2-5】图 6-2-9 所示的简支梁在 C 处受集中荷载 F 作用。试作梁的剪力图和弯矩图。

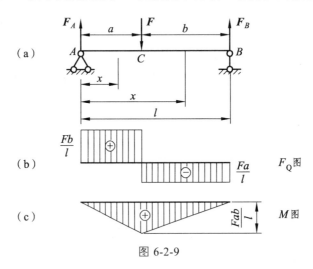

图 6-2-9

【解】① 由平衡方程

$$\sum M_B = 0, \sum M_A = 0$$

得支座反力

$$F_A = \dfrac{Fb}{l}, \quad F_B = \dfrac{Fa}{l}$$

② 由于梁在 C 处有集中荷载 F 的作用，显然，在集中荷载两侧的梁段，其剪力和弯矩方程均不相同，故需将梁分为 AC 和 CB 两段，分别写出其剪力和弯矩方程。

对于 AC 段梁，其剪力和弯矩方程分别为（ x 截面左侧）

$$F_Q(x) = F_A \quad (0 \leqslant x \leqslant a) \tag{a}$$

$$M(x) = F_A x \quad (0 \leqslant x \leqslant a) \tag{b}$$

对于 CB 段梁，剪力和弯矩方程为（ x 截面左侧）

$$F_Q(x) = F_A - F = -\dfrac{F(l-b)}{l} = -\dfrac{Fa}{l} \quad (a \leqslant x \leqslant l) \tag{c}$$

$$M(x) = F_A x - F(x-a) = \dfrac{Fa}{l}(l-x) \quad (a \leqslant x \leqslant l) \tag{d}$$

由式（a）、式（c）可知，左、右两梁段的剪力图各为一条平行于 x 轴的直线。由式（b）、式（d）可知，左、右两段的弯矩图各为一条斜直线。根据这些方程绘出的剪力图和弯矩图如图 6-2-9（b）、（c）所示。

由图 6-2-9 可见，在 $b>a$ 的情况下，AC 段梁任一横截面上的剪力值为最大，$F_{Q,max} = \dfrac{Fb}{l}$；而集中荷载作用处横截面上的弯矩为最大，$M_{max} = \dfrac{Fab}{l}$；在集中荷载作用处，左、右两侧截面上的剪力值不相等。

【例 6-2-6】图 6-2-10（a）所示的简支梁在 C 点处受矩为 M_e 的集中力偶作用。试作梁的剪力图和弯矩图。

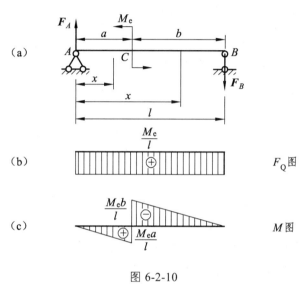

图 6-2-10

解题分析：由于梁上只有一个外力偶作用，因此与之平衡的约束反力也一定构成一反力偶。

【解】① A、B 处的支座反力为

$$F_A = \frac{M_e}{l}, \quad F_B = \frac{M_e}{l}$$

② 由于力偶不影响剪力，故全梁可由一个剪力方程表示，即

$$F_Q(x) = F_A = \frac{M_e}{l} \quad (0 \leqslant x < a) \tag{a}$$

③ 弯矩分段建立，即

AC 段：
$$M(x) = F_A = \frac{M_e}{l}x \quad (0 \leqslant x < a) \tag{b}$$

CB 段：
$$M(x) = F_A x - M_e = -\frac{M_e}{l}l - x \quad (a < x \leqslant l) \tag{c}$$

由式（a）可知，整个梁的剪力图是一条平行于 x 轴的直线。由式（b）、式（c）可知，左、右两梁段的弯矩图各为一条斜直线。根据各方程的适用范围，就可分别绘出梁的剪力图和弯矩图，如图 6-2-10（b）、（c）所示。由图 6-2-10 可见，在集中力偶作用处，左、右两

侧截面上的弯矩值有突变。若 $b>a$，则最大弯矩发生在集中力偶作用处的右侧横截面上，

$M_{\max} = \dfrac{M_{e}b}{l}$（负值）。

由例 6-2-5 和例 6-2-6 所画的剪力图和弯矩图，可以归纳出如下规律：

① 在集中力或集中力偶作用处，梁的内力方程应分段建立。推广而言，在梁上外力不连续处（即在集中力、集中力偶作用处和分布荷载开始或结束处），梁的弯矩方程和弯矩图应该分段。

② 在梁上集中力作用处，剪力图有突变，梁上受集中力偶作用处，弯矩图有突变。突变值等于左、右两侧内力代数差的绝对值，并且突变值等于突变截面上所受的外力（集中力或集中力偶）值。例如：例 6-2-5 中图 6-2-9（b）所示的截面为突变截面，该截面的突变值 $= \left| \dfrac{Fb}{l} - \left(-\dfrac{Fa}{l} \right) \right| = |F|$；例 6-2-6 中图 6-2-10（c）所示的突变值 $= \left| \dfrac{M_{e}a}{l} - \left(-\dfrac{M_{e}b}{l} \right) \right| = |M_{e}|$。

③ 集中力作用截面处，弯矩图上有尖角，如图 6-2-9（c）所示；集中力偶作用截面处，剪力图无变化，如图 6-2-10（b）所示。

④ 全梁的最大剪力和最大弯矩可能发生在全梁或各段梁的边界截面，或极值点的截面处。

（2）简便方法。

所谓简便方法，就是利用剪力、弯矩与荷载间的关系作内力图。这三者关系在上述例题中已经可以看到。例如：例 6-2-5 的图 6-2-9 中，AC、CB 段内荷载为零，则剪力图是水平线，弯矩图是一斜直线；例 6-2-4 的图 6-2-8 中，AB 段内的荷载集度 $q(x) =$ 常数，则对应的剪力图就是斜直线，而弯矩图则是二次曲线。由此可以推断，荷载、剪力及弯矩三者之间一定存在着必然联系。下面具体推导出这三者间的关系。

① $q(x)$、$F_{Q}(x)$ 和 $M(x)$ 之间的关系。

设梁受荷载作用如图 6-2-11（a）所示，建立坐标系，并规定分布荷载的集度 $q(x)$ 向上为正，向下为负。在分布荷载的梁段上取一微段 $\mathrm{d}x$，设坐标为 x 处横截面上的剪力和弯矩分别为 $F_{Q}(x)$ 和 $M(x)$，该处的荷载集度 $q(x)$，在 $x+\mathrm{d}x$ 处横截面上的剪力和弯矩分别为 $F_{Q}(x)+\mathrm{d}F_{Q}(x)$ 和 $M(x)+\mathrm{d}M(x)$。又由于 $\mathrm{d}x$ 是微小的一段，所以可认为 $\mathrm{d}x$ 段上的分布荷载是均布的，即 $q(x)$ 等于常值，则 $q(x)$ 段梁受力如图 6-2-11（b）所示。

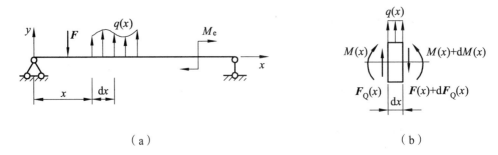

（a）   （b）

图 6-2-11

根据平衡方程

$$\sum F_{y} = 0$$

得 $\quad F_Q(x)-[F_Q(x)+\mathrm{d}F_Q(x)]+q(x)\mathrm{d}x=0$

$$\frac{\mathrm{d}F_Q(x)}{\mathrm{d}x}=q(x) \tag{6-2-1}$$

对 $x+\mathrm{d}x$ 截面形心取矩并建立平衡方程

$$\sum M_C=0$$

$$[M(x)+\mathrm{d}M(x)]-M(x)-F_Q(x)\mathrm{d}x-\frac{q(x)}{2}(\mathrm{d}x)^2=0$$

略去上式中的二阶无穷小量 $(\mathrm{d}x)^2$，则可得

$$\frac{\mathrm{d}M(x)}{\mathrm{d}x}=F_Q(x) \tag{6-2-2}$$

将式（6-2-2）代入式（6-2-1），又可得

$$\frac{\mathrm{d}^2M(x)}{\mathrm{d}x^2}=q(x) \tag{6-2-3}$$

以上三式即为荷载集度 $q(x)$、剪力 $F_Q(x)$ 和弯矩 $M(x)$ 三者之间的关系式。

② 内力图的特征。

由式（6-2-1）可见，剪力图上某点处的切线斜率等于该点处荷载集度的大小；由式（6-2-2）可见，弯矩图上某点处的斜率等于该点处剪力的大小；由式（6-2-3）可见，弯矩图的凹向取决于荷载集度的正负号。

下面通过式（6-2-1）、式（6-2-2）和式（6-2-3）讨论几种特殊情况。

（a）当 $q(x)=0$ 时，由式（6-2-1）、式（6-2-2）可知：$F_Q(x)$ 一定为常量，$M(x)$ 是 x 的一次函数，即没有均布荷载作用的梁段上，剪力图为水平直线，弯矩图为斜直线。

（b）当 $q(x)=$ 常数时，式（6-2-1）、式（6-2-2）可知：$F_Q(x)$ 是 x 的一次函数，$M(x)$ 是 x 的二次函数，即有均布荷载作用的梁段上剪力图为斜直线，弯矩图为二次抛物线。

（c）当 $q(x)$ 为 x 的一次函数时，由式（6-2-1）、式（6-2-2）可知：$F_Q(x)$ 是 x 的二次函数，$M(x)$ 是 x 的三次函数，即三角形均布荷载作用的梁段上剪力图为抛物线，弯矩图为三次曲线。

③ 极值的讨论。

由前面分析可知，当梁上作用均布荷载时，梁的弯矩图即为抛物线，这就存在极值的凹向和极值位置的问题。如何判断极值的凹向呢？数学中是由曲线的二阶导数来判断的。假如曲线方程为 $y=f(x)$，则当 $y''>0$ 时，有极小值；当 $y''<0$ 时，有极大值。这里可仿照数学的方法来确定弯矩图的极值凹向，即当 $M''(x)=q(x)>0$ 时，弯矩图有极小值；当 $M''(x)=q(x)<0$ 时，弯矩图有极大值。也就是说，当 $q(x)$ 方向向上作用时，$M(x)$ 图有极小值；当 $q(x)$ 方向向下作用时，$M(x)$ 图有极大值，具体形式如图 6-2-12 所示。

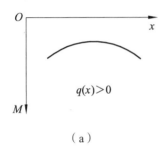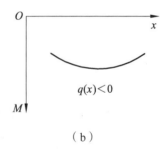

（a） （b）

图 6-2-12

注意 $M(x)$ 图的正值向下，与数学中的坐标有所区别。

下面讨论极值的位置。在式（6-2-2）中，令 $M''(x) = F_Q(x) = 0$，即可确定弯矩图极值的位置 x。由此可得：剪力为零的截面即为弯矩的极值截面。或者说，弯矩的极值截面上剪力一定为零。

应用 $q(x)$、$F_Q(x)$ 和 $M(x)$ 间的关系，可检验所作剪力图或弯矩图的正确性，或直接作梁的剪力图和弯矩图。现将有关 $q(x)$、$F_Q(x)$ 和 $M(x)$ 间的关系以及剪力图和弯矩图的一些特征汇总整理，见表 6-2-1，以供参考。

表 6-2-1 梁在几种荷载作用下剪力图与弯矩图的特征

一段梁上的外力的情况	向下的均布荷载	无荷载	集中力 F	集中力偶 M_e
剪力图上的特征	由左至右向下倾斜的直线	一般为水平直线	在 C 处突变，突变方向为由左至右下台阶	在 C 处无变化
弯矩图上的特征	开口向上的抛物线的某段	一般为斜直线	在 C 处有尖角，尖角的指向与集中力方向相同	在 C 处突变，突变方向为由左至右下台阶
最大弯矩所在截面的可能位置	在 $F_s = 0$ 的截面		在剪力突变的截面	在紧靠 C 点的某一侧的截面

④ 作内力图的步骤。

（a）分段（集中力、集中力偶、分布荷载的起点和终点处要分段）。

（b）判断各段内力图形状（利用表 6-2-1 所示内容）。

（c）确定控制截面内力（割断分界处的截面）。

（d）画出内力图。

（e）校核内力图（突变截面和端面的内力）。

【例 6-2-7】试用简便方法作如图 6-2-13（a）所示静定梁的剪力图和弯矩图。

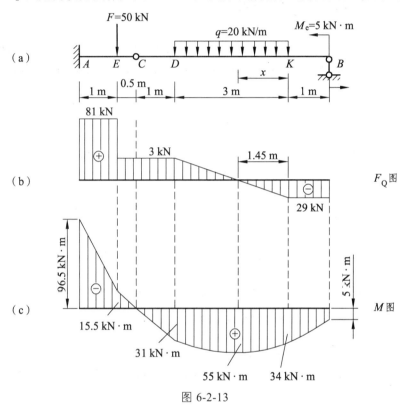

图 6-2-13

【解】已求得梁的支反力为

$$F_A = 81 \text{ kN}, F_B = 29 \text{ kN}, M_{RA} = 96.5 \text{ kN} \cdot \text{m}$$

由于梁上外力将梁分为四段，需分段绘制剪力图和弯矩图。

① 绘制剪力图。因 AE、ED、KB 三段梁上无分布荷载，即 $q(x) = 0$，该三段梁上的 F_Q 图为水平直线。应当注意在支座 A 及截面 E 处有集中力作用，F_Q 图有突变，要分别计算集中力作用处的左、右两侧截面上的剪力值。各段分界处的剪力值为

AE 段：$F_{QA右} = F_{QE左} = F_A = 81 \text{ kN}$

ED 段：$F_{QE右} = F_{QD} = F_A - F = (81 - 50) \text{ kN} = 31 \text{ kN}$

DK 段：$q(x)$ 等于负常量，F_Q 图应为向右下方倾斜的直线，因截面 K 上无集中力，则可取右侧梁段来研究，截面 K 上的剪力为

$$F_{QK} = -F_B = -29 \text{ kN}$$

KB 段：
$$F_{QB左} = -F_B = -29 \text{ kN}$$

还需求出 $F_Q = 0$ 的截面位置。设该截面距 K 为 x，于是在截面 x 上的剪力为零，即

$$F_{Qx} = -F_B + qx = 0$$

得
$$x = \frac{F_B}{q} = \frac{29 \times 10^3}{20 \times 10^3} = 1.45 \text{ m}$$

由以上各段的剪力值并结合微分关系，便可绘出剪力图，如图 6-2-13（b）所示。

② 绘制弯矩图。因 AE、ED、KB 三段梁上 $q(x) = 0$，故三段梁上的 M 图应为斜直线。各段分界处的弯矩值为

$$M_A = -M_{RA} = -96.5 \text{ kN} \cdot \text{m}$$

$$M_E = -M_{RA} + F_A \times 1 = [-96.5 \times 10^3 + (81 \times 10^3) \times 1] \text{ N} \cdot \text{m}$$
$$= -15.5 \times 10^3 \text{ N} \cdot \text{m} = -15.5 \text{ kN} \cdot \text{m}$$

$$M_D = [-96.5 \times 10^3 + (81 \times 10^3) \times 2.5 - (50 \times 10^3) \times 1.5] \text{ N} \cdot \text{m}$$
$$= 31 \times 10^3 \text{ N} \cdot \text{m} = 31 \text{ kN} \cdot \text{m}$$

$$M_{B左} = M_e = 5 \text{ kN} \cdot \text{m}$$

$$M_K = F_B \times 1 + M_e = [(29 \times 10^3) \times 1 + 5 \times 10^3] \text{ N} \cdot \text{m}$$
$$= 34 \times 10^3 \text{ N} \cdot \text{m} = 34 \text{ kN} \cdot \text{m}$$

显然，在 ED 段的中间铰 C 处的弯矩 $M_C = 0$。

DK 段：该段梁上 $q(x)$ 为负常量，M 图为向下凸的二次抛物线。在 $F_Q = 0$ 的截面上弯矩有极限值，其值为

$$M_{极值} = F_B \times 2.45 + M_e - \frac{q}{2} \times 1.45^2$$
$$= \left[(29 \times 10^3) \times 2.45 + 5 \times 10^3 - \frac{20 \times 10^3}{2} \times 1.45^2 \right] \text{ N} \cdot \text{m}$$
$$= 55 \times 10^3 \text{ N} \cdot \text{m} = 55 \text{ kN} \cdot \text{m}$$

根据以上各段分界处的弯矩值和在 $F_Q = 0$ 处的 $M_{极值}$，并根据微分关系，便可绘出该梁的弯矩图，如图 6-2-13（c）所示。

【例 6-2-8】试作如图 6-2-14（a）所示刚架的内力图。

解题分析：刚架的内力计算方法，原则上与静定梁相同，但刚架内力图既有弯矩图又有剪力图，还有轴力图。通常先求反力，然后逐杆绘制内力图。假定弯矩图画在杆件受拉一侧，不须标注正负号；剪力和轴力可画在杆件的任一侧，但必须注明正负号。

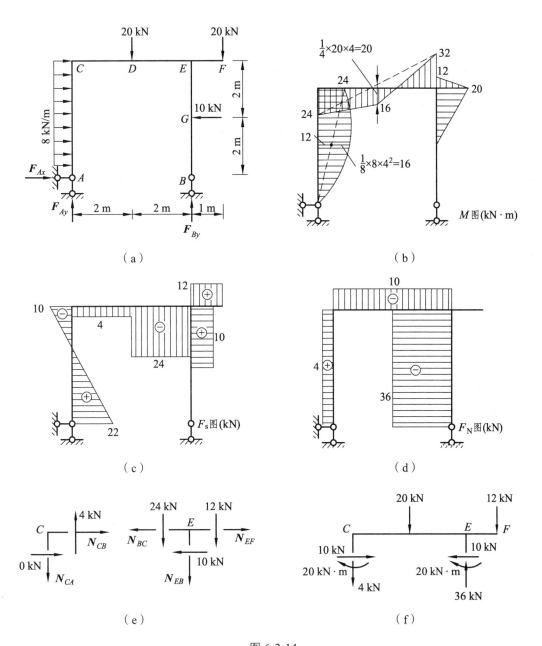

图 6-2-14

为明确不同截面的内力，在内力符号后面加两个脚标。如 M_{CA} 表示 AC 杆件 C 端弯矩。

【解】① 计算支座反力。考虑刚架整体平衡有

$$\sum x = 0,\ F_{Ax} = 10 - 8 \times 4 = -22\ \text{kN}\ (\leftarrow)$$

$$\sum M_B = 0,\ F_{Ay} = \frac{-8 \times 4 \times 2 + 20 \times 2 - 12 \times 1 + 10 \times 2}{4} = -4\ \text{kN}\ (\downarrow)$$

$$\sum M_A = 0,\ F_{By} = \frac{8 \times 4 \times 2 + 20 \times 2 + 12 \times 5 - 10 \times 2}{4} = 36\ \text{kN}\ (\uparrow)$$

验算：$\sum y = -20-12+36-4=0$，满足平衡条件。

② 画弯矩图。先计算各杆段的弯矩图，然后绘图。

AC 杆：　　　　$M_{AC}=0$

　　　　　　　　$M_{CA}=22\times4-8\times4\times2=24\ \text{kN}\cdot\text{m}$（拉右侧）

用区段叠加法给出 AC 杆段弯矩图，应用虚线连接杆端弯矩 M_{AC} 和 M_{CA}，再叠加该杆段为简支梁在均布荷载作用下的弯矩图。

CE 杆：　　　　$M_{CE}=22\times4-\dfrac{1}{2}\times8\times4^2=24\ \text{kN}\cdot\text{m}$（拉下侧）

　　　　　　　　$M_{EC}=12\times1+10\times2=32\ \text{kN}\cdot\text{m}$（拉上侧）

用区段叠加法可绘出 CE 杆的弯矩图。

EF 杆：　　　　$M_{EF}=12\times1=12\ \text{kN}\cdot\text{m}$（拉上侧）

　　　　　　　　$M_{FE}=0$

杆段中无荷载，将 M_{EF} 和 M_{FE} 用直线连接。

BE 杆：可分为 BG 和 GE 两段计算，其中 $M_{BG}=M_{GB}=0$，该段内弯矩为零。

GE 段：　　　　$M_{GE}=0$

　　　　　　　　$M_{GE}=10\times2=20\ \text{kN}\cdot\text{m}$（拉右侧）

杆段内无荷载，弯矩图为一斜直线。

对于 BE 杆也可将其作为一个区段，先算出杆端弯矩 M_{BE} 和 M_{EB}，然后用区段叠加法作出弯矩图。

刚架整体弯矩图如图 6-2-14（b）所示。

③ 画剪力图。用截面法逐杆计算杆端剪力和杆内控制截面剪力，各杆按单跨静定梁画出剪力图。

AC 杆：$F_{QAC}=22\ \text{kN}$，$F_{QCA}=22-8\times4=-10\ \text{kN}$

CE 杆：其中 CD 段，$F_{QCD}=F_{QDC}=-4\ \text{kN}$

DE 段：$F_{QDE}=F_{QED}=-4-20=-24\ \text{kN}$

EF 杆：$F_{QEF}=F_{QFE}=12\ \text{kN}$

BE 杆：其中 BG 段，$F_{QBG}=F_{QGB}=0$

GE 段：$F_{QGE}=F_{QEG}=10\ \text{kN}$

绘出刚架剪力图，如图 6-2-14（c）所示。

④ 绘轴力图。用截面法选杆计算各杆轴力。

AC 杆：$F_{NAC} = F_{NCA} = 4\,\text{kN}$（拉）

CE 杆：$F_{NCE} = F_{NEC} = 22 - 8 \times 4 = -10\,\text{kN}$（压）

EF 杆：$F_{NEF} = F_{NFE} = 0$

BE 杆：$F_{NBE} = F_{NEB} = -36\,\text{kN}$（压）

给出刚架轴力图，如图 6-2-14（d）所示。轴力图也可以根据剪力图绘制。分别取节点 C、E 为分离体，如图 6-2-14（e）所示（图中未画出弯矩）。

节点 C：由 $\sum x = 0$，$F_{NCE} = -10\,\text{kN}$（压）

由 $\sum y = 0$，$F_{NCA} = 4\,\text{kN}$（拉）

节点 E：由 $\sum x = 0$，$F_{NEF} = -10 + 10 = 0$

由 $\sum y = 0$，$F_{NEB} = -24 - 12 = -36\,\text{kN}$（压）

⑤ 校核内力图。截取横梁 CF 为分离体，如图 6-2-14（f）所示。

由于 $\sum M_C = 24 + 20 + 20 \times 2 + 12 \times 5 - 36 \times 4 = 0$

$$\sum x = 10 - 10 = 0$$

$$\sum y = 36 - 4 - 20 - 12 = 0$$

满足平衡条件。

📝 任务实训

1. 试求图 6-2-15 中所示各梁中指定截面上的剪力和弯矩。

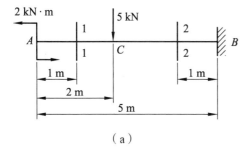

（a）

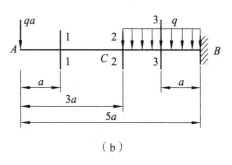

（b）

图 6-2-15

2. 试作图 6-2-16 所示各梁的剪力图和弯矩图。

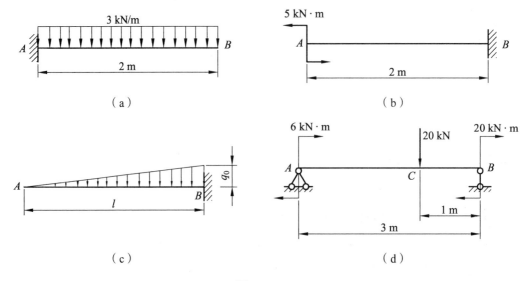

图 6-2-16

3. 试作图 6-2-17 所示各梁的剪力图和弯矩图。

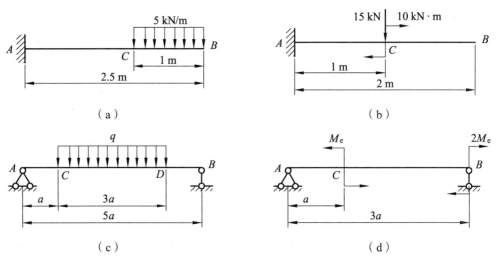

图 6-2-17

4. 试作图 6-2-18 中各具有中间铰的梁的剪力图和弯矩图。

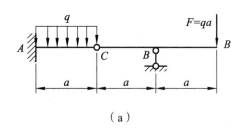

（a）

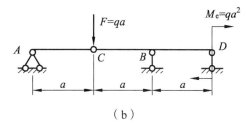

（b）

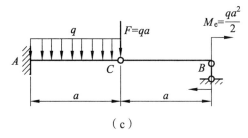

（c）

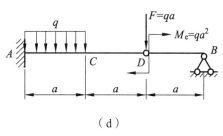

（d）

图 6-2-18

5. 试用叠加法作图 6-2-19 所示各梁的弯矩图。

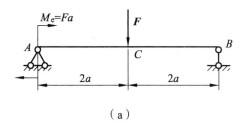

（a）

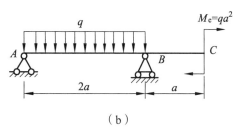

（b）

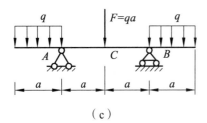

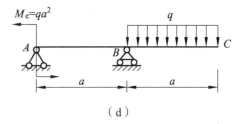

图 6-2-19

6. 试作图 6-2-20 所示各刚架的内力图。

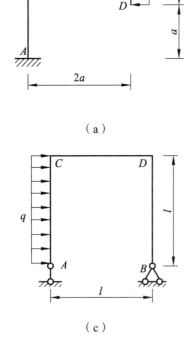

（a）

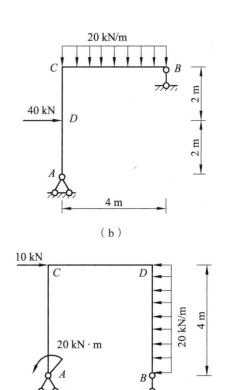

（b）

（c）

（d）

图 6-2-20

_____

_____

_____

_____

_____

7. 学习心得及总结。

_____

_____

_____

_____

_____

_____

_____

_____

任务 3　弯曲应力

上一节讨论了梁的内力计算，在这一节中将研究梁的应力计算，目的是对梁进行强度计算。

对应梁的两个内力即剪力和弯矩，可以分析出构成这两个内力的分布内力的形式。例如，横截面切向内力 F_Q，一定是由切向的分布内力构成，即存在切应力 τ；而横截面的弯矩 M 一定是由法向的分布内力构成，即存在正应力 σ。所以梁的横截面上一般是既有正应力，又有切应力。

1. 梁的正应力及正应力强度计算

（1）试验分析及假设。

为了分析横截面上正应力的分布规律，先研究横截面上任一点纵向线应变沿截面的分布规律，为此可通过试验观察其变形现象。假设梁具有纵向对称面，梁加载前，先在其侧面画上一组与轴线平行的纵向线（如 a—a、b—b，代表纵向平面）和与轴线垂直的横向线（如 m—m、n—n，代表横截面），如图 6-3-1（a）所示。然后在梁的两端加上一对矩为 M_e 的力偶，如图 6-3-1（b）所示。

变形后，可以看到下列现象：所有横向直线（m—m，n—n）仍保持为直线，但它们相互间转了一个角度，且仍与纵向曲线（a—a，b—b）垂直；各纵向直线都弯成了圆弧线，靠近顶面的纵向线变短, 靠近底面的纵向线伸长。

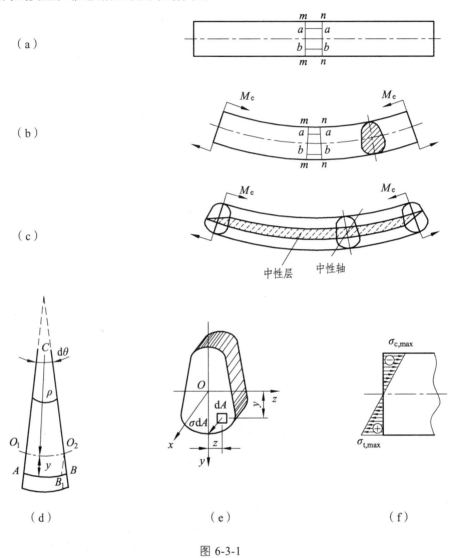

（a）

（b）

（c）

中性层　中性轴

（d）　　　　　　　（e）　　　　　　　（f）

图 6-3-1

根据上面的试验现象, 可作如下分析和假设:

① 梁的横截面在变形前是平面的变形后仍为平面, 并绕垂直于纵对称面的某一轴转动, 但仍垂直于梁变形后的轴线, 这就是所谓的平面假设。

② 根据平面假设和变形现象, 可将梁看成是由一层层的纵向纤维组成, 假设各层纤维之间无挤压, 即各纤维只受到轴向拉伸或压缩。进而得出结论, 梁在变形后, 同一层纤维变形是相同的。

③ 由于上部各层纤维缩短, 下部各层纤维伸长, 而梁的变形又是连续的, 因此判定中间必有一层纤维既不伸长也不缩短, 此层称为中性层。中性层与横截面的交线称为中性轴, 如图 6-3-1（c）所示。中性轴将横截面分为受拉区和受压区。

以上研究了纯弯曲变形的规律, 根据以上假设得到的理论结果, 在长期的实践中已经得到检验, 且与弹性理论的结果相一致。

（2）纯弯曲梁横截面上的正应力。

下面以纯弯曲梁为例，推导正应力的公式及其分布规律。

① 正应力公式的推导。

与推导圆轴扭转时横截面上的切应力公式一样，仍然从几何、物理和静力三个方面进行分析。

a. 几何方面。

将梁的轴线取为 x 轴，横截面的对称轴取为 y 轴，在纯弯曲梁中截取一微段 dx，由平面假设可知，梁在弯曲时，两横截面将绕中性轴 z 相对转过一个角度 $d\theta$，如图 6-3-1（d）所示。设 O_1—O_2 代表中性层，$O_1O_2 = dx$，设中性层的曲率半径为 ρ，则距中性层为 y 处的纵向线应变为

$$\varepsilon = \frac{AB - O_1O_2}{dx} = \frac{(\rho + y)d\theta - \rho d\theta}{\rho d\theta} = \frac{y}{\rho} \tag{6-3-1}$$

式（6-3-1）表明，当截面内力一定的情况下，中性层的曲率 $1/\rho$ 是一定值。由此可见，只要平面假设成立，则纵向纤维的线应变与该点到中性轴的距离 y 成正比，或者说，横截面上任一点处的纵向线应变 ε 沿横截面呈线性分布。

b. 物理方面。

因为假设了各纵向纤维间无挤压，每一层纤维都是受拉或受压。于是，当材料处于线弹性范围内，且拉压的弹性模量相等（$E_t = E_c = E$），则由胡克定律得

$$\sigma = E\varepsilon$$

将式（6-3-1）代入上式，得

$$\sigma = E\varepsilon = E\frac{y}{\rho} \tag{6-3-2}$$

即，横截面上任一点处的正应力与该点到中性轴的距离成正比，且距中性轴等远处各点的正应力相等。

c. 静力方面。

前面虽然得到了正应力沿横截面的分布规律，但是，要确定正应力的数值，还必须确定曲率 $1/\rho$ 及中性轴的位置；这些问题将通过静力学关系来解决。在横截面上距中性轴 y 处取一微面积 dA，如图 6-3-1（e）所示。作用在其上的法向内力 σdA，构成了垂直于横截面的空间平行力系，故可组成下列三个内力分量：

$$F_N = \int_A \rho dA \tag{6-3-3}$$

$$M_y = \int_A z\sigma dA \tag{6-3-4}$$

$$M_z = \int_A y\sigma dA \tag{6-3-5}$$

根据梁上只有外力偶 M_e 的受力条件可知，M_z 就是横截面上的弯矩 M，其值为 M_e，F_N、

M_y 均等于零，再将式（6-3-2）代入上述各式，得

$$F_N = \frac{E}{\rho} \int_A y dA = \frac{E}{\rho} S_z = 0 \qquad (6\text{-}3\text{-}6)$$

$$M_y = \frac{E}{\rho} \int_A zy dA = \frac{E}{\rho} I_{yz} = 0 \qquad (6\text{-}3\text{-}7)$$

$$M_z = \frac{E}{\rho} \int_A y^2 dA = \frac{E}{\rho} I_z = M \qquad (6\text{-}3\text{-}8)$$

为满足式（6-3-6），$\frac{E}{\rho} \neq 0$，则有 $S_z = A \cdot y_C = 0$，可见，横截面积 $A \neq 0$，必有截面形心坐标 $y_C = 0$。由此可得结论：中性轴必通过截面形心。

式（6-3-7）是自然满足的。因为 $\frac{E}{\rho} \neq 0$，只有 $I_{yz} = 0$，而对于惯性积，只要截面 y、z 轴中有一个是对称轴（如 y 轴），则其惯性积 I_z 就必为零。

最后由式（6-3-8）可确定曲率，即

$$\frac{1}{\rho} = \frac{M}{EI_z} \qquad (6\text{-}3\text{-}9)$$

由式（6-3-9）可见，梁的弯曲程度与截面的弯矩 M 成正比，与 EI_z 成反比，EI_z 称为截面的抗弯刚度。将式（6-3-9）代入正应力表达式（6-3-2），则有

$$\sigma = \frac{M}{I_z} \times y \qquad (6\text{-}3\text{-}10)$$

② 正应力的分布规律。

在式（6-3-10）中，M 为截面的弯矩，I_z 为截面对中性轴的惯性矩，y 为所求应力点的纵坐标。正应力沿横截面的分布规律为线性分布，如图 6-3-1（f）所示。需要注意，当所求的点是在受拉区时，求得的正应力为拉应力；所求的点是在受压区时，求得的正应力为压应力。因此，在计算某点的正应力时，其数值就由式（6-3-4）计算，式中的 M、y 都取绝对值，最后正应力是拉应力还是压应力取决于该点是在受拉区还是受压区。

（3）梁的正应力强度计算。

① 横截面最大正应力。

在整根梁范围内，能产生最大正应力的截面称为危险截面，产生最大正应力的点称为危险点。由正应力沿截面的分布规律可知，最大的正应力是在距中性轴最远处，即

$$\sigma_{max} = \frac{M}{I_z} y_{max} \qquad (6\text{-}3\text{-}11a)$$

若令

$$W_z = \frac{I_z}{y_{max}}$$

则
$$\sigma_{max} = \frac{M}{W_z} \qquad\qquad (6\text{-}3\text{-}11b)$$

式中，W_z 为抗弯截面系数，它与截面的形状和尺寸有关，其量纲为[长度]³。

宽度为 b，高为 h 的矩形截面：$W_z = \dfrac{I_z}{y_{max}} = \dfrac{bh^3/12}{h/2} = \dfrac{bh^2}{6}$

直径为 d 的圆截面：$W_z = \dfrac{I_z}{y_{max}} = \dfrac{\pi d^4/64}{d/2} = \dfrac{\pi d^3}{32}$

② 梁的正应力强度条件。

按照单轴应力状态下强度条件的形式，梁的正应力强度条件可表示为：最大工作正应力 σ_{max} 不能超过材料的许用弯曲正应力$[\sigma]$，即

$$\sigma_{max} \leqslant [\sigma] \qquad\qquad (6\text{-}3\text{-}12a)$$

对于关于 z 轴对称的截面（如圆形、矩形、工字形等截面），最大工作正应力就是指危险截面（M_{max} 截面）上危险点（W_z 对应的点）处的正应力，强度条件也可写为

$$\sigma_{max} = \frac{M_{max}}{W_z} \leqslant [\sigma] \qquad\qquad (6\text{-}3\text{-}12b)$$

关于材料许用弯曲正应力的确定，一般就以材料的许用拉应力作为其许用弯曲的正应力。事实上，由于弯曲和轴向拉伸时杆横截面上正应力的变化规律不同，材料在弯曲和轴向拉伸时的强度并不相同，因而在某些设计规范中所规定的许用弯曲正应力就比其许用拉应力略高。对于用铸铁等脆性材料制成的梁，由于材料的许用拉应力和许用压应力不同，而梁截面的中性轴往往也不是对称轴，因此梁的最大工作拉应力和最大工作压应力（注意两者往往不发生在同一截面上）要求分别不超过材料的许用拉应力和许用压应力。

$$\begin{aligned}\sigma_{t,max} &= \leqslant [\sigma_t]\\ \sigma_{c,max} &= \leqslant [\sigma_c]\end{aligned} \qquad\qquad (6\text{-}3\text{-}13)$$

【例 6-3-1】已知图 6-3-2（a）中简支梁的跨度 $l = 3$ m，其横截面为矩形，截面宽度 $b = 120$ mm，截面高度 $h = 200$ mm，受均布荷载 $q = 3.5$ kN/m 作用。

① 求距左端为 1 m 的 C 截面上 a、b、c 三点的正应力。

② 求梁的最大正应力值，并说明最大正应力发生在何处。

③ 作出 C 截面上正应力沿截面高度的分布图。

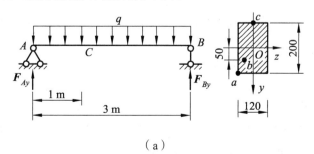

（a）

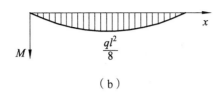

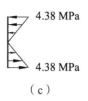

图 6-3-2

【解】① 计算 C 截面上 a、b、c 三点的正应力。

支座反力：

$$F_{By} = 5.25 \text{ kN （↑）}, \quad F_{Ay} = 5.25 \text{ kN （↑）}$$

$$M_{\max} = \frac{ql^2}{8} = \frac{3.5 \times 3^2}{8} = 3.94 \text{ kN·m}$$

C 截面的弯矩：

$$M_C = 5.25 \times 1 - 3.5 \times 1 \times 0.5 = 3.5 \text{ kN·m}$$

矩形截面对中性轴 z 的惯性矩：

$$I_z = \frac{lh^3}{12} = \frac{120 \times 200^3}{12} = 8 \times 10^7 \text{ mm}^4$$

$$\sigma_a = \frac{M_C y_a}{I_z} = \frac{3.5 \times 10^6 \times 100}{8 \times 10^7} = 4.38 \text{ MPa （拉应力）}$$

$$\sigma_b = \frac{M_C y_b}{I_z} = \frac{3.5 \times 10^6 \times 50}{8 \times 10^7} = 2.19 \text{ MPa （拉应力）}$$

$$\sigma_c = \frac{M_C y_c}{I_z} = -\frac{3.5 \times 10^6 \times 100}{8 \times 10^7} = -4.38 \text{ MPa （压应力）}$$

② 求梁的最大正应力值及最大正应力发生的位置。

该梁为等截面梁，所以最大正应力发生在最大弯矩截面的上、下边缘处，其值为

$$\sigma_{\max} = \frac{M_{\max}}{I_z} y_{\max} = \frac{3.94 \times 10^6}{8 \times 10^7} \times 100 = 4.93 \text{ MPa}$$

由于最大弯矩为正值，所以该梁在最大弯矩截面的上边缘处产生了最大压应力，下边缘处产生了最大拉应力。

③ 作 C 截面上正应力沿截面高度的分布图。

正应力沿截面高度按直线规律分布，如图 6-3-2（c）所示。

【例 6-3-2】一外伸铸铁梁受力如图 6-3-3（a）所示。材料的许用拉应力为 $[\sigma_t] = 40 \text{ MPa}$，许用压应力为 $[\sigma_c] = 100 \text{ MPa}$，截面对中性轴的惯性矩 $I_z = 40.3 \times 10^{-6} \text{ m}^4$，下边缘到中性轴的距离 $y_C = 139 \text{ mm}$，上边缘到中性轴的距离为 $y_2 = 61 \text{ mm}$。试按正应力强度条件校核梁的强度。

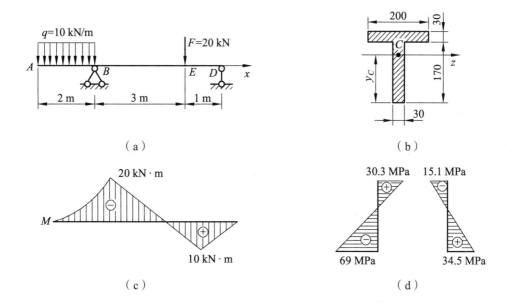

（a）

（b）

（c）

（d）

图 6-3-3

【解】① 作梁的弯矩图，求最大弯矩。

由图 6-3-3（c）可知，最大负弯矩在截面 B 上，其值为 $M_B = 20\ \text{kN} \cdot \text{m}$，最大正弯矩在截面 E 上，其值为 $M_E = 10\ \text{kN} \cdot \text{m}$。

② 校核梁的强度。由于梁的截面对中性轴不对称，且正、负弯矩的数值较大，故截面 E 与 B 都可能是危险截面，须分别算出这两个截面上的最大拉、压应力，然后校核强度。

截面 B 上的弯矩 M_B 为负弯矩，故截面 B 上的最大拉、压应力分别发生在上、下边缘［图 6-3-3（d）］，其大小为

$$\sigma_{\text{t,max},B} = \frac{M_B y_2}{I_z} = \frac{20 \times 10^3 \times 61 \times 10^{-3}}{40.3 \times 10^{-6}} = 30.3\ \text{MPa}$$

$$\sigma_{\text{c,max},B} = \frac{M_B y_C}{I_z} = \frac{20 \times 10^3 \times 139 \times 10^{-3}}{40.3 \times 10^{-6}} = 69\ \text{MPa}$$

截面 E 上的弯矩 M_E 为正弯矩，故截面 E 上的最大压、拉应力分别发生在上、下边缘［图 6-3-3（d）］，其大小为

$$\sigma_{\text{t,max},E} = \frac{M_E y_C}{I_z} = \frac{10 \times 10^3 \times 139 \times 10^{-3}}{40.3 \times 10^{-6}} = 34.5\ \text{MPa}$$

$$\sigma_{\text{c,max},E} = \frac{M_B y_2}{I_z} = \frac{10 \times 10^3 \times 61 \times 10^{-3}}{40.3 \times 10^{-6}} = 15.1\ \text{MPa}$$

比较以上计算结果可知，该梁的最大拉应力 $\sigma_{\text{t,max}}$ 发生在截面 E 下边缘各点，而最大压应力 $\sigma_{\text{c,max}}$ 发生在截面 B 下边缘各点，作强度校核如下：

$$\sigma_{\text{t,max}} = \sigma_{\text{t,max},E} = 34.5\ \text{MPa} < [\sigma_t] = 40\ \text{MPa}$$

$$\sigma_{c,max} = \sigma_{c,max,B} = 69 \text{ MPa} < [\sigma_c] = 90 \text{ MPa}$$

所以，该梁的抗拉和抗压强度都是足够的。

对于抗拉、抗压性能不同，截面上下又不对称的梁进行强度计算时，一般来说，对最大正弯矩所在截面和最大负弯矩所在截面均需进行强度校核。计算时，分别绘出最大正弯矩所在截面的正应力分布图和最大负弯矩所在截面的正应力分布图，然后寻找最大拉应力和最大压应力进行强度校核。

【例 6-3-3】 试利用型钢表为如图 6-3-4 所示的悬臂梁选择一工字形截面。已知 $F = 40 \text{ kN}$，$l = 6 \text{ m}$，$[\sigma] = 150 \text{ MPa}$。

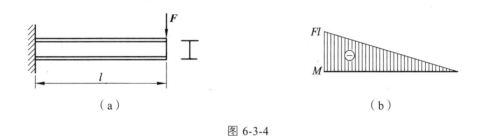

（a）　　　　　　　　　　　　　　　　（b）

图 6-3-4

【解】 首先作悬臂梁的弯矩图，如图 6-3-4（b）所示，悬臂梁的最大弯矩发生在固定端处，其值为

$$M_{max} = Fl = 40 \times 10^3 \times 6 = 240 \text{ kN} \cdot \text{m}$$

计算梁所需的抗弯截面系数：

$$W_z \geq \frac{M_{max}}{[\sigma]} = \frac{240 \times 10^3}{150 \times 10^6} = 1.60 \times 10^{-3} \text{ m}^3 = 1\,600 \text{ cm}^3$$

由型钢表查得，45C 号工字钢，其 $W_z = 1\,570 \text{ cm}^3$ 与算得的 $W_z = 1\,600 \text{ cm}^3$ 最为接近，相差不到 5%，这在工程设计中是允许的，故选 45C 号工字钢。

2. 梁的切应力及切应力强度计算

（1）梁横截面上的切应力。

梁产生横力弯曲时，其横截面上除了有正应力外，还有切应力。一般情况下，切应力只是影响梁强度的次要应力，本书只简单介绍几种常见截面形状等直梁横截面上切应力的计算公式，而不详细介绍切应力公式的导出过程。

①工字形截面梁。

工字形截面由腹板和翼缘组成。中间的部分为腹板，其高度远大于宽度，上下两矩形称为翼缘，其高度远小于宽度［图 6-3-5（a）］。

腹板上任一点的切应力计算公式为

$$\tau = \frac{F_Q S_z^*}{I_z b_1} \qquad\qquad (6\text{-}3\text{-}14)$$

式中，F_Q 为待求切应力处横截面上的剪力；I_z 为横截面对中性轴的惯性矩；S_z^* 为横截面上待求切应力处平行于中性轴以上（或以下）部分的面积 A^* 对中性轴的静矩；b_1 为腹板宽度。

腹板部分的切应力沿腹板高度按二次抛物线规律分布 ［图 6-3-5（b）］，在中性轴上切应力取得最大值，其值为

$$\tau_{max} = \frac{F_Q S_{z,max}^*}{I_z b_1} \tag{6-3-15}$$

式中，$S_{z,max}^*$ 为中性轴以上（或以下）部分面积（即半个工字形截面）对中性轴的静矩；在具体计算时，对于工字形型钢，$\dfrac{I_z}{S_{z,max}^*}$ 可以直接从型钢表中查出。

图 6-3-5

上述分析表明：工字形截面上 95%～97%的剪力分布在腹板上，翼缘上的切应力情况比较复杂，而且翼缘上的切应力比腹板上的切应力小得多，一般不予以考虑。

② 矩形截面梁。

$$\tau = \frac{F_Q S_z^*}{I_z b} \tag{6-3-16}$$

式中，b 为横截面在待求切应力处的宽度。

切应力沿截面高度呈抛物线型分布，如图 6-3-6 所示。最大切应力在中性轴处为平均切应力的 1.5 倍。

$$\tau_{max} = 1.5 \frac{F_Q}{bh} \tag{6-3-17}$$

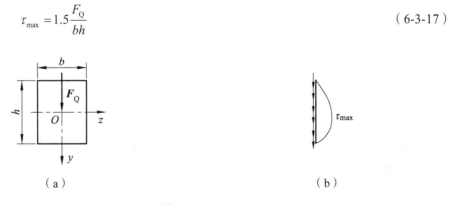

图 6-3-6

③ 圆形及薄壁圆环形截面梁。

理论研究表明：圆形及薄壁圆环形截面梁横截面上的切应力情况较复杂，但是最大切应力仍然发生在中性轴上，并在中性轴上沿截面宽度均匀分布，方向与截面上的剪力同向平行（图 6-3-7）。

（a）   （b）

图 6-3-7

对于圆形截面梁：

$$\tau_{max} = \frac{4F_Q}{3A} \qquad\qquad (6\text{-}3\text{-}18)$$

对于薄壁圆环形截面梁：

$$\tau_{max} = 2\frac{F_Q}{A} \qquad\qquad (6\text{-}3\text{-}19)$$

式中，A 为圆形或薄壁圆环形截面的面积。

综上分析可知：对于等截面梁而言，矩形、工字形、圆形、圆环形截面梁的最大切应力全都产生在最大剪力作用截面的中性轴上。其他截面形状的梁切应力情况请读者参阅有关书籍，本书不予讨论。

（2）切应力强度计算。

① 切应力强度条件。

为了梁不发生切应力强度破坏，应使梁在弯曲时所产生的最大切应力不超过材料的许用切应力。梁的切应力强度条件表达式为

$$\tau_{max} \leqslant [\tau] \qquad\qquad (6\text{-}3\text{-}20)$$

② 梁的切应力强度条件在工程中的应用。

与梁的正应力强度条件在工程中的应用类似，切应力强度条件在工程中同样能解决强度方面的三类问题，即进行切应力强度校核、设计截面和计算许用荷载。

在一般情况下，梁的强度大多数由正应力控制，并不需要再按切应力进行强度校核。但是，在以下几种情况下，需校核梁的切应力强度。

a. 梁的最大剪力很大，而最大弯矩较小。例如梁的跨度较小而荷载很大，或在支座附近有较大的集中力作用等情况。

b. 梁为组合截面钢梁。例如工字形截面，当其腹板的宽度与梁的高度之比小于型钢截面的相应比值时应进行切应力强度校核。

c. 梁为木梁。木材在两个方向上的性质差别很大，顺纹方向的抗剪能力较差，横力弯曲时可能使木梁沿中性层剪坏，所以需对木梁作切应力强度校核。

【**例 6-3-4**】一矩形截面简支梁受荷载作用，如图 6-3-8（a）所示，截面宽度 $l = 100$ mm，高度 $h = 200$ mm，$q = 4$ kN/m，$F_p = 40$ kN，点 d 到中性轴的距离为 50 mm。

（1）求 C 偏左截面上 a、b、c、d 四点的切应力。

（2）该梁的最大切应力发生在何处？数值等于多少？

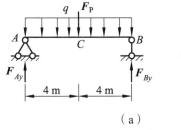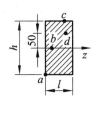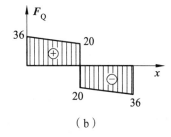

图 6-3-8

【**解**】（1）求 C 偏左截面上各点的切应力。

① 确定 C 偏左截面上的剪力。

支座反力：

$$F_{Ay} = F_{By} = 36 \text{ kN （↑）}$$

取 C 偏左截面的左侧求该截面上的剪力：

$$F_Q^L = 36 - 4 \times 4 = 20 \text{ kN}$$

② 求截面的惯性矩及点 d 对应的 S_z^*（点 a、c 分别在截面的下、上边缘上，点 b 在中性轴上，它们对应的 S_z^* 可以不计算）。

截面对中性轴的惯性矩：

$$I_z = \frac{1}{12} lh^3 = \frac{1}{12} \times 100 \times 200^3 = 66.7 \times 10^6 \text{ mm}^4$$

点 d 对应的 S_z^*：

$$S_z^* = 50 \times 100 \times 75 = 3.75 \times 10^5 \text{ mm}^3$$

③ 求各点的切应力。

点 a 及点 c 分别在截面的下、上边缘上，距中性轴距离最远，$\tau_a = \tau_c = 0$。

点 b 在中性轴上，该点的切应力最大，用公式（6-3-17）计算：

$$\tau_b = 1.5 \frac{F_{QC}^L}{bh} = 1.5 \times \frac{20 \times 10^3}{100 \times 200} = 1.5 \text{ MPa}$$

点 d 为截面上的任意点，该点切应力用公式（6-3-16）计算：

$$\tau_d = 1.5 \frac{F_{QC}^L \cdot S_z^*}{I_z \cdot b} = \frac{20 \times 10^3 \times 3.75 \times 10^5}{66.7 \times 10^6 \times 100} = 1.12 \text{ MPa}$$

（2）求该梁的最大切应力。

作出梁的剪力图，梁的最大剪力发生在 A 偏右截面及 B 偏左截面，其数值 $F_{Q,max} = 36 \text{ kN}$。该梁的最大切应力一定发生在最大剪力作用截面的中性轴上。

$$\tau_{max} = 1.5 \frac{F_{Q,max}}{lh} = 1.5 \times \frac{36 \times 10^3}{100 \times 200} = 2.7 \text{ MPa}$$

任务实训

1. 工字形截面钢梁受荷载作用如图 6-3-9 所示，已知荷载 $F_p = 75 \text{ kN}$，钢材的许用弯曲应力 $[\sigma] = 152 \text{ MPa}$，试按正应力强度条件选择工字钢的型号。

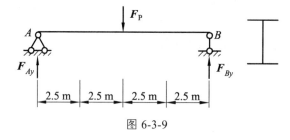

图 6-3-9

2. T 形截面外伸梁如图 6-3-10 所示，已知：荷载 $F_{p1} = 40 \text{ kN}$，$F_{p1} = 15 \text{ kN}$，材料的弯曲许用应力分别为 $[\sigma_t] = 45 \text{ MPa}$，$[\sigma_c] = 175 \text{ MPa}$，截面对中性轴的惯性矩 $I_z = 5.73 \times 10^{-6} \text{ m}^4$，下边缘到中性轴的距离 $y_1 = 72 \text{ mm}$，上边缘到中性轴的距离 $y_2 = 38 \text{ mm}$，其他尺寸如图所示。试校核该梁的强度。

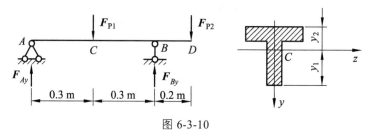

图 6-3-10

3. 图 6-3-11 为矩形截面木梁，已知 $F_p = 4\ \text{kN}$，$l = 2\ \text{m}$，弯曲许用正应力 $[\sigma] = 100\ \text{MPa}$，弯曲许用切应力 $[\tau] = 1.2\ \text{MPa}$，横截面的宽度与高度之比为 $b/h = 2/3$，试选择梁的截面尺寸。

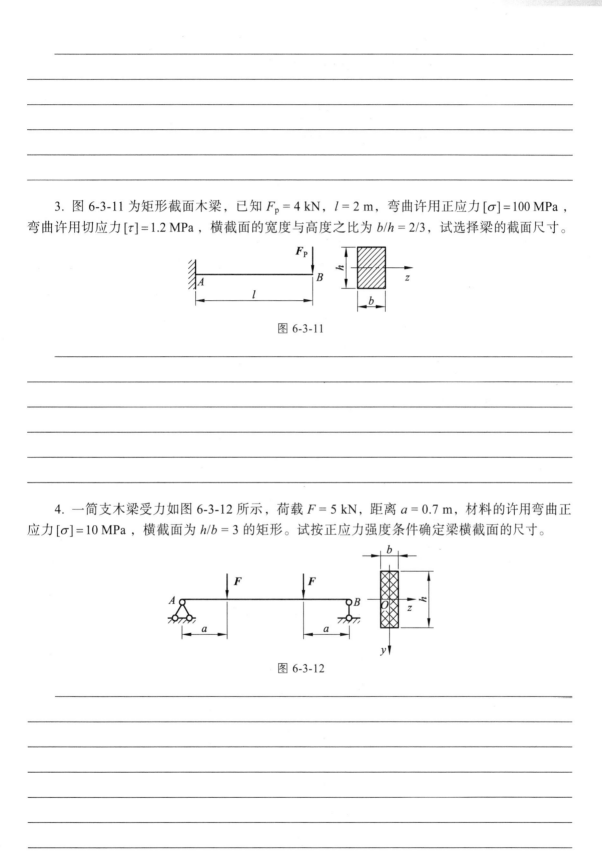

图 6-3-11

4. 一简支木梁受力如图 6-3-12 所示，荷载 $F = 5\ \text{kN}$，距离 $a = 0.7\ \text{m}$，材料的许用弯曲正应力 $[\sigma] = 10\ \text{MPa}$，横截面为 $h/b = 3$ 的矩形。试按正应力强度条件确定梁横截面的尺寸。

图 6-3-12

5. 矩形截面木梁，其截面尺寸及荷载如图 6-3-13 所示，$q = 1.3$ kN/m。已知 $[\sigma] = 10$ MPa，$[\tau] = 2$ MPa。试校核该梁的正应力和切应力强度。

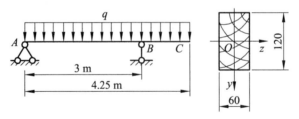

图 6-3-13

6. 学习心得及总结。

任务 4　提高梁弯曲强度的措施

按强度要求设计梁时，主要是依据梁的正应力条件：

$$\sigma_{\max} = \frac{M_{\max}}{W_z}$$

由上式可见，要提高梁的承载能力，即降低梁的最大正应力，可在不减小外荷载、不增加材料的前提下，尽可能地降低最大弯矩，提高抗弯截面系数。下面介绍几种工程常用的措施。

1. 合理配置支座和荷载

为了降低梁的最大弯矩，可以合理地改变支座位置。图 6-4-1（a）所示的悬臂梁，梁中最大弯矩 $M_{\max} = \dfrac{ql^2}{2} = 0.5ql^2$；将其变为简支梁，$M_{\max} = \dfrac{ql^2}{8} = 0.125ql^2$［图 6-4-1（b）］；而将其变为外伸梁，当 $a=0.207l$ 时，则梁中最大弯矩 $M_{\max} = 0.0215ql^2$［图 6-4-1（c）］。另外，可以靠增加支座，使其变成超静定梁，也能降低梁的最大弯矩。

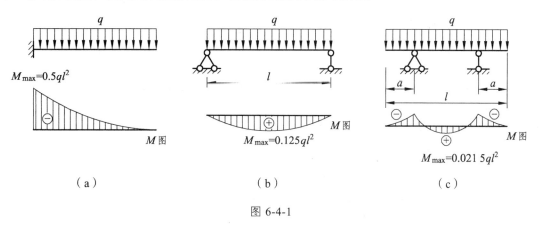

（a）　　　　　（b）　　　　　（c）

图 6-4-1

在荷载不变的情况下，还可以合理地布置荷载，以达到降低最大弯矩的作用。图 6-4-2（a）所示的简支梁，其最大弯矩 $M_{\max} = \dfrac{Fl}{4}$；若在梁上增加一根辅助梁，这样 F 被分成了作用在主梁上的两个集中力［图 6-4-2（b）］，则最大弯矩 $M_{\max} = \dfrac{Fl}{8}$ 是原来的一半。此外，将集中力变成满跨均布荷载 $q = \dfrac{F}{l}$，最大弯矩也可降低。

2. 合理设计截面形状

当梁所受外力不变时，横截面上的最大正应力与抗弯截面系数成反比。或者说，在截面面积 A 保持不变的条件下，抗弯截面系数越大的梁，其承载能力越强。由于在一般截面中，抗弯截面系数 W 与其高度的平方成正比，所以尽可能使横截面面积分布在距中性轴较远的地

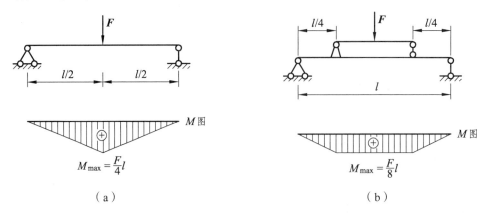

图 6-4-2

在梁横截面上距中性轴最远的各点处，分别有最大拉应力和最大压应力。为充分发挥材料的潜力，应使两者同时达到材料的许用应力。对于由拉伸和压缩许用应力值相等的建筑钢等塑性材料制成的梁，其横截面应以中性轴为其对称轴。例如，工字形、矩形、圆形和环形截面等。但这些截面的合理程度并不相同。例如，环形截面比圆形截面合理，矩形截面立放比扁放合理，而工字形截面又比立放的矩形截面更为合理。对于由压缩强度远高于拉伸强度的混凝土等脆性材料制成的梁，宜采用 T 形等对中性轴不对称的截面，并将其翼缘部分置于受拉侧。在提高抗弯截面系数 W 的过程中，不可将矩形截面的宽度取得太小，也不可将环形、工字形、箱形截面的壁厚取得太小，否则可能出现失稳的问题。总之，在选择梁截面的合理形状时，应综合考虑横截面上的应力情况、材料性能、梁的使用条件及制造工艺等。

3. 合理设计梁的形状——变截面梁

根据梁的强度条件设计梁的截面时，是依据全梁范围内的最大弯矩来确定等截面梁的横截面尺寸。但对于梁上的其他截面，弯矩值一般比危险截面上的弯矩值小，所需的截面尺寸也比较小。可见，从强度观点来看，等截面梁并不是很理想的梁，这种梁没有充分发挥材料的潜能，不太经济。为了充分利用材料，理想的梁应该是在弯矩大的部位采用大截面，而在弯矩小的部位采用小截面，这种梁称为变截面梁。最理想的变截面梁应该是梁的每一处横截面上的最大正应力都恰好等于梁所用材料的弯曲许用应力，这种变截面梁称为等强度梁。

从强度的观点来看，等强度梁最经济，最能充分发挥材料的潜能，是一种非常理想的梁。但是从实际应用情况分析，这种梁的制作比较复杂，给施工带来很多困难。因此，综合考虑强度和施工两种因素，它并不是最经济合理的梁。在建筑工程中，通常是采用形状比较简单又便于加工制作的变截面梁来代替等强度梁。建筑工程中有许多常见变截面梁的情况，例如，图 6-4-3（a）中的阳台或雨篷挑梁，图 6-4-3（b）中的鱼腹式吊车梁。

（a）　　　　　　　　　　　　　　　　（b）

图 6-4-3

任务实训

1. 简述等强度梁的概念。

_____

_____

_____

_____

_____

2. 弯矩最大的截面，是否一定就是梁的最危险截面？

_____

_____

_____

_____

_____

3. 学习心得及总结。

_____

_____

_____

_____

_____

_____

_____

_____

_____

_____

_____

项目小结

本项目着重讲述了平面弯曲的概念、弯曲内力的计算、内力图的画法、弯曲应力的强度计算等。

1. 弯曲内力及内力图、梁弯曲变形的概念着重讲述了弯曲变形的概念及梁的分类和简图。
2. 梁的弯曲内力着重讲述了弯曲内力的求解及内力图的绘制。
3. 弯曲应力着重讲述了梁的正应力及正应力强度计算和梁的切应力及切应力强度计算。
4. 提高梁弯曲强度着重介绍了提高梁弯曲强度的几种措施。

项目 7　组合变形

前面讨论了杆件发生轴向拉（压）、剪切、扭转、弯曲等基本变形的强度和刚度问题，但在实际工程中，有很多构件在荷载作用下往往有两种或两种以上的基本变形同时发生。例如，机械中的齿轮传动轴在外力下将同时产生扭转变形及在水平平面和垂直平面内的弯曲变形。作用在直杆上的外力，当其作用线与杆的轴线平行但不重合时，将引起偏心拉伸或偏心压缩。针对这样的变形情况，本项目在前面学习的基础上，给出最大工作应力的计算并建立相应的强度条件。

知识目标

1. 了解组合变形的概念。
2. 掌握斜弯曲的应力计算。
3. 掌握拉压与弯曲的应力计算。
4. 掌握偏心拉压的应力计算。

教学要求

1. 能掌握斜弯曲最大正应力的计算方法。
2. 能掌握拉压与弯曲最大正应力的计算方法。
3. 能掌握偏心拉压最大正应力的计算方法。

重点难点

组合变形中叠加原理的应用及各种组合变形中最大正应力的计算。

任务 1　组合变形的概念及计算思路

1. 组合变形的概念

前面中已经讲述了杆件的四种基本变形：轴向拉压、剪切、扭转和弯曲。但在工程实践中，构件在荷载作用下发生的往往不只是其中的一种变形，而是两种或两种以上的基本变形同时发生，称这类变形为组合变形。例如，烟囱［图 7-1-1（a）］除自重引起的轴向压缩变形外，还有水平风力引起的弯曲变形；挡土墙［图 7-1-1（b）］也同时产生受土侧向压力引起的弯曲变形和自重引起的压缩变形；厂房柱［图 7-1-1（c）］在多种竖向力和水平力的作用下也同时产生弯曲变形和压缩变形；檩条［图 7-1-1（d）］受到屋面传来的竖向荷载，但该荷载不是作用在檩条的纵向对称平面内，因而将由两个方向的弯曲变形组合而成的变形称为斜弯曲。

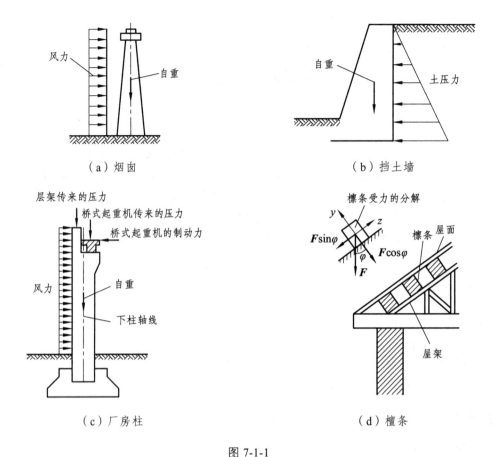

（a）烟囱   （b）挡土墙

（c）厂房柱   （d）檩条

图 7-1-1

2. 组合变形的计算思路

前面已经分别讨论了杆件在各种基本变形情况下的计算，本项目主要阐述多种变形同时存在的计算。对于组合变形下的构件，在线弹性范围内、小变形条件下，可按构件的原始形状和尺寸进行计算。因而，可先将荷载简化为符合基本变形外力作用条件的外力系，分别计算构件在每一种基本变形下的内力、应力或变形。然后，利用叠加原理并综合考虑各基本变形的组合情况，确定构件的危险截面、危险点的位置及危险点的应力状态，并进行强度计算。

按照上述分析，组合变形的计算思路归纳如下：

（1）外力分析。

将作用在杆件上的所有实际外力进行简化。横向力向弯曲中心简化，并沿截面的形心主轴方向分解；纵向力向截面形心简化。简化后的各外力分别对应一种基本变形。

（2）内力分析。

根据简化后杆件上所受的外力，进行内力分析，并绘出内力图，从而确定危险截面，并求出危险截面上的内力值。

（3）应力分析。

根据危险截面上的内力值，分析危险截面上的应力分布，确定危险点所在位置，并求出危险截面上危险点处的应力值。

（4）强度分析。

根据危险点的应力状态和杆件的材料强度理论进行强度计算。

📝 任务实训

1. 什么是组合变形？

_____

_____

_____

_____

_____

2. 构件发生弯曲与拉伸（压缩）组合变形时，在什么条件下可按叠加原理计算其横截面上的应力？

_____

_____

_____

_____

_____

_____

3. 学习心得及总结。

_____

_____

_____

_____

_____

_____

_____

_____

_____

建 筑 力 学

任务 2　斜弯曲变形

1. 斜弯曲的概念

在平面弯曲问题中，外力作用在梁的纵向对称面内，梁的轴线变形后将变为一条平面曲线，且仍在外力作用面内。在工程实际中，有时会遇到外力不作用在纵向对称面内，此时梁的挠曲线不再在外力作用平面内，这种弯曲称为斜弯曲，又称在两个垂直平面内的平面弯曲。

2. 横截面正应力计算

现在以矩形截面悬臂梁为例［图 7-2-1（a）］，讨论斜弯曲时应力的计算。梁在 F_1 和 F_2 作用下，分别在水平纵向对称面（Oxz 平面）和铅垂纵向对称面（Oxy 平面）内发生平面弯曲。在梁的任意横截面 $m—m$ 上，由 F_1 和 F_2 引起的弯矩为

$$M_y = F_1 x , \quad M_z = F_2(x-a)$$

在横截面 $m—m$ 上的某点 $C(y, z)$ 处由弯矩 M_y 和 M_z 引起的正应力分别为

$$\sigma' = \frac{M_y}{I_y} z , \quad \sigma'' = -\frac{M_z}{I_z} y$$

根据叠加原理，σ' 和 σ'' 的代数和即为 C 点的正应力，即

$$\sigma = \sigma' + \sigma'' = \frac{M_y}{I_y} z - \frac{M_z}{I_z} y \tag{7-2-1}$$

式中，I_y 和 I_z 分别为横截面对 y 轴和 z 轴的惯性矩；M_y 和 M_z 分别是截面上位于水平和铅垂对称平面内的弯矩，且其力矩矢量分别与 y 轴和 z 轴的正向一致，如图 7-2-1（b）所示。在具体计算中，也可以先不考虑弯矩 M_y、M_z 和坐标 y、z 的正负号，以其绝对值代入，然后根据梁在 F_1 和 F_2 分别作用下的变形情况，来判断式（7-2-1）右边两项的正负号。

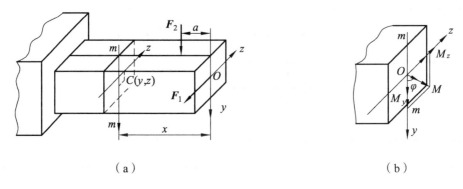

（a）　　　　　　　　　　　（b）

图 7-2-1

142

3. 最大正应力及强度计算

（1）最大正应力计算。

计算最大正应力时，应首先知道其所在位置。对于等截面梁，危险截面就在弯矩最大的截面处；对于工程中常用的矩形、工字形等有棱角的对称截面，危险点就在最大正应力所处的截面的棱角处。如图 7-2-2（b）所示的矩形截面梁，显然右上角 D_1 与左下角 D_2 有最大正应力值，将这些点的坐标（y_1, z_1）或（y_2, z_2）代入式（7-2-1），可得最大拉应力 $\sigma_{t,max}$ 和最大压应力 $\sigma_{c,max}$。因为斜弯曲时中性轴过截面形心，所以最大拉应力和最大压应力相等，即

$$\sigma_{max} = \left|\frac{M_z}{W_z}\right| + \left|\frac{M_y}{W_y}\right|$$

（7-2-2）

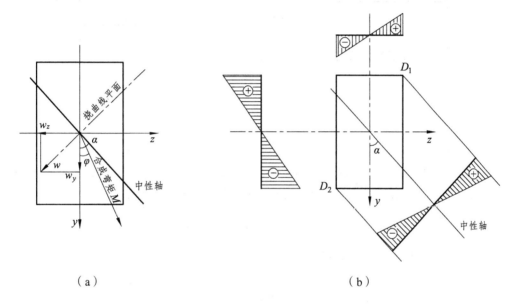

（a）   （b）

图 7-2-2

（2）强度计算。

在确定了梁的危险截面和危险点的位置，并算出危险点处的最大正应力后，由于危险点处于单轴应力状态，于是，可将最大正应力与材料的许用正应力相比较来建立强度条件，进行强度计算，即梁的正应力强度条件是荷载作用下梁中的最大正应力不超过材料的容许应力，即

$$\sigma_{max} \leqslant [\sigma]$$

【例 7-2-1】一长 2 m 的矩形截面木制悬臂梁，弹性模量 $E = 1.0 \times 10^4$ MPa，梁上作用有两个集中荷载 $F_1 = 1.3$ kN 和 $F_2 = 2.5$ kN，如图 7-2-3（a）所示，设截面 $b = 0.6\,h$，$[\sigma] = 10$ MPa。试选择梁的截面尺寸。

【解】将自由端的作用荷载 F_1 分解：

$$F_{1y} = F_1 \sin 15° = 0.336 \text{ kN}$$

$$F_{1z} = F_1 \cos 15° = 1.256 \text{ kN}$$

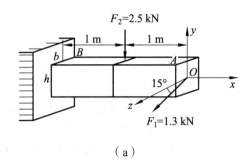

（a）

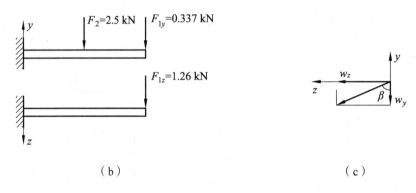

（b）

（c）

图 7-2-3

此梁的斜弯曲可分解为在 xy 平面内及 xz 平面内的两个平面弯曲，如图 7-2-3（b）所示。M_z 和 M_y 在固定端的截面上达到最大值，故危险截面上的弯矩分别为

$$M_z = 2.5 \times 1 + 0.336 \times 2 = 3.172 \text{ kN} \cdot \text{m}$$

$$M_y = 1.256 \times 2 = 2.512 \text{ kN} \cdot \text{m}$$

$$w_z = \frac{1}{6} bh^2 = \frac{1}{6} \times 0.6h \cdot h^2 = 0.1h^3$$

$$w_y = \frac{1}{6} hb^2 = \frac{1}{6} \times h \cdot (0.6h)^2 = 0.06h^3$$

上式中 M_z 和 M_y 只取绝对值，且截面上的最大拉、压应力相等，故

$$\sigma_{\max} = \frac{M_z}{W_z} + \frac{M_y}{W_y} = \frac{3.172 \times 10^6}{0.1h^3} + \frac{2.512 \times 10^6}{0.06h^3}$$

$$= \frac{73.587 \times 10^6}{h^3} \leqslant [\sigma]$$

即

$$h \geqslant \sqrt[3]{\frac{73.587 \times 10^6}{10}} = 194.5 \text{ mm}$$

可取 $h = 200 \text{ mm}$，$b = 120 \text{ mm}$。

📝 任务实训

1. 图 7-2-4 所示矩形截面梁，已知 $l = 1$ m，$b = 50$ mm，$h = 75$ mm，试求梁中最大正应力及其作用点位置。

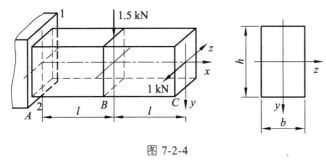

图 7-2-4

_____

_____

_____

_____

_____

_____

2. 图 7-2-5 中 20 号丁字钢悬臂梁承受均布荷载 q 和集中力 F（$F = qa/2$）作用，已知钢的许用弯曲正应力 $[\sigma] = 160$ MPa，$a = 1$ m。试求梁的许可荷载集度 $[q]$。

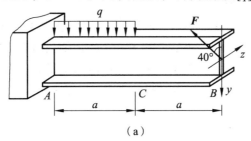

（a）

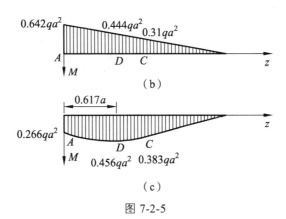

图 7-2-5

_____

_____

_____

_____

_____

3. 学习心得及总结。

_____

_____

_____

_____

_____

_____

_____

任务 3　拉伸（压缩）与弯曲的组合变形

1. 拉（压）与弯曲的概念

拉伸或压缩与弯曲的组合变形是工程中常见的情况。图 7-3-1（a）所示的起重机横梁 AB，受力简图如图 7-3-1（b）所示。轴向力 F_x 和 F_{Ax} 引起压缩，横向力 F_{Ay}、W、F_y 引起弯曲，所以杆件产生压缩与弯曲的组合变形。对于弯曲刚度 EI 较大的杆，由于横向力引起的挠度与横截面的尺寸相比很小，因此，由轴向力引起的弯矩可以略去不计。

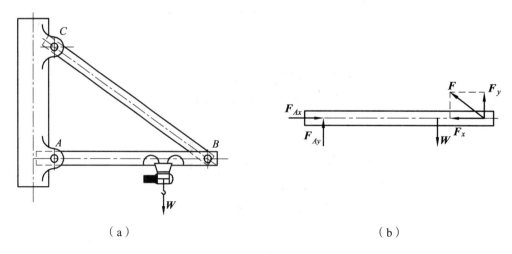

（a）　　　　　　　　　　　　　　　　（b）

图 7-3-1

2. 横截面正应力计算

计算由横向力和轴向力引起的杆横截面上的正应力，仍然可以采用叠加原理。下面通过一个简单的例子说明求解的过程。

【例 7-3-1】一悬臂梁 AB，如图 7-3-2（a）所示，在它的自由端 A 作用一与铅垂方向成 α 角的力 F（在纵向对称面 xy 平面内），求梁横截面上任一点的正应力。

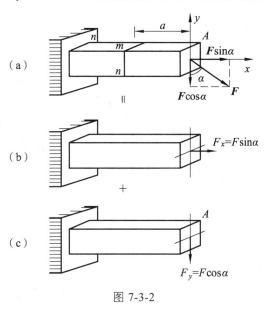

图 7-3-2

【解】将 F 力分别沿 x 轴 y 轴分解，可得

$$F_x = F\sin\alpha$$

$$F_y = F\cos\alpha$$

F_x 为轴向力，对梁引起拉伸变形，如图 7-3-2（b）所示；F_y 为横向力，引起梁的平面弯曲，如图 7-3-2（c）所示。x 截面上的内力为

轴力：$F_N = F_x = F\sin\alpha$

弯矩：$M_z = -F_y x = -F\cos\alpha \cdot x$

与轴力 F_N 对应的拉伸正应力 σ_t 在该截面上各点处均相等，其值为

$$\sigma_t = \frac{F_N}{A} = \frac{F_x}{A} = \frac{F\sin\alpha}{A}$$

与 M_z 对应的弯曲正应力 σ_b 为

$$\sigma_b = \frac{M_z}{I_z} y$$

所以，梁横截面上任一点的正应力为

$$\sigma = \sigma_t + \sigma_b \tag{7-3-1a}$$

或

$$\sigma = \frac{F_N}{A} + \frac{M_z}{I_z} y \tag{7-3-1b}$$

3. 最大正应力及强度计算

（1）最大正应力。

由例 7-3-1 分析可见，拉（压）弯组合变形的最大正应力 $\sigma_{\max}$，就是拉（压）应力 σ_t 和最大弯曲正应力 σ_b 的代数和，两项应力同号时为最大正应力，即

$$\sigma_{\max} = \left| \frac{F_N}{A} \right| + \left| \frac{M_{z,\max}}{W_z} \right| \qquad (7\text{-}3\text{-}2)$$

其正应力沿横截面的分布规律如图 7-3-3 所示。

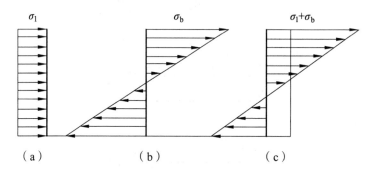

图 7-3-3

（2）正应力的强度条件。

由于危险点处的应力状态为单轴应力状态，故可将最大拉应力与材料的许用应力相比较，以进行强度计算，即

$$\sigma_{\max} \leqslant [\sigma]$$

应该注意，当材料的许用拉应力和许用压应力不相等时，杆内的最大拉应力和最大压应力必须分别满足杆件的拉、压强度条件。

若杆件的抗弯刚度很小，则由横向力所引起的挠度与横截面尺寸相比不能略去，此时就应考虑轴向力引起的弯矩。

📝 任务实训

1. 简易吊车受力如图 7-3-4 所示，AB 梁为工字钢。若最大吊重 $G = 10\,\text{kN}$，材料的许用应力 $[\sigma] = 100\,\text{MPa}$，试选择工字钢型号。

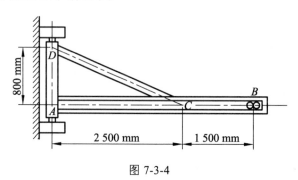

图 7-3-4

_____

_____

_____

_____

2. 斜梁 *AB* 如图 7-3-5 所示，其横截面为 10 cm×10 cm，若 *F* = 3 kN，试求梁内的最大拉应力和最大压应力。

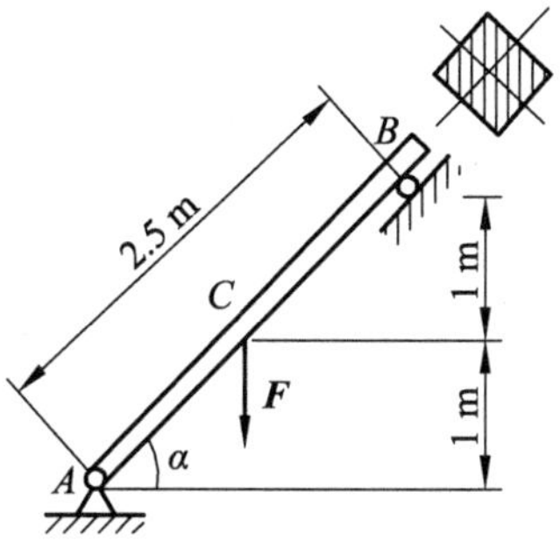

图 7-3-5

_____

_____

_____

_____

_____

3. 学习心得及总结。

_____

_____

_____

_____

_____

_____

_____

_____

任务 4 偏心压缩（拉伸）的组合变形

1. 偏心拉（压）的概念

作用在直杆上的外力，当其作用线与杆的轴线平行但不重合时，将引起偏心拉伸或偏心压缩。钻床的立柱［图 7-4-1（a）］和厂房中支承吊车梁的柱子［图 7-4-1（b）］即为偏心拉伸和偏心压缩。

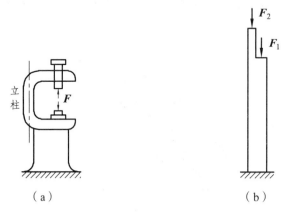

（a）   （b）

图 7-4-1

2. 横截面正应力计算

（1）正应力的计算。

现以实心截面的等直杆承受距离截面形心为 e（称为偏心距）的偏心拉力 F 为例［图 7-4-2（a）］，来说明偏心拉杆的强度计算。设偏心力 F 作用在端面上的 K 点，其坐标为（e_y, e_z）。将力 F 向截面形心 O 点简化，把原来的偏心力 F 转化为轴向拉力 F；作用在 xz 平面内弯曲力偶矩 $M_{ey} = F \cdot e_z$；作用在 xy 平面内的弯曲力偶矩 $M_{ez} = F \cdot e_y$。

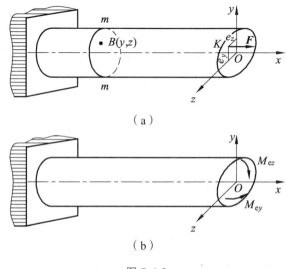

（a）

（b）

图 7-4-2

如图 7-4-2（b）所示，在这些荷载作用下，杆件的变形是轴向拉伸和两个纯弯曲的组合。所有横截面上的内力（轴力和弯矩）均保持不变，即

$$F_N = F , \quad M_y = M_{ey} = F \cdot e_x , \quad M_z = M_{ez} = F \cdot e_y$$

叠加上述三内力所引起的正应力，即得任意横截面 $m—m$ 上某点 $B(y, z)$ 的应力计算式：

$$\sigma = \frac{F_N}{A} + \frac{M_y z}{I_y} + \frac{M_z y}{I_z} = \frac{F}{A} + \frac{F e_y z}{I_y} + \frac{F e_y y}{I_z} \tag{7-4-1}$$

式中，A 为横截面面积；I_y 和 I_z 分别为横截面对 y 轴和 z 轴的惯性矩。

利用惯性矩与惯性半径的关系（参见附录 I），有

$$I_y = A \cdot i_y^2 , \quad I_z = A \cdot i_z^2$$

于是式（7-4-1）可改写为

$$\sigma = \frac{F}{A} \left(1 + \frac{e_z z}{i_y^2} + \frac{e_y y}{i_z^2} \right) \tag{7-4-2}$$

（2）中性轴的确定。

式（7-4-2）是一个平面方程，这表明正应力在横截面上按线性规律变化，而应力平面与横截面相交的直线（沿该直线 $\sigma = 0$）就是中性轴，如图 7-4-2 所示。将中性轴上任一点 $C(z_0, y_0)$ 代入式（7-4-2），即得中性轴方程为

$$1 + \frac{e_z z_0}{i_y^2} + \frac{e_y y_0}{i_z^2} = 0 \tag{7-4-3}$$

显然，中性轴是一条不通过截面形心的直线，它在 y、z 轴上的截距 a_y 和 a_z 分别可以从式（7-4-3）计算出来。在上式中，令 $z_0 = 0$，相应的 y_0 即为 a_y，而令 $y_0 = 0$，相应的 z_0 即为 a_z。由此求得

$$a_y = -\frac{i_z^2}{e_y} , \quad a_z = \frac{i_y^2}{e_z} \tag{7-4-4}$$

式（7-4-4）表明，中性轴截距 a_y、a_z 和偏心距 e_y、e_z 符号相反，所以中性轴与外力作用点 K 位于截面形心 O 的两侧，如图 7-4-3 所示，中性轴把截面分为两部分，一部分受拉应力，另一部分受压应力。

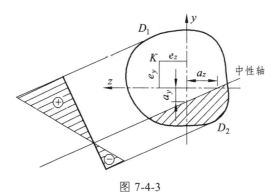

图 7-4-3

3. 最大正应力及强度计算

（1）最大正应力计算。

确定了中性轴的位置后，可作两条平行于中性轴且与截面周边相切的直线，切点 D_1 与 D_2 分别是截面上最大拉应力与最大压应力的点，分别将 $D_1(z_1, y_1)$ 与 $D_2(z_2, y_2)$ 的坐标代入式（7-4-1），即可求得最大拉应力和最大压应力的值：

$$\begin{aligned} \sigma_{D_1} &= \frac{F}{A} + \frac{Fe_z z_1}{I_y} + \frac{Fe_y y_1}{I_z} \\ \sigma_{D_2} &= \frac{F}{A} + \frac{Fe_z z_2}{I_y} + \frac{Fe_y y_2}{I_z} \end{aligned} \qquad (7\text{-}4\text{-}5)$$

由于危险点处于单轴应力状态，因此，在求得最大正应力后，就可根据材料的许用应力$[\sigma]$ 来建立强度条件。

（2）强度条件。

$$\sigma_{\max} \leqslant [\sigma]$$

应当注意，对于周边具有棱角的截面，如矩形、箱形、工字形截面等，其危险点必定在截面的棱角处，并可根据杆件的变形来确定，无须确定中性轴的位置。

【例 7-4-1】试求图 7-4-4（a）所示杆内的最大正应力，力 F 与杆的轴线平行。

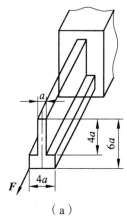

（a）

（b）

图 7-4-4

【解】横截面如图 7-4-4（b）所示，其面积为

$$A = 4a \times 2a + 4a \times a = 12a^2$$

形心 C 的坐标为

$$y_C = \frac{a \times 4a \times 4a + 4a \times 2a \times a}{a \times 4a + 4a \times 2a} = 2a$$

$$z_C = 0$$

形心主惯性矩为

$$I_{z_C} = \frac{a \times (4a)^3}{12} + a \times 4a \times (2a)^2 + \frac{4a \times (2a)^3}{12} + 2a \times 4a \times a^2 = 32a^4$$

$$I_{y_C} = \frac{1}{12}[2a \times (4a)^3 + 4a \times a^3] = 11a^4$$

力 F 对主惯性轴 y_C 和 z_C 之矩为

$$M_{y_C} = F \times 2a = 2Fa , \quad M_{z_C} = F \times 2a = 2Fa$$

比较图 7-4-4（b）所示截面四个角点上的正应力可知，角点 4 上的正应力最大，即

$$\sigma_4 = \frac{F}{A} + \frac{M_{z_C} \times 2a}{I_{z_C}} + \frac{M_{y_C} \times 2a}{I_{y_C}} = \frac{F}{12a^2} + \frac{2Fa \times 2a}{32a^4} + \frac{2Fa \times 2a}{11a^4} = 0.572\frac{F}{a^2}$$

📝 任务实训

1. 图 7-4-5 为一厂房的牛腿柱，设由房顶传来的压力 $F_1 = 100\,\text{kN}$，由吊车梁传来压力 $F_2 = 30\,\text{kN}$，已知 $e = 0.2\,\text{m}$，$b = 0.18\,\text{m}$，试问：当截面边 h 为多少时，截面不出现拉应力？这时的最大压应力为多少？

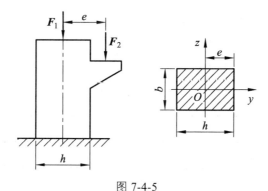

图 7-4-5

2. 某正方形截面受压柱的高度为 1 m，横截面尺寸为 20 cm×20 cm，受 $F = 30\,\text{kN}$ 的偏心压力作用，偏心压力作用在柱的顶端截面角点，求最大压应力。

3. 图 7-4-6 为一松木矩形短柱,截面尺寸 $b×h = 120 \text{ mm}×200 \text{ mm}$,受一偏心压力 $F = 50 \text{ kN}$ 作用, 对两轴的偏心距分别 $e_y = 80 \text{ mm}$, $e_z = 40 \text{ mm}$, 松木的许用应力 $[\sigma_t] = 10 \text{ MPa}$, $[\sigma_c] = 12 \text{ MPa}$,试校核该柱的强度。

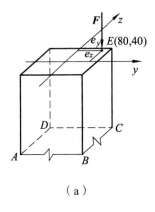

（a）

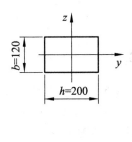

（b）

图 7-4-6

4. 在第 3 题中,如果将偏心压力改为偏心拉力,其他条件不变,试校核该柱的强度。

5. 学习心得及总结。

_____

_____

_____

_____

_____

_____

_____

_____

_____

_____

_____

📝 项目小结

本项目着重介绍了几种组合变形的计算。

1. 斜弯曲变形着重介绍了斜弯曲横截面正应力和最大正应力及强度的计算。

2. 拉伸（压缩）与弯曲的组合变形着重介绍了该组合横截面正应力和最大正应力及强度的计算。

3. 偏心压缩（拉伸）的组合变形着重介绍了该组合横截面正应力和最大正应力及强度的计算。

项目 8　压杆稳定

本项目主要介绍细长压杆临界力的计算、欧拉公式和压杆稳定的实用计算。

知识目标

1. 了解压杆稳定与失稳的概念及提高压杆稳定性的措施。
2. 掌握柔度的概念及计算方法，能判别大柔度杆与中柔度杆，并运用欧拉公式或经验公式计算压杆的临界力。
3. 掌握压杆稳定计算的方法。

教学要求

1. 可定性地分析出压杆失稳形态并提出提高压杆稳定的措施。
2. 能够运用计算理想约束下的临界压力。
3. 掌握折减系数在工程中的应用。

重点难点

1. 运用欧拉公式或经验公式计算压杆的临界力。
2. 掌握折减系数的理解与应用。

任务 1　压杆稳定的概念

工程实际中把承受轴向压力的直杆称为压杆。前面的学习中认为只要压杆横截面上的应力不超过材料的极限应力，压杆就能安全正常工作，但这一结论不能完全用于细长压杆受压的情况。细长的受压杆当压力达到一定值时，受压杆可能突然弯曲而破坏，即产生失稳现象，称为压杆失稳。压杆的破坏并不是由于其强度不够，而是由于其突然产生显著的弯曲变形、轴线不能保持原有直线形状的平衡状态所造成的。压杆能否保持其原有直线平衡状态的问题称为压杆的稳定问题。

理论上压杆失稳问题可发生在任何受压的长条状构件中，如桁架梁的上弦杆、施工支架的支承、自卸车的液压撑杆等。受压杆失稳后将丧失继续承受原设计荷载的能力，而失稳现象又常是突然发生的，因此结构中受压杆件的失稳破坏几乎无预兆，并造成严重的后果，甚至导致整个结构物的倒塌。压杆失稳在历史上曾导致多次严重事故，如 1907 年在建的魁北克大桥因下弦杆压杆失稳发生整体垮塌（图 8-1-1）；2020 年福建泉州欣佳酒店"3·7"坍塌事故的直接原因为底层钢柱失稳破坏引发的连续倒塌（图 8-1-2）。

图 8-1-1

图 8-1-2

下面讨论理想压杆的稳定性概念。设一等直杆下端固定，上端自由，并在上端作用一轴向压力 F。

当力 F 比较小时，压杆处于直线平衡状态。逐渐增大轴向力 F，并给杆一个横向的微小干扰力，使杆离开原来的直线平衡位置而发生微小弯曲。随着 F 的逐渐增大，我们会发现下列现象：

① 在压杆所受的压力 F 不大时，若给杆一个微小的横向干扰，使杆发生微小的弯曲变形，在干扰撤去后，杆经若干次振动后仍会回到原来的直线形状的平衡状态［图 8-1-3（a）］，说明此时压杆原有直线形状的平衡状态是稳定的。将压杆保持其原有直线平衡状态的能力称为压杆的稳定性。

② 增大压力 F 至某一极限值 F_{cr} 时，若再给杆一个微小的横向干扰，使杆发生微小的弯曲变形，则在干扰撤去后，杆不再恢复到原来直线形状的平衡状态，而是仍处于微弯形状的平衡状态［图 8-1-3（b）］，说明此时压杆原有直线形状的平衡状态不是稳定的，而是临界的平衡状态，此时的压力 F_{cr} 称为压杆的临界力。临界平衡状态实质上是一种不稳定的平衡状态，因为此时杆一经干扰后就不能维持原有直线形状的平衡状态了。由此可见，当压力 F 达到临界力 F_{cr} 时，压杆原有的直线平衡状态就从稳定转变为不稳定的临界状态，这种现象称为压杆的平衡丧失了稳定性，简称压杆失稳。

③ 当压力 F 超过 F_{cr}，杆的弯曲变形将急剧增大，甚至最后造成弯折破坏［图 8-1-3（c）］。

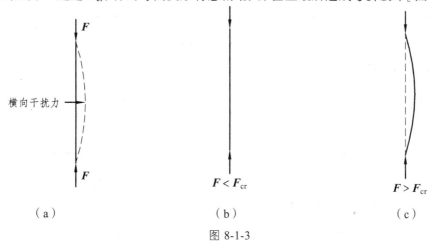

（a）　　　　　　　　　　（b）　　　　　　　　　　（c）

图 8-1-3

临界力 F_{cr} 是压杆保持直线形状平衡状态所能承受的最大压力，因而压杆在开始失稳时杆的应力仍可按轴向拉、压杆的应力公式计算，即

$$\sigma_{cr} = \frac{F_{cr}}{A}$$

(8-1-1)

式中，A 为压杆的横截面面积；σ_{cr} 为压杆的临界应力。

显然，为了保证压杆能够安全地工作，应使压杆承受的压力小于压杆的临界力 F_{cr}，或杆的应力小于临界应力 σ_{cr}。由以上分析可知，压杆稳定性的强弱是由其临界力大小确定的。临界力 F_{cr} 越大，压杆的稳定性就越强，反之稳定性就越弱。因此，确定压杆的临界力和临界应力是研究压杆稳定问题的核心内容。

📝 任务实训

1. 如何区别压杆的稳定平衡和不稳定平衡？

_____

_____

_____

_____

_____

2. 如何理解压杆处于临界状态时的"微小扰动"？

_____

_____

_____

_____

_____

3. 学习心得及总结。

_____

_____

_____

_____

_____

_____

_____

_____

_____

任务 2 压杆的临界力

1. 细长压杆临界力的欧拉公式

工程实际中，压杆两端可拥有不同的理想约束。表 8-2-1 中曲线为压杆处于临界状态时干扰力使其弯曲的形状，称为失稳曲线。瑞士科学家欧拉（L. Euler）最早研究了两端铰支弹性压杆的稳定性，在此基础上推导出不同约束状态下压杆稳定的临界力的计算公式（推导过程略）。欧拉公式可统一写为如下形式：

$$F_{cr} = \frac{\pi^2 EI}{(ul)^2} \tag{8-2-1}$$

式中，E 为杆件材料的弹性模量；I 为杆件截面在失稳平面内对中性轴的抗弯惯性矩；μ 为压杆的长度因数，与杆端约束情况有关；l 为压杆的计算长度；EI 称为失稳平面内的抗弯刚度，μl 称为压杆的相当长度，它是压杆的挠曲线为半个正弦波所对应的杆长度。

从式（8-2-1）中可看出，临界力与抗弯刚度成正比，与相当长度的平方成反比；在压杆稳定问题中，抗弯刚度与相当长度是两个很重要的参数。

表 8-2-1 各种支承约束条件下等截面细长杆件临界力的欧拉公式

约束	两端铰支	一端固定另一端铰支	两端固定	一端固定另一端自由	两端固定但可沿横向相对移动
失稳时的挠曲线形状					
临界力	$F_{cr} = \dfrac{\pi^2 EI}{l^2}$	$F_{cr} = \dfrac{\pi^2 EI}{(0.7l)^2}$	$F_{cr} = \dfrac{\pi^2 EI}{(0.5l)^2}$	$F_{cr} = \dfrac{\pi^2 EI}{(2l)^2}$	$F_{cr} = \dfrac{\pi^2 EI}{l^2}$
长度因数	$\mu = 1$	$\mu \approx 0.7$	$\mu = 0.5$	$\mu = 2$	$\mu = 1$

应该注意，在工程实际问题中，支承约束程度与理想的支承约束条件总有所差异。因此，其长度因数 μ 值应根据实际支承的约束程度，并以表 8-2-1 作为参考来加以选取。在有关的设计规范中，对各种压杆的 μ 值多有具体的规定。

【例 8-2-1】一个长 $l = 4.5$ m，直径 $d = 110$ mm 的细长钢压杆，支承情况如图 8-2-1 所示，在 xy 平面内为两端铰支[图 8-2-1（a）]，在 xz 平面内为一端铰支、一端固定[图 8-2-1（b）]。已知钢的弹性模量 $E = 200$ GPa，求此压杆的临界力。

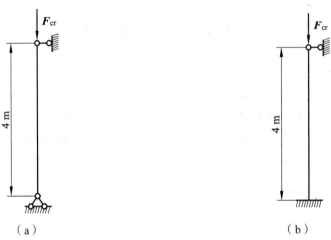

图 8-2-1

【解】① 计算截面惯性矩。

由于压杆横截面是圆形，因此两个主方向对各自中性轴的惯性矩都相同。

$$I = \frac{\pi d^2}{64} = \frac{3.14 \times 0.11^4}{64} = 7.18 \times 10^{-6} \text{ m}^4$$

② 计算临界力。

由表 8-2-1 可知杆端约束弱及抗弯刚度低均对细长杆的稳定性不利，由截面惯性矩计算结果可知各方向的抗弯刚度相同，因此杆端约束起决定性作用。因结构在 xy 平面内为两端铰支，其约束弱于 xz 平面，因此应根据 xy 平面的约束条件进行 F_{cr} 计算，取 $\mu = 1$，则

$$F_{cr} = \frac{\pi^2 EI}{l^2} = \frac{3.14^2 \times 200 \times 10^9 \times 7.18 \times 10^{-6}}{4^2} = 885 \times 10^3 \text{ N} = 885 \text{ kN}$$

【例 8-2-2】如图 8-2-2 所示，有一个一端铰支、一端固定的细长木柱，已知柱长 $l = 4$ m，横截面为 80 mm×140 mm 的矩形，木材的弹性模量 $E = 10$ GPa。求此木柱的临界力。

【解】根据木柱两端的约束情况，$\mu \approx 0.7$。又因为临界力是使压杆产生失稳需要的最小压力，所以式（8-2-1）中的 I 应取 I_{min}，由图 8-2-2 可知 $I_{min} = I_y$。

$$I_y = \frac{bh^3}{12} = \frac{0.14 \times 0.08^3}{12} = 5.97 \times 10^{-6} \text{ m}^4$$

$$F_{cr} = \frac{\pi^2 EI}{(0.7l)^2} = \frac{3.14^2 \times 10 \times 10^9 \times 5.97 \times 10^{-6}}{(0.7 \times 4)^2} = 75 \times 10^3 \text{ N} = 75 \text{ kN}$$

在临界力 F_{cr} 作用下，木柱将在弯曲刚度最小的 xz 平面内发生失稳。

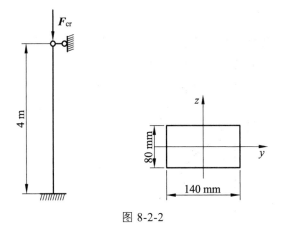

图 8-2-2

2. 细长压杆的临界应力和柔度

将式（8-2-1）两边同时除压杆横截面面积 A，可求得临界状态下的截面应力，即

$$\sigma_{cr} = \frac{F_{cr}}{A} = F_{cr} = \frac{\pi^2 EI}{(\mu l)^2 A} \qquad (8-2-2)$$

注意 $i^2 = I / A$，i 为截面的回转半径，则式（8-2-2）可写为

$$\sigma_{cr} = \frac{\pi^2 E i^2}{(\mu l)^2} = \pi^2 E \cdot \left(\frac{i}{\mu l}\right)^2 = \frac{\pi^2 E}{(\mu l / i)^2}$$

令

$$\lambda = \frac{\mu l}{i} \qquad (8-2-3)$$

则式（8-2-2）最终可改写为

$$\sigma_{cr} = \frac{\pi^2 E}{\lambda^2} \qquad (8-2-4)$$

式中，λ 为压杆的柔度（或长细比）。

柔度综合反映了压杆的长度、约束条件、截面特性等因素对临界应力的影响。从式（8-2-4）可以看出，压杆的临界应力与柔度的平方成反比，柔度越大，则压杆的临界应力越低，压杆越容易失稳。因此，在压杆稳定问题中，柔度 λ 同样是一个很重要的参数。

3. 欧拉公式的适用范围

推导欧拉公式的挠曲线近似微分方程是建立在材料服从胡克定律基础上的。试验结果显示，当临界应力不超过材料比例极限 σ_p 时，由欧拉公式得到的理论曲线与试验曲线十分相符；而当临界应力超过 σ_p 时，试验曲线与理论曲线随着柔度减小相差得越来越大（图 8-2-3）。这说明欧拉公式的适用范围为临界应力不超过材料的比例极限，即

$$\sigma_{cr} = \frac{\pi^2 E}{\lambda^2} \leqslant \sigma_P \quad \text{或} \quad \lambda \geqslant \pi \sqrt{\frac{E}{\sigma_P}}$$

若用 λ_p 表示对应于临界应力等于比例极限 σ_p 时的柔度值，则

$$\lambda_{p} \geqslant \pi \sqrt{\frac{E}{\sigma_{p}}} \qquad\qquad （8\text{-}2\text{-}5）$$

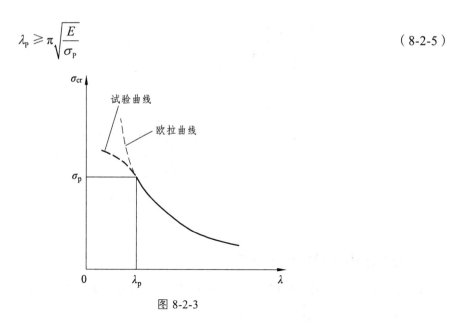

图 8-2-3

λ_p 仅与压杆材料的弹性模量 E 和比例极限 σ_p 有关；对于常用的材料，当知道弹性模量 E 和比例极限 σ_p 时，就可计算出 λ_p；当实际的柔度值大于等于 λ_p 时，$\sigma_{cr} \leqslant \sigma_p$；此时可用欧拉公式进行压杆的临界力和临界应力计算。满足 $\lambda \geqslant \lambda_p$ 的压杆称为细长杆或大柔度杆。

在工程中常用的压杆 $\lambda \leqslant \lambda_p$，该类压杆称为小柔度杆。此时临界应力 σ_{cr} 大于材料的比例极限 σ_p，欧拉公式已不适用。小柔度压杆中，如果柔度仍然较大，其也会发生失稳破坏，但破坏过程中材料已进入塑性；工程中对这类压杆的计算一般使用以试验结果为依据的经验公式。若柔度较小，则破坏形式可为典型的材料强度破坏，如短柱的受压破坏；该类压杆即为前面所述的受压直杆的强度计算问题；材料的屈服强度或抗压强度即为临界应力。

4. 临界应力总图

综上所述，压杆的临界应力随着压杆柔度变化情况可用图 8-2-3 的曲线表示，该曲线是采用直线公式的临界应力总图（图 8-2-4），随着柔度的增大，压杆的破坏性质由强度破坏逐渐向弹性失稳破坏转化。临界应力总图说明如下：

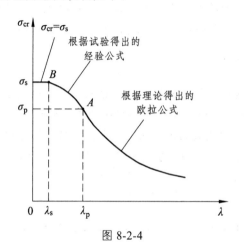

图 8-2-4

① 当 $\lambda \geqslant \lambda_p$ 时，是弹性状态下的失稳问题，临界应力可用欧拉公式计算；

② 当 $\lambda_s < \lambda < \lambda_p$ 时，是塑性状态下的失稳问题，工程中的临界应力根据经验公式计算；

③ 当 $\lambda < \lambda_s$ 时，是强度问题，临界应力就是屈服强度 σ_s 或抗压强度 σ_b。

任务实训

1. 简述欧拉公式的适用范围。

2. 柔度和刚度有什么区别？

3. 有一长 $l = 500\ \text{mm}$，截面宽 $b = 6\ \text{mm}$，高 $h = 10\ \text{mm}$ 的压杆。两端铰接，该材料的弹性模量 $E = 200\ \text{GPa}$，试计算压杆的临界应力。

4. 学习心得及总结。

_____

_____

_____

_____

_____

_____

_____

_____

_____

任务 3　压杆的稳定计算

不论是根据理论推导的欧拉公式还是根据试验得到的经验公式，其均反映了压杆承载能力的极限状态。实际工程中还应考虑实际压杆不可避免地存在轴线的初曲率、随机的偏心受压状态等因素，这些因素将使压杆的临界力显著降低。因此直接按临界应力总图的结论得出临界力或临界应力是不安全的，需要留有一定的安全储备。该安全储备的设置可有两种思路：其一为按欧拉公式或经验公式计算压杆临界力或临界应力，但对该临界力或临界应力进行折减，该方法称为安全因数法；其二为在材料的强度允许应力上进行折减得到临界应力，该方法称为折减系数法。

1. 安全因数法

为了保证压杆能够安全地工作，要求压杆承受的压力 F 应满足下面的条件：

$$F \leqslant \frac{F_{cr}}{n_{st}} = [F]_{st} \tag{8-3-1}$$

式中，F 为压杆实际的压力；n_{st} 为稳定安全因数；$[F]_{st}$ 为稳定的允许压力。

将上式两边同时除以横截面面积 A，得到压杆横截面上的应力 σ 应满足的条件：

$$\sigma \leqslant \frac{\sigma_{st}}{n_{st}} = [\sigma]_{st} \tag{8-3-2}$$

式中，σ 为压杆截面实际的应力；n_{st} 为稳定安全因数；$[\sigma]_{st}$ 为稳定的允许应力。

上两式为采用安全因数法时的稳定条件。显然，稳定安全因数 n_{st} 为一大于 1 的数值，其取值可在相关规范或技术手册中查询。一般情况下，稳定安全因数 n_{st} 大于强度安全因数 n，且压杆的柔度越大，n_{st} 也越大。

2. 折减系数法

工程中对压杆的稳定计算还可采用折减系数法。这种方法是将稳定条件式（8-3-2）中的稳定许用应力$[\sigma]_{st}$写成与材料的强度允许应力和柔度相关的函数式：

$$\sigma \leqslant [\sigma]_{st} = \varphi(\lambda)\cdot[\sigma] \tag{8-3-3}$$

式中，σ为压杆截面实际的应力；$[\sigma]_{st}$为稳定的允许应力；$[\sigma]$为材料的强度允许应力；$\varphi(\lambda)$为与压杆柔度λ相关的折减系数，也称为稳定因数。

式（8-3-3）就是按折减系数法进行压杆稳定计算的稳定条件，显然$\varphi(\lambda) \leqslant 1$，且计算得到的$[\sigma]_{st}$须小于按临界应力总图得到的理论值。工程上为了应用方便，在有关结构设计规范中都列出了常用建筑材料随λ变化而变化的φ值。表 8-3-1 列出了 Q235 钢、16Mn 钢和木材的折减系数值。

表 8-3-1　部分材料的折减系数

λ	φ			λ	φ		
	Q235 钢	16Mn 钢	木材		Q235 钢	16Mn 钢	木材
0	1	1	1	110	0.536	0.384	0.248
10	0.995	0.993	0.971	120	0.466	0.325	0.208
20	0.981	0.973	0.932	130	0.401	0.279	0.178
30	0.958	0.94	0.883	140	0.349	0.242	0.153
40	0.927	0.895	0.822	150	0.306	0.213	0.133
50	0.888	0.84	0.751	160	0.272	0.188	0.117
60	0.842	0.776	0.668	170	0.243	0.168	0.104
70	0.789	0.705	0.575	180	0.218	0.151	0.093
80	0.731	0.627	0.47	190	0.197	0.136	0.083
90	0.669	0.546	0.37	200	0.18	0.124	0.075
100	0.604	0.462	0.3				

3. 压杆的稳定条件

压杆的稳定条件是压杆的实际工作压应力不能超过稳定许用应力$[\sigma_{cr}]$，即

$$\frac{F}{A} \leqslant [\sigma_{cr}]$$

引入折减系数φ，压杆的稳定条件可写为

$$\frac{F}{A} \leqslant \varphi[\sigma] \tag{8-3-4}$$

式中，F为压杆承受的轴向压力；A为压杆的横截面面积；$[\sigma]$为许用压应力；φ为压杆的减压系数。

一般情况下，截面的局部削弱对整个杆件的稳定性影响不大，因此在稳定计算中横截面面积一般采用毛面积，但需要进行强度校核。再者，因为压杆的折减系数（或柔度λ）受截面形状和尺寸的影响，因此在压杆的截面设计过程中，不能通过稳定条件求得两个未知量，通

常采用试算法。

【例 8-3-1】图 8-3-1 中结构由两根材料和直径均相同的圆杆组成，杆的材料为 Q235 钢，已知 $h = 0.4$ m，直径 $d = 25$ mm，材料的强度许用应力 $[\sigma] = 170$ MPa，荷载 $F = 20$ kN，试校核两杆的稳定性。

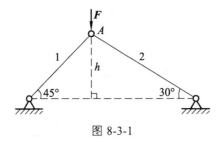

图 8-3-1

【解】① 各杆内力计算。

杆 1 与杆 2 均为二力杆，且 A 点为平衡状态，所以 $\Sigma F_x = 0$，$\Sigma F_y = 0$。

$$F_1 \cos 45° - F_2 \cos 30° = 0$$

$$F_1 \sin 45 + F_2 \sin 30° = F$$

将 $F = 20$ kN 代入并联立求解得

$$F_1 = 17.92 \text{ kN}$$

$$F_2 = 14.64 \text{ kN}$$

② 柔度及折减系数计算。

$$A_1 = A_2 = \sqrt{\frac{\pi d^2}{4}} = \sqrt{\frac{3.14 \times 0.025^2}{4}} = 0.022\,13 \text{ m}^2$$

$$i = \sqrt{\frac{I}{A}} = \sqrt{\frac{\pi d^4 / 64}{\pi d^2 / 4}} = \frac{d}{4} = 6.24 \times 10^{-3} \text{ m}$$

杆 1 与杆 2 两端均为铰接，所以 $\mu_1 = \mu_2 = \mu = 1.0$，由式（8-2-3）得

$$\lambda_1 = \frac{\mu l_1}{i} = \frac{1.0 \times 0.566}{6.24 \times 10^{-3}} = 90.7$$

$$\lambda_2 = \frac{\mu l_2}{i} = \frac{1.0 \times 0.8}{6.24 \times 10^{-3}} = 128.2$$

查表 8-3-1 得折减系数分别为 $\varphi_1 = 0.664$、$\varphi_2 = 0.412$。

③ 稳定性校核。

$$F_1/A = 17.92/0.022\,13 = 809.7 \text{ kPa} \leqslant \varphi_1[\sigma] = 0.664 \times 170\,000 = 1.13 \times 10^5 \text{ kPa}$$

$$F_2/A = 14.64/0.022\,13 = 661.5 \text{ kPa} \leqslant \varphi_2[\sigma] = 0.412 \times 170\,000 = 7.00 \times 10^5 \text{ kPa}$$

两杆均满足稳定条件。

【**例 8-3-2**】如图 8-3-2 所示支架，斜撑为木杆，其横断面为边长 0.05 m 的正方形，木材的容许应力[σ] = 10 MPa，试从满足斜撑稳定的条件考虑，计算 F 的最大值 F_{max}。

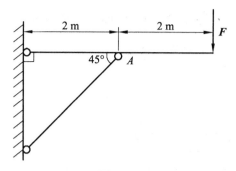

图 8-3-2

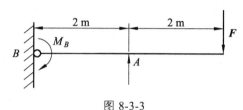

图 8-3-3

【**解**】① 计算 F 作用下，斜撑的受力情况。

分析悬臂杆 AB 的受力状态，如图 8-3-3 所示，$\Sigma M_B = 0$，有

$$2F_A - 4F = 0$$

$$F_A = 2F$$

又 F_A 为斜撑轴力 F_N 的竖向分力，因此

$$F_N = \sqrt{2}F_A = 2\sqrt{2}F$$

当 F_N 取得最大值时，F 亦可取得最大值，即

$$F_{max} = \frac{F_N}{2\sqrt{2}}$$

② 柔度及折减系数计算。

$$i = \sqrt{\frac{bh^3/12}{b^2}} = \sqrt{\frac{b^4/12}{b^2}} = \sqrt{\frac{b^2}{12}} = 0.028\,9$$

斜撑为两端铰接，所以 $\mu = 1.0$，由式（8-2-3）得

$$\lambda = \frac{\mu l}{i} = \frac{1.0 \times 2.828}{0.028\,9} = 97.85$$

查表 8-3-1 得折减系数为 $\varphi = 0.315$。

③ 计算斜撑临界状态下的轴力及 F_{max}。

根据式（8-3-4），令 $\dfrac{F_N}{A} = \varphi[\sigma]$，此时 F_N 可取最大值。

$$F_N = A\varphi[\sigma] = 0.05^2 \times 0.315 \times 10\,000 = 7.875 \text{ kN}$$

$$F_{max} = \frac{F_N}{2\sqrt{2}} = \frac{7.875}{2 \times 1.414} = 2.78 \text{ kN}$$

📝 任务实训

1. 安全因数法和折减系数法有什么区别？

_____

_____

_____

_____

_____

2. 材料为 Q235 钢的三根轴向受压圆杆，长度 l_1、l_2、l_3 分别为 0.5 m、1.5 m、2.0 m，直径 d_1、d_2、d_3 分别为 20 mm、30 mm、50 mm，$E = 210$ GPa，如图 8-3-4 所示，试求各杆的临界应力。

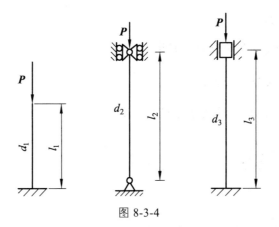

图 8-3-4

_____

_____

_____

_____

_____

3. 学习心得及总结。

_____

_____

_____

_____

_____

任务 4　提高压杆稳定性的措施

1. 合理选择材料

对于大柔度杆，临界应力与材料的弹性模量 E 有关。因为各种钢材的弹性模量相差不大，所以，对大柔度杆来说，选用优质钢材对于提高临界应力意义不大。对于中柔度杆，其临界应力与材料强度有关，强度越高的材料，临界应力越高。所以，对中柔度杆而言，选用优质钢材有助于提高压杆的稳定性。

2. 选择合理的截面形状

在截面面积相同的情况下，增大惯性矩 I，使惯性半径 i 也增大，进而减小柔度 l，提高压杆的临界应力。例如，把截面设计成空心的，并使 I_z 与 I_y 相等，可提高压杆在两个方向的稳定性。当压杆在各弯曲平面内的支承条件相同时，压杆的稳定性是由 I_{min} 方向的临界应力控制。因此，应尽量使截面对任一形心主轴的惯性矩相同，这样可使压杆在各弯曲平面内具有相同的稳定性。

3. 减小压杆的支承长度

在条件允许时，尽量减小压杆的实际长度，以减小柔度值，从而提高压杆的稳定性。若不允许减小压杆的实际长度，则可通过增加中间支承来减小压杆的支承长度，以达到既不减小压杆的实际长度又提高其稳定性的目的。

任务实训

1. 在其他条件不变的情况下，若保持矩形横截面面积不变，矩形的长、宽尺寸比值为多大时，可得到最大临界力？

_____

_____

_____

_____

2. 学习心得及总结。

___

项目小结

稳定平衡是指干扰撤去后可恢复的原有平衡；反之则为不稳定平衡。压杆稳定性是指压杆保持或恢复原有平衡状态的能力。压杆的临界压力是指压杆由稳定平衡转变为不稳定平衡时所受轴向压力的界限值，用 F_{cr} 来表示。

在线弹性和小变形条件下，根据压杆的挠曲线近似微分方程，结合压杆的边界条件，可推导得到使压杆处于微弯状态平衡的最小压力值，即压杆的临界压力欧拉公式可写成统一的形式：

$$F_{cr} = \frac{\pi^2 EI}{(\mu l)^2}$$

式中，μ 为长度因数，由几种常见细长压杆的临界力可见，杆端约束越强，杆的长度因数越小；μl 为相当长度，可理解为压杆的挠曲线两个拐点之间的直线距离。

压杆稳定计算的步骤可归纳如下：
① 计算压杆的最大柔度；
② 判断压杆类型，计算临界应力（临界力）；
③ 根据稳定条件进行稳定计算，主要进行稳定校核和许可载荷的计算。

压杆的稳定计算采用稳定安全因数法或折减系数法，其中折减系数法在工程中应用较广。折减系数法下，压杆的稳定条件可表示为

$$\frac{F}{A} \leqslant \varphi[\sigma]$$

式中，φ 为压杆的减压系数，其与材料性质及柔度有关。

项目9　平面体系的几何组成分析

本项目主要介绍如何利用两刚片规则、三刚片规则和二元体规则分析平面体系的几何组成。

知识目标

1. 理解刚片、自由度和约束的概念。
2. 掌握平面几何不变体系的组成规则。
3. 能对平面体系进行几何组成分析。

教学要求

1. 使学生了解几何不变体系及几何可变体系的概念，了解几何组成分析的目的。
2. 掌握自由度、约束的概念及几何不变体系的基本组成规则。
3. 熟练掌握平面体系的几何组成分析。

重点难点

几何不变体系的基本组成规则，平面体系的几何组成分析。

任务1　概　述

一般情况下，平面体系可分为几何不变体系和几何可变体系。

在不考虑材料应变引起的微小变形时，任意荷载作用后体系的位置和形状均能保持不变〔图 9-1-1（a）、（b）、（c）〕，这种平面体系称为几何不变体系。在不考虑材料应变的条件下，即使荷载作用不大，也会产生机械运动而不能保持体系原有形状和位置〔图 9-1-1（d）、（e）、（f）〕，这种平面体系称为几何可变体系。

杆件体系就是由若干杆件按一定方式相互连接所组成的平面体系。

几何组成分析是指杆件体系中各杆间及体系与地基之间连接方式的分析，从而确定杆件体系是几何不变体系还是几何可变体系。实际工程结构在承受荷载作用时，只有采用几何不变体系才能维持平衡，因此工程结构必须采用几何不变体系，不能采用几何可变体系。

通过对体系进行几何组成分析，可以达到以下目的：

① 判别某体系是否为几何不变体系，以决定其能否作为建筑结构使用。

② 研究并掌握几何不变体系的组成规则，以便合理布置构件，使所设计的结构在荷载作用下能够保持平衡。

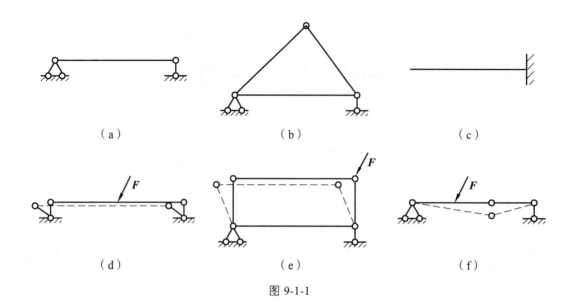

（a）　　　　　　　　　（b）　　　　　　　　　（c）

（d）　　　　　　　　　（e）　　　　　　　　　（f）

图 9-1-1

任务实训

1. 何为几何可变体系？

_____

_____

_____

_____

_____

2. 请就日常所见对几何可变体系和几何不变体系举例。

_____

_____

_____

_____

_____

3. 学习心得及总结。

_____

_____

_____

_____

_____

_____

任务 2　刚片、自由度与约束的概念

1. 刚　片

刚片即为刚体。当忽略梁、柱等构件的弹性变形时，每一杆件或每根梁、柱都可以看作是一个刚片，建筑物的基础或地球也可看作是一个大刚片，某一几何不变部分也可视为一个刚片。因此，杆件体系的几何组成分析就是分析体系中各个刚片之间的连接方式能否保证体系的几何不变。

2. 自由度

自由度是指确定体系位置所需要的独立参数的数目。如图 9-2-1 所示，1 个点在平面内运动时，其位置可用两个坐标 (x, y) 来确定，因此平面内的 1 个点有 2 个自由度 [图 9-2-1（a）]。一个刚片在平面内运动时，其位置要用 x、y、φ 3 个独立参数来确定，因此平面内的 1 个刚片有 3 个自由度 [图 9-2-1（b）]。由此看出，几何不变体系的必要条件是自由度等于或小于零。由于工程中的梁、柱、杆构件一般不可简化为点，所以梁、柱、杆一般均拥有 3 个自由度。

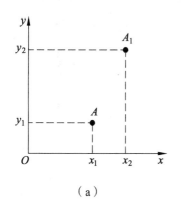
（a）

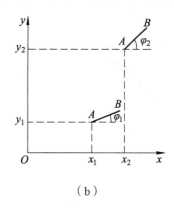
（b）

图 9-2-1

3. 约　束

减少体系自由度的装置称为约束。减少 1 个自由度的装置相当于 1 个约束，减少 n 个自由度的装置相当于 n 个约束，体系自由度将因加入约束而减少。工程上常用的约束主要有以下 4 种形式：

（1）链杆。

1 根两端铰结与 2 个刚片的杆件称为链杆。如图 9-2-2（a）所示，用 1 根链杆将刚片与地基相连，刚片原来有 3 个自由度，现在增加一链杆之后，只有 2 种运动的可能（x 方向的水平位移和转动），其自由度由 3 个变为 2 个。因此，1 根链杆相当于 1 个约束。直角坐标系下，

图 9-2-2（a）所示链杆减少了 y 方向的自由度，但 x 方向和转角 φ 的自由度仍存在。

（2）固定铰支座。

如图 9-2-2（b）所示，刚片用固定铰支座 A 与地基相连，此时刚片既不能上下移动也不能左右移动，仅能绕点 A 转动，固定铰支座使刚片减少 2 个自由度（减少了 x 方向和 y 方向的自由度）。因此，固定铰支座相当于 2 个约束。

（3）固定支座。

如图 9-2-2（c）所示，固定支座 A 不仅能阻止刚片上下和左右移动，也可阻止其转动。因此，固定支座可使刚片减少 3 个自由度，即相当于 3 个约束。

（4）铰结点。

铰结点可分为单铰和复铰。

凡连接两个刚片的铰结点称为单铰。如图 9-2-2（d）所示，铰 A 连接 2 个刚片Ⅰ和刚片Ⅱ。这 2 个刚片原来各自有 3 个自由度，总计有 6 个自由度。用铰 A 连接之后，如果认为刚体Ⅰ仍有 3 个自由度，则刚体Ⅱ只能绕铰 A 转动，即刚体Ⅱ只有 1 个自由度，总的自由度减少为 4 个。可见，单铰可使自由度减少 2 个，即 1 个单铰相当于 2 个约束。

连接多于 2 个刚片的铰结点称为复铰。如图 9-2-2（e）所示，铰 A 连接 3 个刚片Ⅰ、Ⅱ、Ⅲ。这 3 个刚片共有 9 个自由度。用铰 A 连接后，如果认为刚体Ⅰ仍有 3 个自由度，则刚片Ⅱ、Ⅲ只能绕铰 A 转动，其位置只需由 2 个参数即可确定，总的自由度减少为 5 个。连接 n 根杆件的复铰等于 $n-1$ 个单铰，相当于 $2(n-1)$ 个约束。

如果在平面体系中增加一个约束而相应地增加体系的自由度，则此约束称为必要约束；如果在平面体系中增加一个约束而不减少体系的自由度，则此约束称为多余约束。

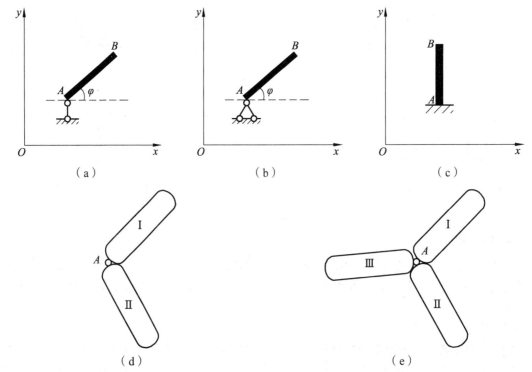

图 9-2-2

【**例 9-2-1**】判断图 9-2-3 中的必要约束和多余约束。

【**解**】如图 9-2-3（a）所示，平面内有一自由点 A，2 根链杆与基础通过点 A 相连，这时 2 根链杆分别使点 A 减少 1 个自由度而使点 A 固定不动，因而 2 根链杆都是必要约束。在图 9-2-3（b）中点 A 通过 3 根链杆与基础相连，这时点 A 虽然固定不动，但减少的自由度仍然为 2，显然 3 根链杆中有 1 根没有起到减少自由度的作用，因而 3 根中的任意一根可视为多余约束。

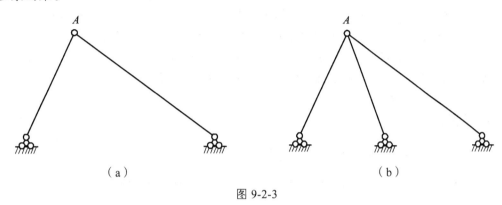

图 9-2-3

【**例 9-2-2**】判断图 9-2-4 中平面体系的类型。

【**解**】图 9-2-4（a）中体系是动点 A 加 1 根水平的支座链杆 1，由于约束数目不够，是几何可变体系。

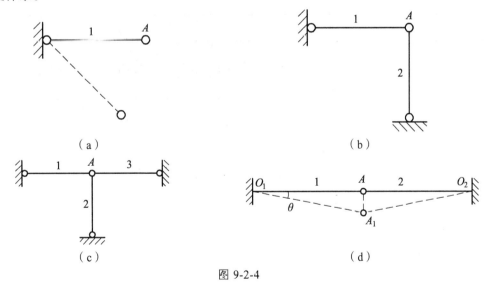

图 9-2-4

图 9-2-4（b）中体系是 2 根不在同一直线上的支座链杆 1 和 2。支座链杆 1 可约束 A 点的水平位移但无法约束竖直位移；支座链杆 2 可约束 A 点的竖直位移但无法约束水平位移；综上，点 A 上下、左右的移动自由度全被限制住了，不能发生移动。因此图 9-2-4（b）中体系是约束数目刚好的几何不变体系，称为无多余约束的几何不变体系。

图 9-2-4（c）中体系是在图 9-2-4（b）体系上又增加 1 根水平的支座链杆 3，链杆 3 明显是多余约束。因此图 9-2-4（c）中体系具有 1 个多余约束的几何不变体系。

图 9-2-4（d）中体系是用在同一水平直线上的 2 根链杆 1 和 2 把点 A 链接在地基上，且保持几何不变的约束数目是够的。但是这 2 根水平链杆均只能限制点 A 的水平位移，且无限制点 A 的竖直位移的约束；因此这 2 根水平链杆有 1 根是多余的，该结构不为几何不变体系。

当 A 可以发生很微小的竖向位移到 A_1 时，O_1A 和 O_2A 均发生一个微小转角 θ，此时链杆 1 和 2 不在一条直线上。根据直角三角形性质可知 $O_1A_1 > O_1A$ 或 $O_2A_1 > O_2A$，但 O_1A 和 O_2A 均为刚片（刚体），其自身无法变形，所以理论上 AA_1 和 θ 均为无穷小值。这种在某一瞬间，可发生微小几何变形的体系，称为瞬变体系；瞬变体系是几何可变体系的一种。

若一竖直向下的力 F 作用于 A 点导致图 9-2-4（d）所示位移，计算可得 O_1A 和 O_2A 杆的拉力为无穷大，这在工程中是不能接受的，因此瞬变体系不能用作建筑结构。

📑 任务实训

1. 瞬变体系与几何可变体系有什么不同?

_____

_____

_____

_____

_____

2. 什么是约束，什么是自由度? 平面刚片有多少自由度? 三维空间内的钢片有多少自由度?

_____

_____

_____

_____

_____

3. 学习心得及总结。

_____

_____

_____

_____

_____

任务 3　几何不变体系的基本组成规则

在平面体系中，几何不变体系的基本组成规则如下：

1. 两刚片规则

两个刚片用三根不完全平行也不汇交于一点的链杆相连，所组成的体系是没有多余约束的几何不变体系。

如图 9-3-1（a）所示，将两个刚片用两根不平行的链杆 AB 和 CD 相连，设刚片 I 固定不动，当刚片 II 运动时，其上 B 点只能在以 A 为圆心、以 AB 为半径的圆弧上运动，D 点只能在以 C 为圆心、以 CD 为半径的圆弧上运动，故刚片 II 将绕 AB 与 CD 的延长线交点 O 转动。同理，若刚片 I 固定，则刚片 I 也将绕点 O 转动。点 O 即为两个刚片的虚铰。

此时，如果加上链杆 EF，如图 9-3-1（b）所示，且其延长线不通过点 O，则能阻止两个刚片之间的相对转动。因此，按两刚片规则所组成的体系是没有多余约束的几何不变体系。

相交于同一铰的两根链杆［图 9-3-1（c）］，其作用相当于一个单铰［图 9-3-1（d）］。因此两刚片规则也可叙述为：两个刚片用一个铰和一根不通过该铰的链杆相连，所组成的体系是没有多余约束的几何不变体系。

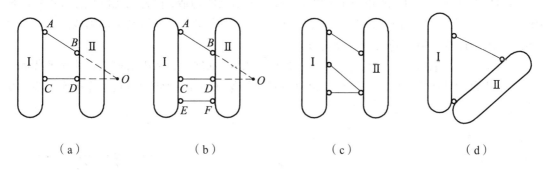

|（a）|（b）|（c）|（d）|

图 9-3-1

当体系与地基之间用既不完全平行也不汇交于一点的链杆相连，或者是用一个铰和一根不通过该铰的链杆相连时，根据两刚片规则，可不考虑体系与地基的联系，而直接对体系本身进行机动分析。

2. 三刚片规则

三个刚片用不在同一直线上的三个单铰两两相连，则所组成的体系是没有多余约束的几何不变体系。

如图 9-3-2（a）所示，刚片 I、II、III 用不在同一直线上的 A、B、C 三个铰两两相连。若将刚片 I 固定不动，则刚片只能绕点 A 转动，其上点 B 必在以点 A 为圆心、以 AB 为半径的圆弧上运动。同理，刚片上的点 B 必在以点 C 为圆心、以 BC 为半径的圆弧上运动。现因用铰 B 将刚片 II、III 相连，点 B 不能同时在两个不同的圆弧上运动，故各刚片之间不可能发生相对运动。因此，体系为无多余约束的几何不变体系。

由于两根链杆的作用相当于一个单铰，故可将任一单铰换成能构成虚铰的两根链杆。据此可知，图 9-3-2（b）、（c）所示体系也是无多余约束的几何不变体系。

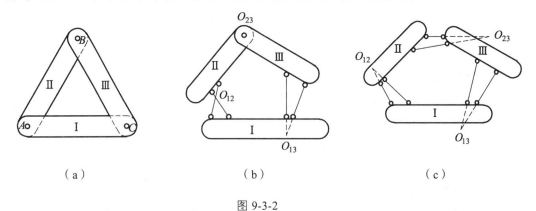

（a）　　　　　　　　　（b）　　　　　　　　　（c）

图 9-3-2

3. 二元体规则

图 9-3-3（a）为一个三角形铰结体系，假如链杆 I 固定不动，那么通过前面知识可知，它是一个几何不变体系。将链杆 I 看作一个刚片，如图 9-3-3（b）所示，从而得出二元体规则：一个点与一个刚片用两根不共线的链杆相连，则组成无多余约束的几何不变体系。

由两根不共线的链杆（或相当于链杆）连接一个结点的构造，称为二元体［如图 9-3-3（b）中的 BAC］，则根据二元体规则可得出以下推论：在一个平面杆件体系上增加或减少若干个二元体，不会改变原体系的几何组成性质。

图 9-3-3（c）中的桁架，就是在铰接三角形 ABC 的基础上，依次增加二元体而形成的一个无多余约束的几何不变体系。同样，也可以对该桁架从点 H 起依次拆除二元体而成为铰接三角形 ABC。

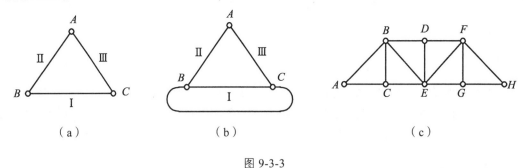

（a）　　　　　　　　　（b）　　　　　　　　　（c）

图 9-3-3

📝 任务实训

1. 几何不变体系有三个组成规则，其最基本的规则是什么？

_____

_____

_____

2. 在建筑体系中，常常存在多余约束，是否应该将多余约束全部去除，为什么？

3. 学习心得及总结。

任务 4　平面体系几何组成分析

1. 刚片与约束的选择

几何组成分析能判断体系是否几何不变，并确定几何不变体系中多余约束的个数。因此通常略去自由度计算这一步骤，而直接进行几何组成分析。

进行几何组成分析的基本依据是任务 3 所述三个基本组成规则。用这三个基本组成规则去分析形式多样的平面体系时，关键在于选择哪些部分作为刚片，哪些部分作为约束，这是问题的难点所在，通常可以作以下的选择：

一根杆件或某个几何不变部分（包括地基），都可选作刚片；体系中的铰都是约束；凡是用三个或三个以上铰结点与其他部分相连的杆件或几何不变部分，必须选作刚片；只用两个铰与其他部分相连的杆件或几何不变部分，根据分析需要，可将其选作刚片，也可选作为链杆约束。在选择刚片时，要联想到组成规则的约束要求（铰或链杆的数目布置），同时考虑哪些是连接这些刚片的约束。

平面体系几何组成分析虽然灵活多样，但也有一定规律可循。对于比较简单的体系，可以选择两个或三个刚片，直接按规则分析其几何组成。对于复杂体系，可以采用以下方法：

（1）逐一去掉二元体。

当体系中有二元体时，应去掉二元体使体系简化，以便于应用组成规则。但需注意的是，每次只能去掉体系中外围的二元体，而不能从中间任意抽取。例如，图 9-4-1 中结点 1 处有一个二元体，拆除后，结点 2 处暴露出二元体，再拆除后，又可在结点 3 处拆除二元体，最后剩下为三角形 AB4。因为三角形 AB4 是几何不变的，故原体系为几何不变体系。也可以继续在结点 4 处拆除二元体，剩下的只有地基了，这说明原体系相对于地基是不能动的，即为几何不变。

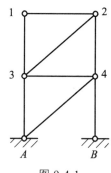

图 9-4-1

（2）依次增加二元体。

从一个刚片（如地基或铰接三角形等）开始，依次增加二元体，应尽量扩大刚片范围，使体系中的刚片个数尽量少，便于应用组成规则。仍以图 9-4-1 为例，将地基 AB 视为一个刚片，依次增加二元体：结点 4 处有一个二元体，增加在地基上，地基刚片扩大，以此扩充结点 3 处二元体、结点 2 处二元体、结点 1 处二元体，即体系为几何不变。

（3）如果体系的支座链杆只有三根，且不全部平行也不全部交于同一点，则地基与体系本身的连接已符合两刚片规则，因此可去掉支座链杆和地基而只对体系本身进行分析。

例如，图 9-4-2（a）所示体系，除去支座的三根链杆，只需对图 9-4-2（b）中体系进行分析，按两刚片规则组成无多余约束的几何不变体系。

当体系的支座链杆多于三根时，应考虑把地基作为一刚片，将体系本身和地基一起用三刚片规则进行分析，否则，往往会得出错误的结论。例如，图 9-4-3 中体系，若不考虑四根支座链杆和地基，将 ABC、DEF 作为刚片Ⅰ、Ⅱ，它们只由两根链杆 1、2 连接，从而得出几何可变体系的结论显然是错误的。正确的方法是再将地基作为刚片Ⅲ，对整个体系用三刚片规则进行分析，结论是无多余约束的几何不变体系。

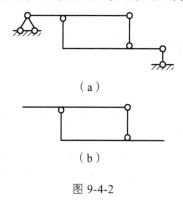

（a）

（b）

图 9-4-2

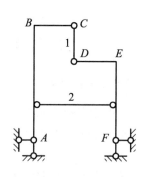

图 9-4-3

（4）先确定一部分为刚片，再多次使用两刚片或三刚片规则。

如图 9-4-4 所示，从下往上看，下层部分是按三刚片规则组成的几何不变的三铰刚架 ABH，上层部分是两个刚片 CDE 与 EFG，上层部分和下层部分按三刚片规则组成为几何不变体系。在进行组成分析时，体系中的每根杆件和约束都不能遗漏，也不可重复使用（复铰可重复使用，但重复使用的次数不能超过其相应的单铰数）。当难以进行分析时，一般是因为所选择的刚片或约束不恰当，应重新选择刚片或约束再试。对于某一体系，可能有多种分析途径，但结论是唯一的。

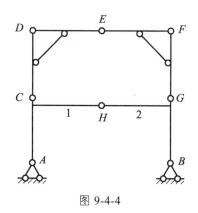

图 9-4-4

2. 几何分析实例

【**例 9-4-1**】对图 9-4-5（a）所示体系进行机动分析。

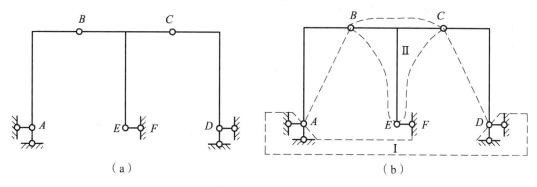

图 9-4-5

【**解**】由于体系与地基之间联结的支座链杆超过三根，视地基和固定铰支座为刚片Ⅰ。杆 *BCE* 不是链杆，必须视为刚片Ⅱ。杆 *AB* 与 *A*、*B* 两铰连线上的一根链杆相同，如图 9-4-5（b）所示的虚线 *AB*，同理杆 *CD* 也视为链杆。地基刚片Ⅰ与刚片Ⅱ用链杆 *AB*、*CD*、*EF* 相连，且这三根链杆既不汇交于一点也不互相平行。根据两刚片规则可知，体系为几何不变体系，且无多余约束。

【**例 9-4-2**】对图 9-4-6（a）所示体系进行机动分析。

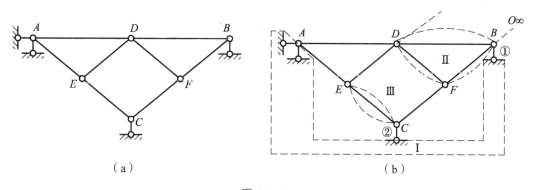

图 9-4-6

【**解**】选 *DBF* 为刚片Ⅱ，余下七根链杆中取一根杆作刚片Ⅲ，其他六根链杆两两构成虚铰，再尝试用三刚片规则加以分析。七根杆中因只有杆 *CE* 与刚片Ⅰ、刚片Ⅱ无直接铰结，故选杆 *CE* 为刚片Ⅲ［图 9-4-6（b）］。刚片Ⅰ和刚片Ⅱ之间的链杆 *AD*、① 构成虚铰 *B*，刚片Ⅱ和刚片Ⅲ之间的链杆 *ED*、*CF* 构成无穷远虚铰 *O*，刚片Ⅰ和刚片Ⅲ之间的链杆 *AE*、② 构成虚铰 *C*。根据三刚片规则，又由于 *B*、*O*、*C* 三铰共线，故体系是瞬变体系。

【**例 9-4-3**】对图 9-4-7（a）中体系作几何组成分析。

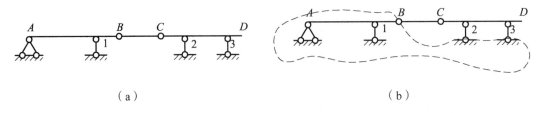

（a）   （b）

图 9-4-7

【**解**】首先以地基及杆 *AB* 为两刚片，由铰 *A* 和链杆 1 联结，链杆 1 延长线不通过铰 *A*，组成几何不变部分，如图 9-4-7（b）所示。以此部分作为一刚片，杆 *CD* 作为另一刚片，用链杆 2、3 及 *BC*（联结两刚片的链杆约束，必须是两端分别连接在所研究的两刚片上）连接。三链杆不交于一点也不全平行，符合两刚片规则，故整个体系是无多余约束的几何不变体系。

【**例 9-4-4**】试对图 9-4-8 所示体系进行几何组成分析。

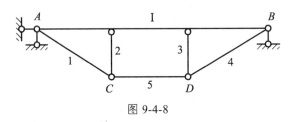

图 9-4-8

【**解**】将 *AB* 视为刚片Ⅰ，地基视为刚片Ⅱ；显然钢片Ⅰ与钢片Ⅱ的结合是几何不变体系（简支梁）。根据二元体规则，结构在杆件 1 和杆件 2 的加入下仍为几何不变体系；同理，结构在杆件 3 和杆件 4 的加入下仍为几何不变体系。因此体系是几何不变的，但有一多余约束（杆件 5）。

📝 任务实训

1. 试对图 9-4-9 所示结构进行几何组成分析。

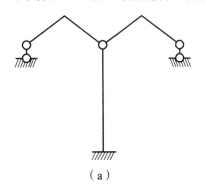

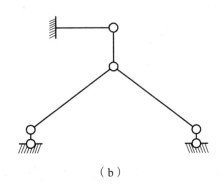

（a）   （b）

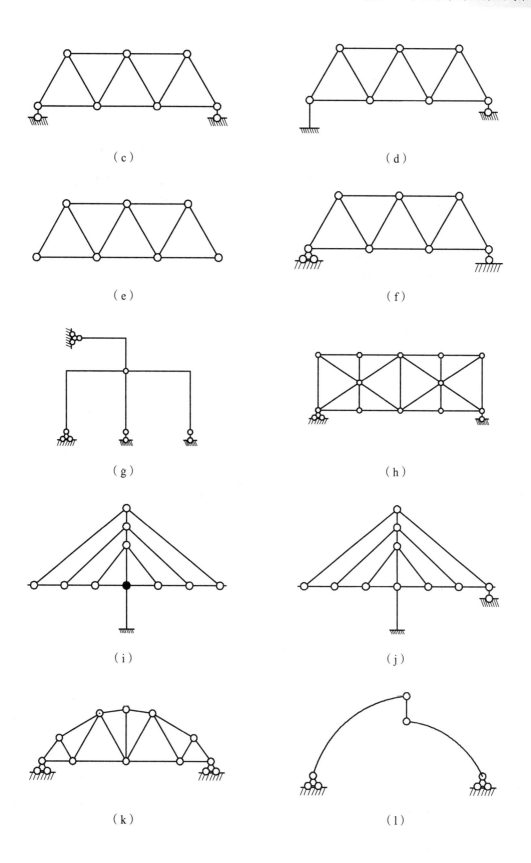

（c）　　　　　　　　　　　　（d）

（e）　　　　　　　　　　　　（f）

（g）　　　　　　　　　　　　（h）

（i）　　　　　　　　　　　　（j）

（k）　　　　　　　　　　　　（l）

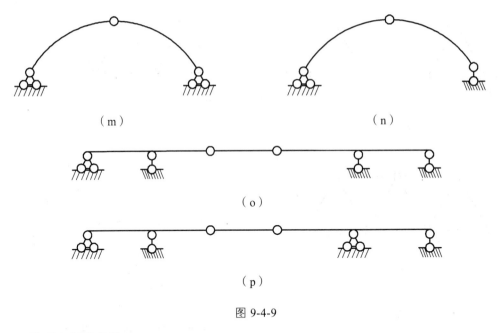

（m）   （n）

（o）

（p）

图 9-4-9

2. 学习心得及总结。

_____

_____

_____

_____

_____

_____

_____

_____

_____

_____

📝 项目小结

几何不变体系是在不考虑材料应变的条件下，在任意荷载作用下，几何形状和位置保持不变的体系称为几何不变体系。体系的几何不变性应当满足：具有足够的、布置合理的约束（联系）。

几何可变体系是在不考虑材料应变的条件下，在任意荷载作用下，不能保持原有几何形状和位置的体系称为几何可变体系。瞬变体系也为几何可变体系，工程中不允许存在。

连接两个刚片的铰称为单铰，一个单铰相当于两个约束。连接两个以上刚片的铰称为复铰，连接 n 个刚片的复铰相当于 $n-1$ 个单铰；连接两个刚片的刚结点称为单刚结点，一个单刚节点相当于三个约束。连接两个以上刚片的刚结点称为复刚结点，连接 n 个刚片的复刚结点相当于 $n-1$ 个单刚结点。

用计算自由度公式方法求得的体系自由度，称为计算自由度 W。计算自由度 W 不一定能够反映体系的实际自由度。只有当体系上无多余约束时，计算自由度与实际自由度才一致。

对平面体系进行几何组成分析的一般方法可归纳如下：

（1）直接按几何组成分析的三条规则分析体系，得出结论。

（2）先求出计算自由度 W，若 $W>0$，则体系为几何可变；若 $W\leqslant0$，应进一步对体系进行几何组成分析，此时 $W\leqslant0$ 是几何不变体系的必要条件。

项目 10　静定结构的内力和位移分析

静定结构作为工程中常见的一种结构形式，要保证结构的各个构件都能正常工作，构件应具有一定的强度、刚度和稳定性，要解决强度、刚度和稳定性问题，必须首先确定构件的内力。本项目结合几种常用的典型结构形式（包括梁、刚架、拱、桁架等），讨论静定结构的内力和位移分析问题。通过对它们进行内力和位移分析，并完成内力图和位移图的绘制，进而根据内力图和位移图进行结构受力性能分析。静定结构内力分析和位移分析是建筑力学的重要基础知识。

知识目标

1. 掌握多跨静定梁内力分析和位移计算方法。
2. 掌握平面刚架的内力分析过程。
3. 掌握图乘法的原理及应用。

教学要求

1. 会利用力学分析方法解决相关构件内力分析问题。
2. 熟悉虚功原理的概念及实际应用。
3. 会利用图乘法解决各类结构位移问题。

重点难点

进行多个构件的内力分析和位移分析，根据计算结果绘制各构件内力图。

静定结构与超静定结构的主要区别表现在几何组成性质和静力特性不同。静定结构是无多余约束的几何不变体系，其全部支座反力和内力都可以由静力平衡条件唯一确定。超静定结构是有多余约束的几何不变体系，其全部支座反力和内力不能由静力平衡条件唯一确定。

本项目以前面几个项目课程知识为基础，深入复习，理解已学知识，并将其灵活、合理、综合地应用于杆件组成的复杂结构的内力分析，具体体现在以下三个方面：

（1）由单根杆件结构的分析拓展到多根复杂的杆系结构。

（2）了解内力分析和几何组成之间的内在联系，掌握内力分析应当遵循的一般规律。在进行内力分析之前先对结构作几何组成分析，往往能收到事半功倍的效果，这也是建筑设计人员应该具有的良好习惯和技术素养。

（3）在内力分析的基础上，需进一步了解并掌握结构的受力性能和结构组成形式，既要学会分析，又要学会概括。

有些初学者在学习建筑力学时，往往感到束手无策、茫然失措，还经常出错，其主要原因是基本的力学知识没有真正理解、掌握，不能达到灵活运用。所以，在学习静定结构的内力分析时，一方面要不断反思和复习已学习的知识，另一方面就是要多思考多练习，不练习或练习过少是根本学不好的；另外，必须加强对实际建筑结构的观察、比较和理解。

任务 1　多跨静定梁的内力

静定梁分为单跨静定梁和多跨静定梁。项目6对单跨静定梁的内力分析已详细阐述，这里不再重复，只介绍多跨静定梁的内力分析。

1. 多跨静定梁的概念和组成

若干根梁用中间铰连接在一起，并以若干支座与地基相连或者搁置于其他构件上所组成的静定梁，称为多跨静定梁。例如，图 10-1-1（a）是多跨静定梁在公路桥中的应用，图 10-1-1（b）是其计算简图，图 10-1-1（c）是多跨静定梁各部分之间的支承层次图。

由图 10-1-1（c）可知，多跨静定梁由以下两部分构成：

（1）基本部分：不依靠其他部分的存在而能独立保持其几何不变性的部分，一般画在支承层次图的下层。例如，图 10-1-1（a）中的多跨静定梁，梁 AB 和 CD 由支杆直接固定于基础，是几何不变体系，所以梁 AB 和 CD 是基本部分。

（2）附属部分：必须依靠基本部分才能维持其几何不变性的部分，一般画在支承层次图的上层。例如，图 10-1-1（a）中的杆 BC。

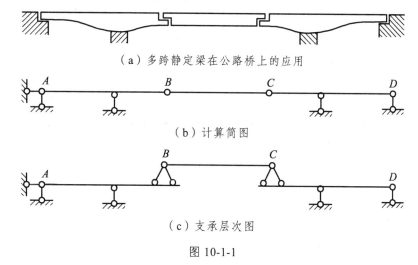

（a）多跨静定梁在公路桥上的应用

（b）计算简图

（c）支承层次图

图 10-1-1

2. 多跨静定梁的内力分析

多跨静定梁的内力分析步骤可以归纳如下：

（1）画支承层次图。

依次从最上层附属部分开始，求支座反力，然后将其反向，作为荷载作用于下一层，直至传到基本部分。这样，就把多跨静定梁拆成了若干个单跨梁。

（2）作内力图。

按照单跨静定梁的计算和作图方法，先分别作各个单跨梁的内力图，然后将它们的内力图合在一起就成为多跨静定梁的内力图。

【**例 10-1-1**】试作图 10-1-2（a）中多跨静定梁的内力图。

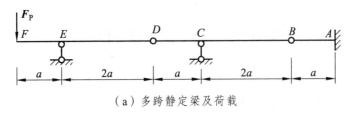

（a）多跨静定梁及荷载

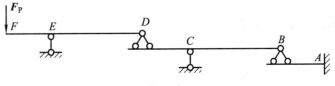

（b）层次图

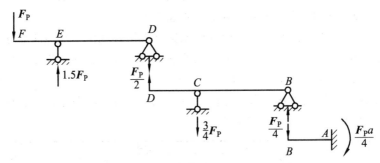

（c）传力路线图

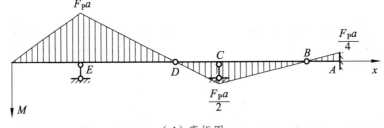

（d）弯矩图

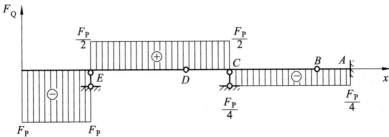

（e）剪力图

图 10-1-2

结合本例，对内力分析方法作进一步讨论，可将内力分析方法归纳为两种，一种是隔离体分析法，另一种是概念分析法。

按照先附属部分再基本部分的顺序，分别画隔离体进行受力分析的方法，称为隔离体分析法，如本例分析采用的方法。

为了作静定结构的内力图，基本上不必画隔离体的受力图，而是运用力学的某些基本概念，如荷载和内力之间的微分关系、结点（铰结点、刚结点）位置处力之间的传递关系、平衡关系等，只通过少量计算或不用计算，就可以比较快捷地绘制出来的方法，称为概念分析法。

由以上分析过程可知，运用力学基本概念直接绘制内力图，也是遵循先附属部分后基本部分的顺序进行。采用这种方法不仅省力、快捷，而且对熟练力学概念的应用和增强判断及定性分析能力也很有益处。

【例 10-1-2】图 10-1-3（a）为一两跨梁，全长承受均布荷载 q，试确定铰 D 的位置，使支座 B 处的负弯矩和 AB 跨中 E 截面的正弯矩相等。

【解】以 x 表示铰 D 与支座 B 之间的距离。

① 画支承层次图与传力路线图，分别如图 10-1-3（b）、（c）所示。附属部分 DC 杆的反力 $q(l-x)/2$ 反向作用在基本部分 AB 梁上。

② 计算支座 B 和 AB 跨中 E 截面的弯矩。

由图 10-1-3（c）、（d）可得

$$M_B = \frac{1}{2}q(l-x)x + \frac{1}{2}qx^2 = \frac{1}{2}qlx$$

$$M_E = \frac{1}{8}ql^2 - \frac{1}{2}M_B = \frac{1}{8}ql^2 - \frac{1}{2} \times \frac{1}{2}qlx = \frac{1}{8}ql^2 - \frac{1}{4}qlx$$

③ 确定 x 值。

令 $M_B = M_E$，则 $x = \frac{1}{6}l$，从而得

$$M_B = M_E = \frac{1}{12}ql^2$$

其弯矩图如图 10-1-4（a）所示。

④ 讨论：如果改用两个跨度为 l 的简支梁，则弯矩图如图 10-1-4（b）所示。

由此可知，静定多跨梁的弯矩峰值比系列简支梁的要小。一般说来，静定多跨梁与一系列简支梁相比，材料用量可少一些，但构造要复杂一些。

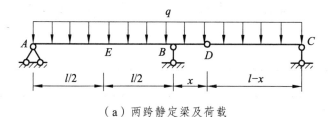

（a）两跨静定梁及荷载

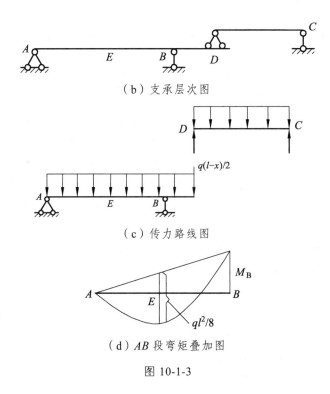

（b）支承层次图

（c）传力路线图

（d）AB 段弯矩叠加图

图 10-1-3

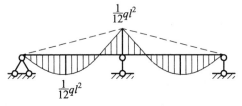

（a）静定多跨量的弯矩图

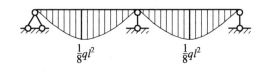

（b）两跨简支梁的弯矩图

图 10-1-4

📝 任务实训

1. 试作图 10-1-5 所示单跨静定梁的内力图。

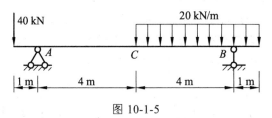

图 10-1-5

2. 试用隔离体分析法和概念分析法作图 10-1-6 所示多跨静定梁的内力图。

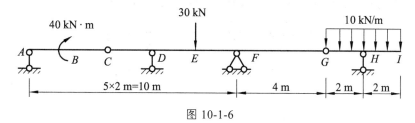

图 10-1-6

3. 学习心得及总结。

任务 2 静定平面刚架的内力

1. 平面刚架的特点和类型

平面刚架是将若干直杆全部或部分用刚结点连接而成的结构（图 10-2-1）。

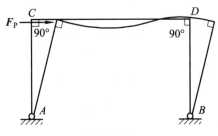

图 10-2-1

刚结点与铰结点相比具有不同的特点。从变形角度来看，在刚结点处各杆不能发生相对转动，因此刚结点处各杆的切线夹角始终保持不变；从受力角度来看，刚结点可以承受和传递弯矩，在平面刚架中弯矩是主要的内力。

由于刚结点的特点，平面刚架具有刚度大、内力分布较均匀、构造简单和内部空间大等优点，在工程上得到了广泛的应用。

静定平面刚架的基本刚架有悬臂刚架［图 10-2-2（a）］、简支刚架［图 10-2-2（b）］、三铰刚架［图 10-2-2（c）］三种形式。由基本刚架可以组成比较复杂的静定平面刚架［图 10-2-2（d）、（e）］，不论哪种形式，其共同特点都是无多余约束的几何不变体系。悬臂刚架和简支刚架的几何构造符合两刚片规则，三铰刚架的几何构造符合三刚片规则。复杂静定平面刚架是由基本刚架按照两刚片或三刚片规则装配而成的。

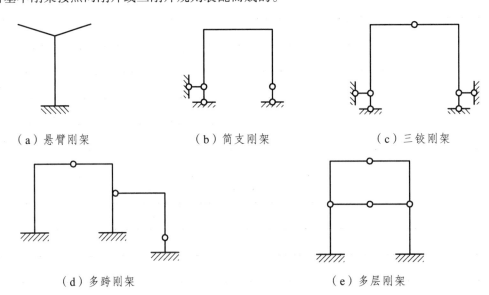

（a）悬臂刚架　　　　　　　（b）简支刚架　　　　　　　（c）三铰刚架

（d）多跨刚架　　　　　　　　　　　（e）多层刚架

图 10-2-2

2. 平面刚架的内力分析

在进行静定平面刚架的内力分析时，通常是先求支座反力，再求控制截面的内力，最后绘制内力图。下面结合图 10-2-3（a）中的静定平面刚架，讨论刚架内力分析的步骤。

（1）支座反力计算。

此刚架是由两刚片规则组成的简支型体系，所以取整体为平衡对象，根据平面一般力系的三个平衡方程即可求出三个未知反力 F_{Ax}、F_{Ay} 和 F_{Bx}。

由 $\sum F_y = 0, F_{Ay} - 10 = 0$，得 $F_{Ay} = 10 \text{ kN}$（↑）

由 $\sum M_A = 0, F_{Bx} \times 4 - 10 \times 2 + 4 = 0$，得 $F_{Bx} = 10 \text{ kN}$（←）

由 $\sum F_x = 0$，得 $F_{Ax} = F_{Bx} = 4 \text{ kN}$（→）

校核：$\sum M_C = F_{Ax} \times 3 + F_{Bx} \times 1 + 4 - 10 \times 2 = 0$，结果无误。

（2）平面刚架中各杆的杆端内力。

刚架中一般以各杆件的杆端截面为控制截面。平面刚架的三个内力分量（弯矩、剪力和轴力）的分析方法与静定梁相同，一般步骤如下：剪力和轴力的符号规定和梁相同；弯矩不规定正负号，规定把弯矩图的纵坐标画在杆件受拉纤维的一侧。究竟杆件哪侧纤维受拉，在计算控制截面弯矩时，可先假设某一侧受拉弯矩为正，根据计算结果的正、负号确定实际受拉的一侧。如果计算结果为正，则实际受拉一侧和假设的相同，否则相反。

对于平面刚架，各杆杆端截面的内力表示，结合图 10-2-3（a）中的结点 C 说明如下：结点 C 是 CA、CB、CD 三根杆件的交点，相应地有 C_1、C_2、C_3 三个截面，它们分别属于 CA、CB、CD 三根杆件的杆端截面。例如，C_1、C_2、C_3 三个截面的弯矩通常分别用由 M_{CA}、M_{CB}、M_{CD} 来表示，即平面刚架的杆端截面内力用两个下标表示，第一个下标表示截面所在杆端，第二个下标表示杆件的远端。对于剪力、轴力也采用同样的写法。对于在结点 i 处有多根杆件相交的情况，必须指明截面是属于哪个杆件和杆件的哪一端才有意义，笼统地说截面是无意义的。

① 弯矩计算。

图 10-2-3（a）中的截面弯矩计算可采用"截面内力代数和法"，步骤如下：

计算 M_{CA} 时，假想在截面 C_3 截开，设右侧受拉弯矩为正，计算截面下侧所有力对该截面形心的力矩代数和，由图 10-2-3（b）可得

$$M_{CA} = -F_{Ax} \times 3 = -4 \times 3 = -12 \text{ kN·m}（负号说明左侧受拉）$$

如计算截面 C_3 上侧所有力对该截面形心的力矩代数和，由图 10-2-3（c）可得

$$M_{CA} = -F_{Bx} \times 1 + 4 - 10 \times 2 = 4 \times 1 + 4 - 20 = -12 \text{ kN·m}（负号说明左侧受拉）$$

这说明，不论取截面的哪一侧，计算结果都一样。一般来说，可取外力较简单的一侧计算，取另一侧进行校核。

按同样的方法，可计算其他杆端截面的弯矩为

$$M_{CB} = 4 \text{ kN·m （右侧受拉）}$$

$$M_{CD} = 20 \text{ kN·m （上侧受拉）}$$

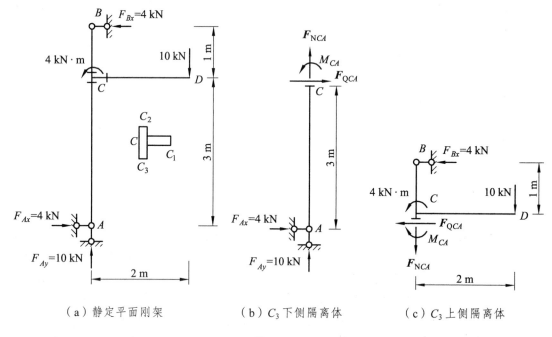

（a）静定平面刚架　　　　（b）C_3 下侧隔离体　　　　（c）C_3 上侧隔离体

图 10-2-3

② 剪力、轴力计算。

杆端截面的剪力、轴力计算仍然可采用"截面内力代数和法"。计算剪力是计算截面一侧所有力沿杆轴法线方向的投影代数和，计算轴力是计算截面一侧所有力沿杆轴切线方向的投影代数和。由此方法，可方便快捷地求得各截面的剪力、轴力。

$$F_{QAC} = F_{QCA} = F_{QCB} = F_{QBC} = -4 \text{ kN}$$

$$F_{QCD} = F_{QDC} = 10 \text{ kN}$$

$$F_{NCB} = F_{NBC} = F_{NCD} = F_{NDC} = 0 \text{ kN}$$

$$F_{NAC} = F_{NCA} = -10 \text{ kN}$$

计算结果的正、负号，就是实际剪力、轴力的正、负号。

（3）平面刚架内力图。

平面刚架内力图的基本作法是把刚架拆成杆件，即先求各杆端内力，然后利用杆端内力分别作各杆的内力图，将各杆的内力图合在一起就是平面刚架的内力图。

图 10-2-3（a）所示的平面刚架中，AC、BC、CD 三杆均无横向荷载作用，故剪力为常数，剪力图均为平行于杆轴的直线；弯矩图均为斜直线。AC、BC、CD 三杆，因无切向荷载作用，故轴力为常数，轴力图为平行于杆轴的直线。弯矩图画在杆轴线受拉一侧，不注明正负号。

剪力图、轴力图可画在杆轴线的任一侧，须注明正负号。根据杆端内力图的特点，弯矩图、剪力图、轴力图分别如图 10-2-4（a）、（b）、（c）所示。

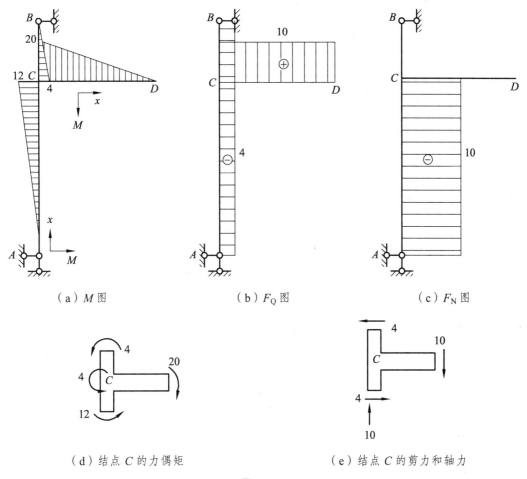

（a）M 图　　　　　　（b）F_Q 图　　　　　　（c）F_N 图

（d）结点 C 的力偶矩　　　　　　（e）结点 C 的剪力和轴力

图 10-2-4

（4）内力图的校核。

内力图的正确与否，可以从定性和定量两方面进行校核。

① 定性校核：正确的内力图应符合荷载与内力之间的微分关系和几何特征。如 CD 杆，因为横向荷载为零，所以剪力图应为直线，弯矩图应为斜直线。弯矩图斜直线的倾斜方向要与剪力图的正、负相协调。这里，把 CD 杆看作梁，如果按梁弯矩的正负号和画在受拉一侧的要求作图，正号弯矩应画在下边，负号弯矩应画在上边。在图示 x-M 的坐标系中，CD 杆的负弯矩是 x 的递增函数，这和 CD 杆的常量正剪力相协调，所以弯矩图是一条从左上向右下倾斜的直线。对 AC、CB 杆，只要将它们顺时针转动放平，可作同样的校核。对于轴力图，杆上如果切向荷载为零，轴力图应为平行于杆轴的直线；如果有均布切向荷载作用，轴力图应为与杆轴倾斜的直线。

② 定量校核：正确的内力图必须满足平衡条件。可取结构整体或截取结构的某局部为隔离体并画其受力图，检查其是否满足平衡条件。这里取结点 C 校核，其受力图如图 10-2-4(d)、（e）所示。

由图 10-2-4（d）可知，结点 C 满足力矩方程：

$$\sum M = 20 - 12 - 4 - 4 = 0$$

由图 10-2-4（e）可知，结点 C 满足投影方程：

$$\begin{cases} \sum F_x = 4 - 4 = 0 \\ \sum F_y = 10 - 10 = 0 \end{cases}$$

由此可见，内力图是正确的。

养成校核计算结果的良好习惯，不仅是学习的基本要求，也是工程技术人员应当具备的基本素质。

【例 10-2-1】试作图 10-2-5（a）中三铰刚架的 M、F_Q、F_N 图。

【解】① 求支座反力。

此三铰刚架是根据三刚片规则组成的结构。有 $\boldsymbol{F}_{Ax}$、$\boldsymbol{F}_{Bx}$、$\boldsymbol{F}_{Ay}$、$\boldsymbol{F}_{By}$ 四个支座反力。为了求出这四个反力，必须取两次隔离体、建立四个平衡方程方可求出。

先考虑刚架整体平衡［图 10-2-5（a）］，建立三个平衡方程。

由 $\sum M_A = 0, F_{By} \times 4 - 4 \times 4 = 0$，得 $F_{By} = 4\,\text{kN}$（↑）

由 $\sum F_y = 0, F_{Ay} + F_{By} = 0$，得 $F_{Ay} = -4\,\text{kN}$（↓）

再考虑结构铰 C 以右局部平衡［图 10-2-5（b）］，补充一个铰 C 处弯矩为零的平衡方程：

由 $\sum M_C = 0, F_{By} \times 2 - F_{Bx} \times 4 = 0$，得 $F_{Bx} = 2\,\text{kN}$（←）

由 $\sum F_x = 0, F_{Ax} - F_{Bx} + 4 = 0$，得 $F_{Ax} = 2\,\text{kN}$（←）

② 求各杆端内力。

将此刚架分成 AD、DC、BE、EC 四根杆件，用截面内力代数和法求得各杆端内力如下：

杆端弯矩：

$$M_{AD} = M_{BE} = 0$$

$$M_{DA} = M_{EB} = 8\,\text{kN}\cdot\text{m}\text{（右侧受拉）}$$

$$M_{DC} = 8\,\text{kN}\cdot\text{m}\text{（下侧受拉）}$$

$$M_{EC} = 8\,\text{kN}\cdot\text{m}\text{（上侧受拉）}$$

杆端剪力：

$$F_{QAD} = F_{QDA} = F_{QEB} = F_{QBE} = 2\,\text{kN}$$

$$F_{QDC} = F_{QCD} = F_{CE} = F_{EC} = -4\,\text{kN}$$

杆端轴力：

$$F_{NAD} = F_{NDA} = F_{NBE} = F_{NEB} = 4\,\text{kN}$$

$$F_{NDC} = F_{NCD} = F_{CE} = F_{EC} = -2\,\text{kN}$$

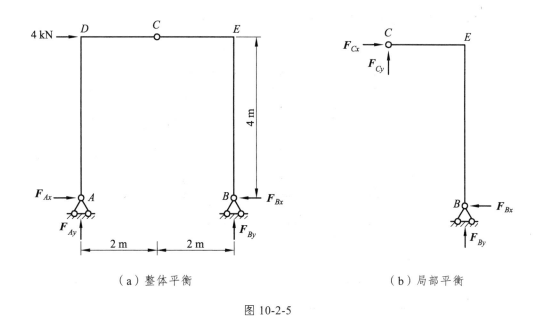

（a）整体平衡   （b）局部平衡

图 10-2-5

③ 作 M、F_Q 和 F_N 图。根据求得的杆端内力，作结构的 M、F_Q 和 F_N 图，分别如图 10-2-6（a）、（b）、（c）所示。

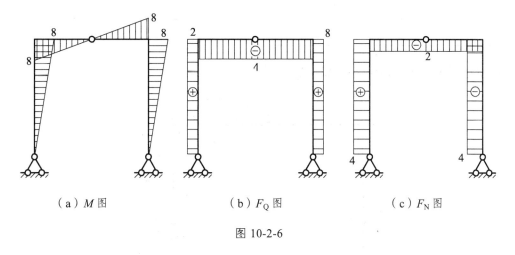

（a）M 图   （b）F_Q 图   （c）F_N 图

图 10-2-6

📝 任务实训

1. 刚结点与铰结点在受力方面有何不同？

_____

_____

_____

_____

_____

2. 试作图 10-2-7 所示刚架的 M、F_Q、F_N 图。

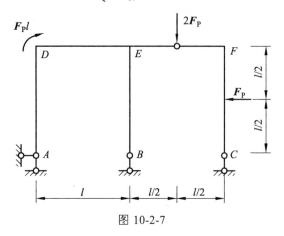

图 10-2-7

_____

_____

_____

_____

_____

_____

3. 试作图 10-2-8 所示刚架的 M、F_Q、F_N 图。

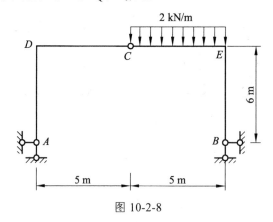

图 10-2-8

_____

_____

_____

_____

_____

_____

4. 学习心得及总结。

_____

_____

_____

_____

_____

_____

_____

_____

_____

_____

_____

任务 3 三铰拱的内力

1. 三铰拱的几何组成和类型

拱是杆轴线为曲线，并且在竖向荷载作用下能产生水平推力的结构［图 10-3-1（a）］，也称为推力结构。在竖向荷载作用下能产生水平推力是拱与梁在受力特征上的本质区别。拱的内力以轴向压力为主。常见的拱结构有三铰拱［图 10-3-1（b）］、带拉杆的拱［图 10-3-1（c）］、两铰拱［图 10-3-1（d）］和无铰拱［图 10-3-1（e）］，其中三铰拱和带拉杆的拱是静定的，两铰拱和无铰拱是超静定的。本节以三铰拱为例进行内力分析。

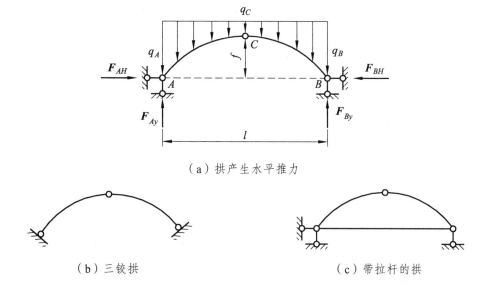

（a）拱产生水平推力

（b）三铰拱　　　　　　　　　　　　（c）带拉杆的拱

（d）两铰拱　　　　　　　　　　　　（e）无铰拱

图 10-3-1

通常称拱的支座为拱趾，两拱趾间的距离称为跨度，拱的最高点称为拱顶，拱顶至拱趾连线间的距离称为拱高，也称矢高。矢高与跨度的比值 f/l 称为矢跨比，实际工程中通常其取值范围为 0.1～1。它是拱的一个重要的几何参数，对拱的内力有重要影响，拱的各部名称如图 10-3-2 所示。

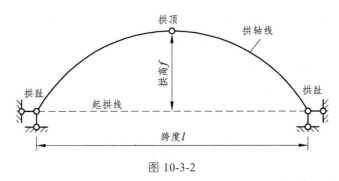

图 10-3-2

下面讨论拱趾位于同一水平高度的三铰平拱在竖向荷载作用下的内力分析方法。

2. 三铰拱的内力分析

三铰拱的内力分析步骤如下：

（1）支座反力计算。

在竖向荷载作用下［图 10-3-3（a）］计算三铰拱的支座反力时，为了得到比较简单的表达式，常常用一根与三铰拱作用荷载相同、跨度相等的简支梁来与之对比，找出它们的联系和区别，如图 10-3-3（b）所示，此简支梁称为三铰拱的相应简支梁。

三铰拱支座反力的计算方法与平面刚架支座反力的计算方法相同。

考虑三铰拱的整体平衡，由 $\sum M_A = 0$ 和 $\sum M_B = 0$，得支座反力

$$F_{Ay} = \frac{\sum\limits_{i=1}^{3} F_{Pi} b_i}{l} = F_{Ay}^0 \tag{10-3-1}$$

$$F_{By} = \frac{\sum\limits_{i=1}^{3} F_{Pi} a_i}{l} = F_{By}^0 \tag{10-3-2}$$

式中，F_{Ay}^0、F_{By}^0 为与三铰拱相应简支梁的竖向支座反力。

也就是说，三铰拱的竖向支座反力与其相应简支梁的竖向支座反力相同。

由 $\sum F_x = 0$，得

$$F_{AH} - F_{BH} = 0$$

即

$$F_{AH} = F_{BH} = F_H$$

A、B 两点的水平支座反力方向相反、大小相等，以 F_H 表示水平反力。

为了求出水平反力（常称为推力），再考虑三铰拱铰 C 右半部的平衡，由 $\sum M_C = 0$ 得

$$F_H f + F_{P3}(l_2 - b_3) - F_{By} l_2 = 0$$

由上式可求出推力为

$$F_H = \frac{F_{By} l_2 - F_{P3}(l_2 - b_3)}{f}$$

上式中的分子是铰 C 右边所有竖向力对点 C 的力矩代数和，等于相应简支梁截面 C 处的弯矩。以 M_C^0 表示相应简支梁截面 C 处的弯矩，则上式可写成

$$F_H = \frac{M_C^0}{f} \tag{10-3-3}$$

由此可知，三铰拱的水平反力 F_H 等于其相应简支梁 C 截面的弯矩 M_C^0 除以拱高 f。水平推力与三个铰的位置有关，即与拱的矢跨比有关，而与拱轴形状无关。

（2）内力计算。

求出支座反力后，即可以用截面法求出拱上任一截面的内力。对于轴力的符号，设拉力为正，压力为负。弯矩使拱曲杆内边缘纤维受拉为正，剪力使拱微段顺时针方向转动为正，逆时针方向转动为负。

下面求任意截面 K 的内力。由图 10-3-3（c）中的隔离体可以求得截面 K 的弯矩为

$$M_K = [F_A x - F_{P1}(x - a_1) - F_{P2}(x - a_2)] - F_H y$$

由于 $F_{Ay} = F_{Ay}^0$，上式中，方括号内的值为相应简支梁截面 K 的弯矩 M_K^0，这样任意截面 K 的弯矩为

$$M_K = M_K^0 - F_H y \tag{10-3-4}$$

由上式可如，拱内任一截面的弯矩等于相应简支梁的弯矩减去水平推力所引起的弯矩，y 是点 K 到 AB 直线的垂直距离。可见，由于水平推力的存在，三铰拱中的弯矩要比同跨度、同荷载的简支梁的弯矩小得多。

将截面 K 左侧隔离体的所有外力（包括支座反力）沿截面 K 的切线方向和法线方向投影，便可以求得截面 K 的轴力 F_N 和剪力 F_Q。

由 $\sum F_\eta = 0$ 可得

$$-(F_{Ay} - F_{P1} - F_{P2})\cos\varphi + F_H \sin\varphi + F_{QK} = 0$$

即

$$F_{QK} = F_{QK}^0 \cos\varphi - F_H \sin\varphi \tag{10-3-5}$$

式中，F_{QK}^0 为相应简支梁截面 K 的剪力。

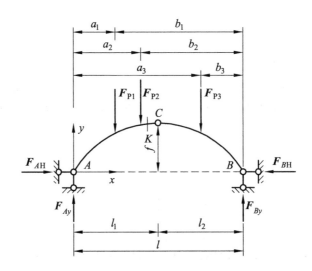

（a）三铰拱计算简图

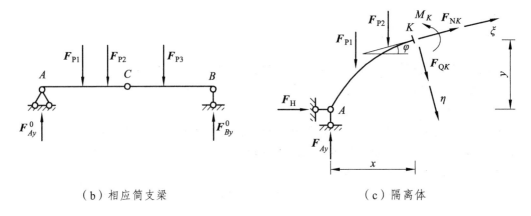

（b）相应简支梁　　　　　　　　　　　（c）隔离体

图 10-3-3

由 $\sum F_\xi = 0$ 可得

$$(F_{Ay} - F_{P1} - F_{P2})\sin\varphi + F_H\cos\varphi + F_{NK} = 0$$

即

$$F_{NK} = -(F_{QK}^0\sin\varphi - F_H\cos\varphi) \tag{10-3-6}$$

由式（10-3-4）~式（10-3-6）可知，三铰拱的内力不仅与竖向荷载和三个铰的位置有关，而且与拱轴线的形状有关。应用式（10-3-5）和式（10-3-6）时，对于左半拱，φ 取正号；对于右半拱，φ 取负号。还需注意的是，以上公式只适用于竖向荷载作用，且两个拱趾位于同一高度的三铰拱。对于一般荷载作用或两个拱趾不在同一高度的三铰拱，其反力的计算，可仿照一般三铰结构取两次隔离体求反力的方法进行，内力采用"截面内力代数和法"计算。

（3）绘制内力图。

由于拱轴线是曲线，各截面的方位不同，对于拱的内力图，只能沿拱轴逐点计算内力和描绘。绘制内力图的步骤如下：

① 沿拱轴将拱分成若干相等的小段；

② 计算各截面处的几何参数，即截面的位置坐标 x、y 和 φ；

③ 利用公式逐一计算各截面的 M、F_N、F_Q 值；

④ 逐点描绘内力图。

通常用近似法作拱的内力图：用水平线代替拱轴线，用截面法求出一系列截面的内力，在水平线上用描点法绘制出内力图（按比例定位，用曲线板相连）。

总体来说，三铰拱以受压为主，可以使用抗压性能好的材料，如砖、石、混凝土等。由于拱截面应力分布较均匀，拱比梁可以更有效地发挥材料的作用，因此适用于较大的跨度和较重的荷载。但因水平推力较大，所以对基础的推力也较大。因此，用拱作屋顶结构时，都使用有拉杆件的三铰拱，以减少对墙或柱的推力。

【**例 10-3-1**】试作图 10-3-4（a）中三铰拱的内力图，拱轴方程为 $y=\dfrac{4f}{l^{2}}x(l-x)$。

【**解**】① 求支座反力。

由式（10-3-1）～式（10-3-3）计算反力。

$$F_{Ay}=F_{Ay}^{0}=\frac{10\times(16-4)}{16}=7.5\ \text{kN}\ (\uparrow)$$

$$F_{By}=F_{By}^{0}=\frac{10\times4}{16}=2.5\ \text{kN}\ (\uparrow)$$

$$F_{H}=F_{AH}=F_{BH}=\frac{M_{C}^{0}}{f}=\frac{7.5\times4-10\times(8-4)}{4}=5\ \text{kN}\ (\rightarrow\leftarrow)$$

② 计算内力。

由式（10-3-4）～式（10-3-6）计算内力。

集中荷载 F_p 作用点处，因剪力发生突变，所以在集中荷载 F_p 作用点左、右分两段应分别列内力方程。取坐标系如图 10-3-4（a）所示，以 x、y、φ 表示任意截面 K 的位置，取 K 的左边（或右边）部分为隔离体，如图 10-3-4（b）所示，内力皆按习惯规定的正向标出，图 10-3-4（c）是此三铰拱的相应简支梁。下面求截面 K 的内力。

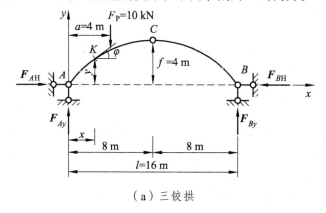

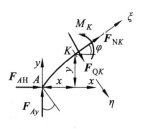

（a）三铰拱　　　　　　　　　　　　　　（b）截面 K 左边隔离体

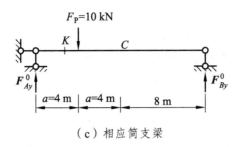

（c）相应简支梁

图 10-3-4

由 $\tan\varphi = y' = \dfrac{4f}{l^2}(l-2x)$ 计算截面的倾斜角度 φ。

当 $0 \leqslant x < 4$ 时，截面 K 的内力为

$$M_K = M_K^0 - F_H y = 7.5x - 5y$$

$$F_{QK} = F_{QK}^0 \cos\varphi - F_H \sin\varphi = 7.5\cos\varphi - 5\sin\varphi$$

$$F_{NK} = -(F_{QK}^0 \sin\varphi + F_H \cos\varphi) = -7.5\sin\varphi - 5\cos\varphi$$

当 $4 < x \leqslant 16$ 时，截面 K 的内力为

$$M_K = M_K^0 - F_H y = 7.5x - 10(x-4) - 5y = 40 - 2.5x - 5y$$

$$F_{QK} = (7.5-10)\cos\varphi - 5\sin\varphi = -2.5\cos\varphi - 5\sin\varphi$$

$$F_{NK} = -[(7.5-10)\sin\varphi + 5\cos\varphi] = 2.5\sin\varphi - 5\cos\varphi$$

由这些内力方程，可以计算任意截面的内力。这里将拱沿跨度分成 8 等份，由内力公式计算各分段点截面的内力，如表 10-3-1 所示。

表 10-3-1　各分段点截面的内力

x	y	$\tan\varphi$	φ	$\sin\varphi$	$\cos\varphi$	M	F_Q	F_N
0	0	1.0	45°	0.707	0.707	0	1.77	−8.84
2	1.75	0.75	36.87°	0.600	0.800	+6.25	3.00	−8.50
4	3	0.5	26.57°	0.447	0.894	+15.00	4.47	−7.80
							−4.47	−3.35
6	3.75	0.25	14.03°	0.243	0.970	+6.25	−3.64	−4.24
8	4	0	0	0	1.000	0	−2.50	−5.00
10	3.75	−0.25	−14.03°	−0.243	0.970	−3.75	−1.21	−5.46
12	3	−0.5	−26.57°	−0.447	0.894	−5.00	0	−5.59
14	1.75	−0.75	−36.87°	−0.600	0.800	−3.75	1.00	−5.00
16	5	−1.0	−45°	−0.707	0.707	0	1.77	−5.30

③ 用点绘法作内力图。

在作拱的内力图时，为了方便，可取拱的水平投影线为基线绘制。

由表 10-3-1 中最后三项的结果，可分别作 M、F_N、F_Q 图，如图 10-3-5（a）、（b）、（c）所示。

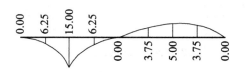

（a）弯矩 M 图

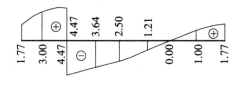

（b）剪力 F_Q 图

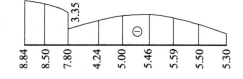

（c）轴力 F_N 图

图 10-3-5

📝 任务实训

1. 试对图 10-3-6 所示三铰拱进行内力分析。

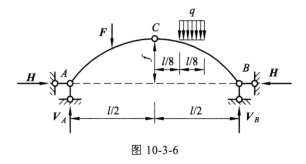

图 10-3-6

_____

_____

_____

_____

_____

_____

2. 拱的定义为_____。

3. 图 10-3-7 所示三铰拱的水平推力为_____。

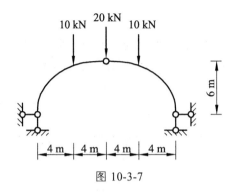

图 10-3-7

4. 图 10-3-8 所示三铰拱的水平推力为_____。

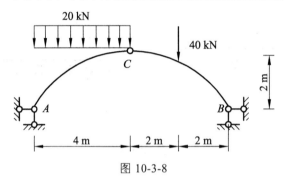

图 10-3-8

5. 学习心得及总结。

_____

_____

_____

_____

_____

_____

_____

_____

_____

_____

_____

_____

_____

_____

任务 4　静定平面桁架的内力

1. 平面桁架的特点和组成

桁架是由直杆相互铰结而成的结构。同梁和刚架相比，当荷载只作用在桁架结点上时，各杆内力主要为轴力。为了反映桁架的上述特征，使计算得以简化，取计算简图时，通常做下列假设：

（1）桁架的结点都是光滑的铰结点；

（2）各杆轴线都是直线，并通过铰结点的几何中心；

（3）所有外力（荷载、支座反力）都作用在结点上。

各杆轴线和所有外力都在同一平面内的，称为平面桁架；不在同一平面内的，称为空间桁架。符合上述假设的桁架称为理想桁架。理想桁架的各杆截面上只有轴力，通常称为主内力。但实际桁架并不能完全符合上述假定。刚桁架的结点采用焊接或铆接，钢筋混凝土的结点是浇注的，这些结点都有一定的刚性，不是理想的铰结点。实际桁架的杆件也不可能做到绝对平直，荷载也不是完全作用在结点上。将不符合理想情况而产生的内力称为次内力。理论计算和实测结果表明，在一般情况下次内力的影响不大，可以忽略不计。

本节讨论桁架主内力（轴力）的计算，计算方法有结点法、截面法及两个方法结合的联合法。由于桁架各杆主要承受轴力，应力分布比较均匀，材料能得到充分利用。将桁架与同跨度的梁相比，有自重轻、经济合理等优点。因此，桁架在大跨度的桥梁、屋架结构中被广泛采用，其缺点是施工比较复杂。

图 10-4-1（a）为一钢筋混凝土屋架，其计算简图如图 10-4-1（b）所示。

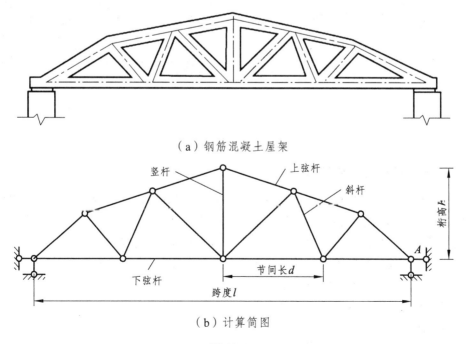

（a）钢筋混凝土屋架

（b）计算简图

图 10-4-1

根据其所处位置不同,桁架的杆件可分为弦杆和腹杆两类。弦杆又分为上弦杆和下弦杆,腹杆又分为斜杆和竖杆。弦杆上相邻两结点间的区间称为节间,其间距 d 称为节间长。两支座间的水平距离 l 称为跨度。支座连线至桁架最高点的距离 h 称为桁高。

2. 静定桁架的分类

根据桁架的几何构造特点,静定桁架可分为以下三类:

(1)简单桁架:从基础或一个铰结三角形开始,依次增加二元体而组成的桁架,如图 10-4-2(a)所示。

(2)联合桁架:由几个简单桁架,按照几何不变组成规则所组成的桁架,如图 10-4-2(b)所示。

(3)复杂桁架:凡是不属于简单桁架或联合桁架的其他桁架,称为复杂桁架,如图 10-4-2(c)所示。

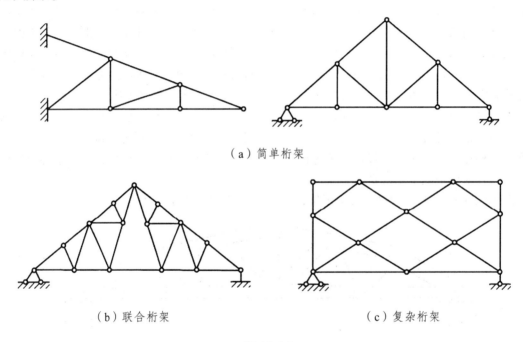

(a)简单桁架

(b)联合桁架   (c)复杂桁架

图 10-4-2

3. 平面桁架的内力计算方法

对于理想桁架,各个杆件的内力只有轴力而无弯矩和剪力。由平衡条件可知,组成这种桁架的所有杆件实际都是二力杆。在计算前首先要进行几何组成分析。对于简单桁架,一般用结点法即可求出各杆的轴力。对于联合桁架,首先用截面法将联系杆的轴力求出,然后用结点法方可求得其他各杆的轴力。对于复杂桁架,则需用特殊的方法,首先将某些杆件的轴力求出,再用结点法求其他杆件的轴力。

轴力的符号规定以拉力为正,压力为负。

(1)结点法。

按一定的顺序截取桁架的节点为脱离体,考虑作用在这个结点上的外力和内力的平衡,由平衡条件解出桁架各杆的内力，这种方法称为结点法。由于桁架的内力和外力对于结点来说，构成平面汇交力系，所以只能列出两个投影平衡方程。为了避免解联立方程组，使计算简化，每次截取的结点上的未知轴力不应多于两个。对于简单桁架，如果截取结点的次序与几何组成的次序相反，就可以达到这个目的。

结点受力图中的已知力按实际方向画，数值取绝对值。未知轴力均画成正向拉力（背向压力），数值为代数值。计算结果为正值，则表示该杆受拉；计算结果为负值，则表示该杆受压。对于平面桁架，在杆长给定时，可以利用杆长及其投影组成的几何三角形［图 10-4-3（a）］与此杆合轴力及其分力组成的力三角形［图 10-4-3（b）］之间的比例关系简化计算，即

$$\frac{F_{NAB}}{l} = \frac{F_{NAB}^x}{l_x} = \frac{F_{NAB}^y}{l_y}$$

式中，杆长 l 及其投影 l_x、l_y 一般是已知的，因此只要知道 F_{NAB}、F_{NAB}^x 和 F_{NAB}^y 三个力中的一个，即可求出另外两个。

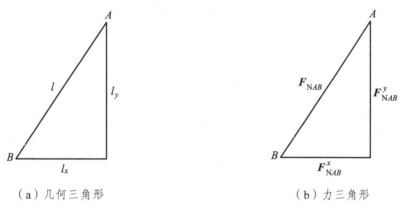

（a）几何三角形　　　　　　　　（b）力三角形

图 10-4-3

【例 10-4-1】试求图 10-4-4 中桁架指定杆件（1，2，3，4 杆）的内力。

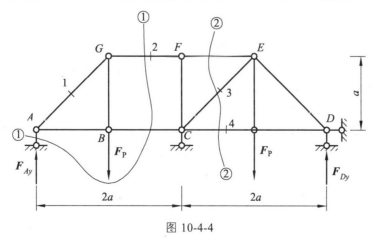

图 10-4-4

【解】几何组成分析：此桁架的组成是先固定 $CDEF$ 部分，是基本部分，然后固定 ABG

部分，是附属部分。计算时应首先求出基本部分和附属部分之间联系杆件的轴力，然后才能求出其余杆件的轴力。

① 求支座反力。

取截面①—①左侧的附属部分为隔离体 [图 10-4-4（a）]。

由 $\sum M_A = 0, F_{N2} \times a + F_P \times a = 0$，得 $F_{N2} = -F_P$（压力）

由 $\sum F_y = 0$，得 $F_{Ay} = F_P$（↑）

考虑桁架的整体平衡：

由 $\sum F_x = 0$，得 $F_{Dx} = 0$

由 $\sum M_C = 0, F_{Dy} \times 2a - F_P \times a + F_P \times a - F_{Ay} \times 2a = 0$，得 $F_{Dy} = F_P$（↑）

由 $\sum F_y = 0$，得 $F_{Cy} + F_{Ay} + F_{Dy} - F_P - F_P = 0$，得 $F_{Cy} = 0$

② 求指定杆件内力。

取结点 A 为隔离体 [图 10-4-5（b）]。

由 $\sum F_y = 0$，得 $F_{N1} \times \sin 45° + F_{Ay} = 0$，得 $F_{N1} = -\sqrt{2}F_P$（压力）

取截面②—②右部为隔离体 [图 10-4-5（c）]。

由 $\sum F_y = 0$，得 $F_{N3} \times \cos 45° + F_P - F_{Dy} = 0$，得 $F_{N3} = 0$

由 $\sum M_E = 0, F_{N4} \times a - F_{Dy} \times a = 0$，得 $F_{N4} = F_P$（拉力）

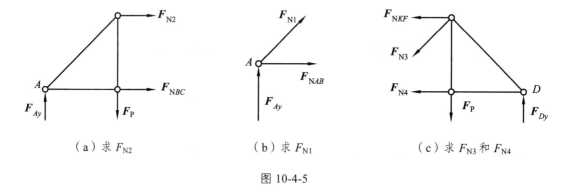

（a）求 F_{N2} （b）求 F_{N1} （c）求 F_{N3} 和 F_{N4}

图 10-4-5

这里介绍一下结点单杆的概念，如果在同一结点的所有内力为未知的各杆中，除某一杆外，其余各杆都共线，则该杆成为此结点的单杆。当结点无外荷载时，单杆的内力必为零（称为零杆），或者说无载结点的单杆必为零杆。

（2）结点法和截面法的联合应用。

当所求内力的杆的位置比较特殊，或桁架的构造比较复杂时，只用一个截面取隔离体，求出杆件的轴力是很困难的，这时就需要将结点法和截面法联合起来求解。

在计算联合桁架时，应首先用截面法求出联系杆的轴力，然后再用结点法计算其他杆件的轴力。在计算较复杂的桁架时，应该灵活运用结点法和截面法，这样才可以避免解联立方程，使计算简化。

任务实训

1. 试判断图 10-4-6 所示桁架的零杆。

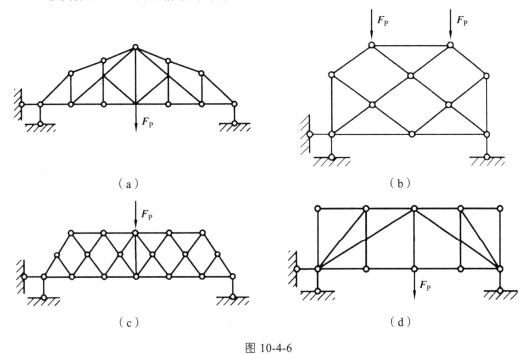

（a）　　　　　　　　　　　　　　（b）

（c）　　　　　　　　　　　　　　（d）

图 10-4-6

_____

_____

_____

_____

_____

_____

2. 试用结点法或截面法求图 10-4-7 所示桁架指定杆件的内力。

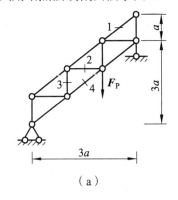

（a）

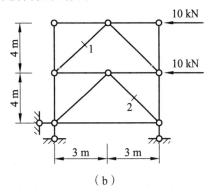

（b）

图 10-4-7

_____

_____

_____

_____

_____

_____

3. 学习心得及总结。

_____

_____

_____

_____

_____

_____

_____

_____

_____

_____

任务5 虚功原理及应用

1. 刚体虚功原理

当体系在位移过程中，不考虑材料应变，各杆件只发生刚体运动时，则该体系属于刚体体系。

功是代数量，当力与位移的方向相同时，功为正值；当力与位移的方向相反时，功为负值；当功与位移相互垂直时，功为零。做功的力可以是一个集中力，也可以是一个力偶，有时也可能是一个力系。用一个统一公式表示功，即

$$W = F \cdot \Delta \qquad\qquad (10\text{-}5\text{-}1)$$

式中，F 称为广义力，既可代表力，也可以代表力矩、力偶；Δ 称为广义位移，既可代表线位移，也可代表角位移，它与广义力相对应，如果 F 为集中力，则 Δ 代表线位移；若 F 为力偶时，则 Δ 代表角位移。

　　在做功过程中，如果位移是做功的力本身引起的，这个力做的功称为实功；如果位移是其他原因引起的，而不是做功的力本身引起的，这个力做的功称为虚功。

　　刚体虚功原理可表述为：对于符合刚体约束情况的任意微小虚位移，刚体处于平衡的充要条件是刚体上所有外力所做的虚功总和等于零，即 $W = 0$。

　　图 10-5-1（a）中的简支梁上有一组外荷载（F_{p1} 和 F_{p2}）和支座反力（F_{AX1} 和 F_{AX2}），图 10-5-1（b）中表示简支梁由于支座沉陷而产生的刚体位移。图 10-5-1（a）和图 10-5-1（b）是两个彼此无关的状态，根据刚体虚功原理，得

$$W = F_{P1}\Delta_1 + F_{P2}\Delta_2 + F_{AX1}c_1 + F_{AX2}c_2 = 0$$

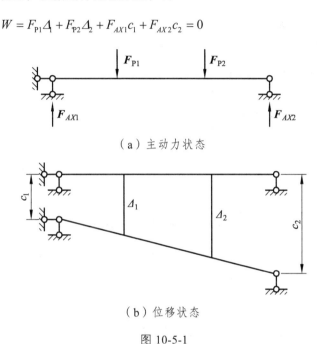

（a）主动力状态

（b）位移状态

图 10-5-1

对于一般情况，虚功原理的具体表达式为

$$\sum F_{Pi}\Delta_i + \sum F_{AXK}c_K = 0 \qquad\qquad (10\text{-}5\text{-}2)$$

式中，F_{Pi} 为体系所受的荷载；F_{AXK} 为体系的约束力；Δ_i 为与 F_{Pi} 相应的位移，与力 F_{Pi} 方向一致时，乘积 $F_{Pi}\Delta_i$ 为正；c_K 为与 F_{AXK} 相应的位移，与力 F_{AXK} 方向一致时，乘积 $F_{AXK}c_K$ 为正。

2. 刚体虚功原理的应用

　　既然虚功原理中的力系可能与位移无关，因此不仅可以把位移看作是虚设的，而且也可以把力系看作是虚设的。根据虚设对象的不同，刚体虚功原理主要有两种应用形式，用来解决问题。

　　（1）虚设可能位移求静定结构的约束力——虚位移原理，即单位位移法。

　　① 图 10-5-2 为一伸臂梁，受荷载 F_P 作用，求 A 支座反力 F_x。

　　为使梁能发生刚体位移，将与拟求支座反力 F_x 相应的约束撤除，用相应的力 F_x 替代，这时的 F_x 已是主动力，则原结构变成具有 1 个自由度的几何可变体系。刚片可以绕铰支座 B 做自由转动，A 位移到 A_1，C 位移到 C_1，得到一虚设的可能位移状态，如图 10-5-2（b）所示。

图 10-5-2（a）中力系，在外力 F_P 作用下，与支座反力 F_X、F_{YB}、F_{XB} 维持平衡，根据给定的平衡力系状态在虚位移做虚功，建立体系的虚功方程，得

$$F_x\Delta_x + F_P\Delta_P = 0 \qquad\qquad (10\text{-}5\text{-}3)$$

式中，Δ_x 和 Δ_P 分别是沿力 F_x 和 F_P 作用的虚位移。

由几何关系可知 $\Delta_x = a\varphi$，$\Delta_P = -b\varphi$，这里，Δ_x 与 F_P 方向一致，Δ_x 取正号；Δ_P 与 F_P 方向相反，Δ_P 取负号。所以

$$\frac{\Delta_P}{\Delta_x} = -\frac{b}{a} \qquad\qquad (10\text{-}5\text{-}4)$$

将式（10-5-4）代入式（10-5-3）得

$$F_x\Delta_x - F_P\frac{b}{a}\Delta_x = 0$$

即

$$F_x = F_P\frac{b}{a} \qquad\qquad (10\text{-}5\text{-}5)$$

由式（10-5-5）可以看出，$\dfrac{\Delta_P}{\Delta_x}$ 的比值不随 Δ_x 的大小而改变。

为计算方便，可虚设 F_x 方向的单位位移［图 10-5-2（c）］为 δ_x，这时，沿 F_P 方向的位移为 δ_P。令 $\delta_x = 1$，由几何关系，可得 $\delta_P = -\dfrac{b}{a}$。虚功方程为

$$F_x \cdot 1 + F_P \cdot \delta_P = 0, \quad F_x = -F_P \cdot \delta_P = F_P\frac{b}{a}$$

所得结果为正，表明力 F_x 与所设方向相同，即向下。

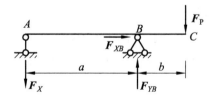

（a）平衡力状态

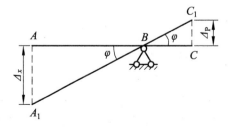

（b）虚位移状态

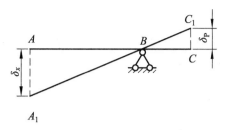

（c）单位虚位移状态

图 10-5-2

② 拟求图 10-5-3（a）中伸臂梁跨中截面 D 的剪力时，将与该剪力相应的约束撤除，将截面左、右改为用两个平行于杆轴的平行链杆连接。在截面 D 处代之以一对大小相等方向相反的剪力 $\boldsymbol{F}_x$，这里 $\boldsymbol{F}_x$ 是一对广义力，原结构变为具有 1 个自由度的几何可变体系，如图 10-5-3（b）所示。

刚片 DBC 可以绕铰支座 B 做自由转动，D 位移到 D_1，C 位移 C_1；因为 AD 刚片与 DBC 刚片是用两个平行于杆轴的链杆相连，位移后 AD_2 仍应与 D_1BC_1 平行，点 A 因有竖向支杆竖向位移为零，故得到一虚设的可能位移状态，如图 10-5-3（c）所示。令图 10-5-3（b）所示的平衡力系在图 10-5-3（c）的虚位移上做虚功，得虚功方程如下：

$$F_x\varDelta_x + F\varDelta_F = 0$$

这里，$\varDelta_x$ 是 $\boldsymbol{F}_x$ 作用方向的虚位移，即截面 D 左、右两边的相对错动，是广义位移。

为计算方便，可虚设剪力 $\boldsymbol{F}_x$ 方向的单位位移［图 10-5-3（d）］为 δ_x，这时，沿 $\boldsymbol{F}$ 方向的位移为 δ_F。令 $\delta_x = 1$，由几何关系，可得 $\delta_P = \dfrac{b}{a}$。这时，虚功方程为

$$F_x \cdot 1 + F_P \cdot \delta_F = 0, \quad F_x = -F \cdot \delta_F = -F\frac{b}{a}$$

（a）

（b）

（c）

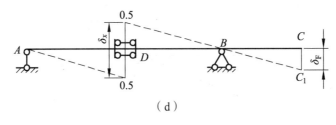

（d）

图 10-5-3

所得结果为负，表明 F_x 与所设方向相反，即剪力为负。这种求约束力和内力的方法，也称为单位位移法。

通过上面两个例子可知，应用虚功原理计算静定结构某一约束力 F_x（包括支座反力或任一截面的内力）的步骤如下：

① 撤除与 F_x 相应的约束，用相应的约束力 F_x 代替；使原来的静定结构变为具有 1 个自由度的机构，约束力 F_x 变为主动力 F_x，F_x 与原来的力系维持平衡。

② 使机构发生一刚体体系的可能位移，令沿 F_x 正方向相应的位移为单位位移，即 $\delta_x = 1$；这时，与荷载 F_P 相应的位移为 δ_P，得到一虚位移状态。

③ 在平衡力系和虚位移之间建立虚功方程

$$F_x \cdot 1 + \sum F_P \cdot \delta_P = 0$$

④ 求出单位位移 $\delta_x = 1$ 与 δ_P 之间的几何关系，代入虚功方程，得到 $F_x = -\sum F_P \cdot \delta_P$。

这里，关键的步骤是撤去与拟求约束力相应的约束，并在拟求约束力正方向虚设单位位移，正确地画出虚设位移图，用几何关系求出 δ_P。

【例 10-5-1】利用刚体虚功原理求图 10-5-4（a）所示静定多跨梁的支座 C 的反力 F_x 和截面 G 处的弯矩 M_G。

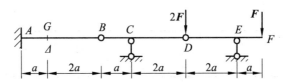

（a）原结构图

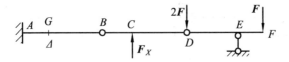

（b）撤除支座 C 竖向约束

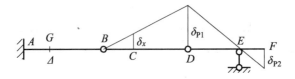

（c）虚位移图

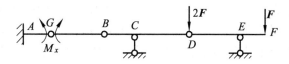

（d）撤除 G 处与弯矩相应的约束

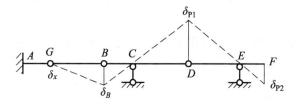

（e）虚位移图

图 10-5-4

【解】（1）求支座反力 F_x。

① 撤去支座 C 的竖直支杆，用相应的支座反力 F_x 替换，得到图 10-5-4（b）所示的结构。

② 令该结构沿 F_x 正方向发生单位位移，即 $\delta_x=1$，得到刚体体系的虚位移图，如图 10-5-4（c）所示。

根据刚体体系的虚位移图，可得到如下几何关系：$\delta_{P1}=-3$，$\delta_{P2}=1.5$，这里，δ_{P1} 方向与 F_{P1} 方向相反，δ_{P1} 应为负值。

③ 建立虚功方程

$$F_x \cdot 1 + F_{P1} \cdot \delta_{P1} + F_{P2} \cdot \delta_{P2}=0$$

④ 将几何关系代入得

$$F_x=-2F\times(-3)F\times1.5$$

（2）求截面 G 的弯矩 M_G。

① 撤除与弯矩 M_G 相应的约束，即将截面 G 由刚结改为铰结，并用一对大小相等、方向相反的力偶 M_x 替换。此时，$M_x=M_G$ 由内力变为主动力，所得结构如图 10-5-4（d）所示。

② 令此结构在 M_x 正方向发生相对单位转角，即 $\delta_x=1$，得到刚体体系的虚位移图，如图 10-5-4（e）所示。

由几何关系可得

$$\delta_{P1}=-4a，\quad \delta_{P2}=2a$$

③ 虚功方程为

$$M_x\times1+F_{P1}\cdot\delta_{P1}+F_{P2}\cdot\delta_{P2}=0$$

将几何关系代入得

$$M_x\times1+2F\times(-4a)+F\times2a=0$$

得 $M_x=M_G=6Fa$

（2）虚设一平衡力系，求静定结构的位移——虚力原理，即单位荷载法。

图 10-5-5（a）为一伸臂梁，支座 A 向下移动距离为 c_1，现在拟求点 C 竖向位移 Δ。

图 10-5-5（a）中位移状态是给定的，为了应用虚功原理，应该虚设一平衡力系。为了能在点 C 竖向位移上做虚功，即与拟求的点 C 竖向位移对应，在点 C 加一竖向力 F，则支座 A 的反力为 Fb/a。F 与相应的支座反力组成一平衡力，如图 10-5-5（b）所示，这是一个虚设的力系状态。

令图 10-5-5（b）的虚设平衡力系在图 10-5-5（a）的刚体位移上做虚功，得

$$F\Delta + F\frac{b}{a}c_1 = 0, \Delta = -\frac{b}{a}c_1$$

由上式可以看出，Δ 与 F 无关。Δ 是负号，说明 Δ 的方向与 F 相反，方向向上，如图 10-5-5（a）虚线所示。

为计算简便，可在虚设力系中设 $F = 1$［图 10-5-5（c）］，则

$$F = \frac{b}{a}$$

在拟求位移方向施加单位力 $F = 1$，用这样一个虚设的单位平衡力系与给定位移建立虚功方程，得拟求位移，这个方法称为单位荷载法。

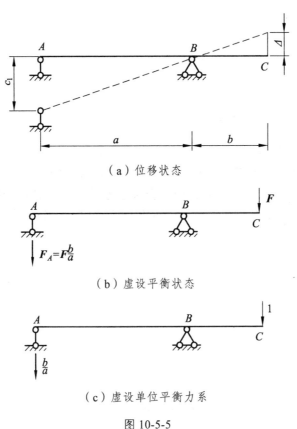

（a）位移状态

（b）虚设平衡状态

（c）虚设单位平衡力系

图 10-5-5

📝 任务实训

1. 何为虚功和实功?

_____

_____

_____

_____

2. 试求图 10-5-6 所示桁架结点 C 的水平位移,各杆 EA 相等。

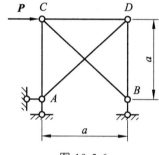

图 10-5-6

_____

_____

_____

_____

3. 学习心得及总结。

_____

_____

_____

_____

_____

_____

_____

_____

任务6　荷载作用下静定结构的位移计算

1. 位移计算的一般公式及计算步骤

（1）位移计算的一般公式。

本节讨论静定结构在荷载作用下位移计算的一般公式。

应用虚功原理得到虚功位移公式如下：

$$\Delta = \sum \int (F_N \varepsilon + F_Q \gamma_0 + M\kappa) - \sum F_{AK} c_K \qquad (10\text{-}6\text{-}1)$$

假设材料是弹性的，在荷载作用下应用公式（10-6-1）计算位移时，应根据材料是弹性的特点计算荷载作用下各截面的应变 ε、γ_0、κ。由胡克定律，可求得直杆在荷载作用下与轴力（F_{Np}）、剪力（F_{QP}）、弯矩（M_p）相应的弹性应变。

轴向应变：

$$\varepsilon = \frac{F_{NP}}{EA} \qquad (10\text{-}6\text{-}2)$$

剪切应变：

$$\gamma_0 = \kappa \frac{F_{QP}}{GA} \qquad (10\text{-}6\text{-}3)$$

弯曲应变：

$$\kappa = \frac{M_p}{EI} \qquad (10\text{-}6\text{-}4)$$

式中，E、G 分别为材料的弹性模量和剪切弹性模量；A、I 分别为杆件截面的面积和惯性矩；EA、GA、EI 分别为杆件截面的抗拉、抗剪和抗弯刚度；κ 为与截面形状有关的系数，当截面为矩形、圆形、薄壁圆环时，其值分别取 6/5、10/9、2。

将式（10-6-2）~式（10-6-4）代入（10-6-1），得到直杆在荷载作用下位移计算的一般公式为

$$\Delta = \sum \int \frac{F_N F_{NP}}{EA} dx + \sum \int \frac{k F_Q F_{QP}}{GA} dx + \sum \int \frac{M M_p}{EI} dx \qquad (10\text{-}6\text{-}5)$$

注意：在式（10-6-5）中有两套内力：

F_N、F_Q、M —— 虚设单位荷载引起的内力；

F_{NP}、F_{QP}、M_p —— 实际荷载引起的内力。

关于内力的正、负号规定如下：

① 轴力 F_N、F_{NP} —— 以拉力为正，压力为负号；

② 剪力 F_Q、F_{QP} —— 以使微段顺时针转动为正，使微段逆时针转动为负；

③ 弯矩 M、M_P——只规定 M 与 M_P 乘积的正负号，当 M 与 M_P 使杆件同侧纤维受拉时，乘积取正；受压时，乘积取负。

（2）位移计算的步骤。

荷载作用下位移计算的步骤如下：

① 沿拟求位移 Δ 的位置和方向虚设相应的单位载荷；

② 根据静力平衡条件，求出在单位荷载下结构的内力 $\boldsymbol{F}_N$、$\boldsymbol{F}_Q$、M；

③ 根据静力平衡条件，计算在荷载作用下结构的内力 $\boldsymbol{F}_{NP}$、$\boldsymbol{F}_{QP}$、M_P；

④ 代入式（10-6-5），计算 Δ。

2. 各类结构位移计算的简化计算公式

式（10-6-5）是静定结构在荷载作用下弹性位移计算的一般公式。公式右边有三项：第一项表示轴向变形的影响，第二项表示剪切变形的影响，第三项则表示弯曲变形的影响。各种不同的结构形式，不同的受力特点，这三种影响在求位移中所占的比重也不同。根据不同结构的受力特点，保留主要影响，忽略次要影响，可得到不同结构的简化公式。

（1）梁和刚架。

梁和刚架中的位移主要是由弯矩引起的，轴力和剪力的影响很小，因此式（10-6-5）可简化为

$$\Delta = \sum \int \frac{MM_P}{EI}\mathrm{d}x \tag{10-6-6}$$

（2）桁架。

在桁架中，各杆只受轴力，而且一般情况下，每根杆件的截面 A 和轴力 $\boldsymbol{F}_Q$、$\boldsymbol{F}_{QP}$ 以及弹性模量 E 都是常数。因此，式（10-6-5）可简化为

$$\Delta = \sum \int \frac{F_N F_{NP}}{EA}\mathrm{d}x = \sum \frac{F_N F_{NP}}{EA}\int \mathrm{d}x = \sum \frac{F_N F_{NP} l}{EA} \tag{10-6-7}$$

（3）组合结构。

在组合结构中，梁式杆一般只考虑弯曲变形的影响，而对于链杆则应考虑其轴向变形的影响。因此，式（10-6-5）可简化为

$$\Delta = \sum \int \frac{F_N F_{NP}}{EA}\mathrm{d}x + \sum \frac{F_N F_{NP} l}{EA} \tag{10-6-8}$$

3. 荷载作用下的位移计算示例

【例 10-6-1】试求图 10-6-1（a）所示悬臂梁在 A 端的竖向位移 Δ，并比较弯曲变形与剪切变形对位移的影响，设梁的截面为矩形。

【解】先求实际荷载［图 10-6-1（a）］作用下的内力，再求虚设单位荷载［图 10-6-1（b）］作用下的内力，以点 A 为坐标原点，任意截面 x 的内力为

实际荷载   虚设单位荷载

$$M_P = -\frac{1}{2}qx^2 \qquad\qquad M = -x$$

$$F_{NP} = 0 \qquad\qquad F_N = 0$$

$$F_{QP} = -qx \qquad\qquad F_Q = -1$$

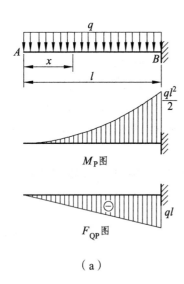

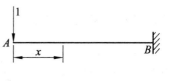

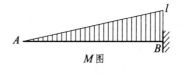

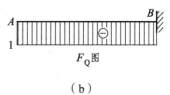

（a）   （b）

图 10-6-1

弯曲变形引起的位移为

$$\Delta_M = \int \frac{MM_P}{EI}dx = \int_0^l \frac{(-x)\left(-\frac{1}{2}qx^2\right)}{EI}dx = \frac{ql^4}{8EI}$$

剪切变形引起的位移为

$$\Delta_Q = k\int \frac{F_Q F_{QP}}{GA}dx = 1.2\int_0^l \frac{(-1)(-qx)}{GA}dx = 0.6\frac{ql^2}{GA}$$

由于梁的轴力为零，故总位移为

$$\Delta = \Delta_M + \Delta_Q = \frac{ql^4}{8EI} + 0.6\frac{ql^2}{GA}$$

现在再比较剪切变形与弯曲变形对位移的影响，两者的比值为

$$\frac{\Delta_Q}{\Delta_M} = \frac{0.6ql^2/GA}{ql^4/8EI} = 4.8\frac{EI}{GAl^2}$$

设横向变形系数 $\mu = 1/3$，$E/G = 2(1+\mu) = 8/3$，对于矩形截面，$I/A = h^2/12$（h 为截面高度），代入上式得 $\dfrac{\Delta_Q}{\Delta_M} = 1.07\left(\dfrac{h}{l}\right)^2$。

当梁的高跨比 h/l 是 $1/10$ 时，则 $\dfrac{\Delta_Q}{\Delta_M} = 1.07\%$，剪力的影响约为弯矩影响的 1%，故对于一般的梁可以忽略剪切变形对位移的影响。但是当梁的高跨比 h/l 增大为 $1/2$ 时，则 $\dfrac{\Delta_Q}{\Delta_M}$ 增大为 $1/4$。因此，对于高跨比较大的深梁，剪切变形对位移的影响不可忽略。

📝 任务实训

1. 试求图 10-6-2 所示结构中点 B 的水平位移。

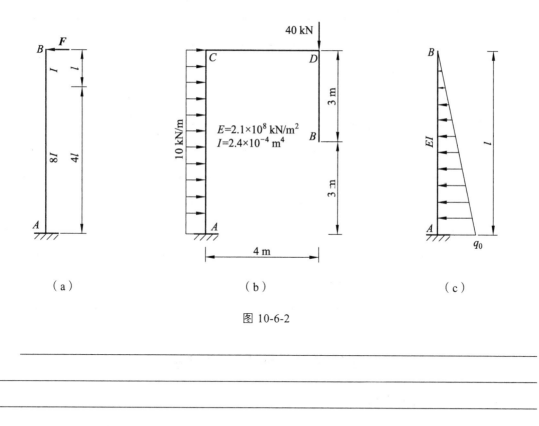

图 10-6-2

_____

_____

_____

_____

_____

_____

2. 已知图 10-6-3（a）所示刚架在图示荷载作用下截面 C 的角位移为 ϕ_C，则该刚架在图 10-6-3（b）所示荷载作用下，B 点的水平位移 Δ_{BH} 为_____。

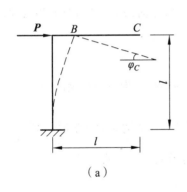
（a）

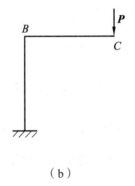
（b）

图 10-6-3

3. 学习心得及总结。

_____

_____

_____

_____

_____

_____

_____

_____

_____

_____

_____

_____

_____

任务 7   图乘法计算位移

1. 图乘公式及应用条件

在荷载作用下位移计算的一般公式（10-6-5）中，需要求下列积分项的值：

$$\int \frac{M_i M_k}{EI} \mathrm{d}x \qquad (10\text{-}7\text{-}1)$$

求积分项的值时，除采用各种积分方法求出精确的表达式外，还可以采用数值积分方法求出精确的或近似的数值解。

本节介绍一种求式（10-7-1）积分值的方法——图乘法。在一定的应用条件下，图乘法可以给出式（10-7-1）积分值的数值解，而且是精确解。

图 10-7-1 为一直杆或直杆段的两个弯矩图，其中有一个弯矩图（M_i 图）是直线图。如果在 AB 范围内该杆截面抗弯刚度引为一常数，则式（10-7-1）这类积分可按式（10-7-2）求出积分值。

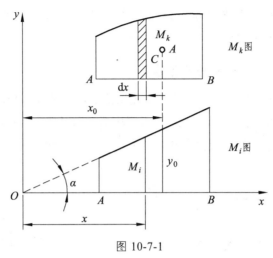

图 10-7-1

$$\int \frac{M_i M_k}{EI} \mathrm{d}x = \frac{1}{EI} \sum M_i M_k \mathrm{d}x = \frac{1}{EI} A y_0 \tag{10-7-2}$$

式中，A 是 AB 段内 M_k 图的面积，y_0 是与 M_k 图形心 C 对应处的 M_i 图的纵坐标。

式（10-7-2）可证明如下：

先看直线图形（M_i 图）。以 M_i 图中两直线的交点 O 作为坐标原点，以 α 表示图直线的倾角，则 M_i 图任一点弯矩可表示为

$$M_i = x \tan \alpha \tag{10-7-3}$$

$$\int_A^B M_i M_k \mathrm{d}x = \tan \alpha \int_A^B x M_k \mathrm{d}x$$

式中，$M_k \mathrm{d}x$ 可看作图 M_k 的微分面积（图 10-7-1 中画阴影线的部分）；$x M_k \mathrm{d}x$ 是微分面积对 y 轴的面积矩。于是，$\int_A^B M_k \mathrm{d}x$ 就是 M_k 图的面积 A 对 y 轴的面积矩。以 x_0 表示 M_k 图的形心 C 到 y 轴的距离，则

$$\int_A^B x M_k \mathrm{d}x = A x_0$$

将上式代入式（10-7-3）得到

$$\int_A^B M_i M_k \mathrm{d}x = \tan \alpha \, A y_0 \tag{10-7-4}$$

式中，y_0 是在 M_k 图形心 C 对应处的 M_k 的纵坐标。

式（10-7-4）是图乘法所使用的公式，这种将式（10-7-1）的积分运算问题转化为两个内力图相乘求位移的方法就称为图乘法。

应用图乘法计算时要注意以下两点。

① 应用条件：杆段应是等截面直杆段，两个图形中至少应有一个是直线，纵坐标 y_0 应取自直线图中。

② 正负号规则：面积 A 与纵坐标 y_0 在杆的同一边时，乘积 Ay_0 取正号；面积 A 与纵坐标 y_0 在杆的不同边时，乘积 Ay_0 取负号。

2. 常用内力图的面积公式和形心位置

在图 10-7-2 中，给出了位移计算中几种常见图形的面积公式和形心位置。应当注意的是，在所示的各次抛物线图形中，抛物线顶点处的切线都是与基线平行的，这种图形称为标准抛物线图形。在标准抛物线弯矩图的顶点处，其剪力必为零。应用图中有关公式时，应注意该特点。

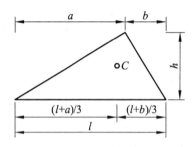

（a）三角形 $A = \dfrac{lh}{2}$

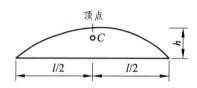

（b）二次抛物线 $A = \dfrac{2}{3}lh$

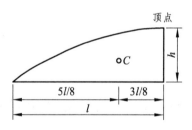

（c）二次抛物线 $A = \dfrac{2}{3}lh$

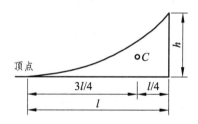

（d）二次抛物线 $A = \dfrac{1}{3}lh$

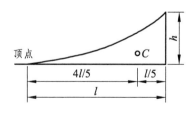

（e）三次抛物线 $A = \dfrac{1}{4}lh$

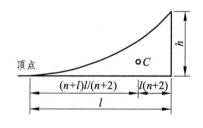

（f）n 次抛物线 $A = \dfrac{1}{n+1}lh$

图 10-7-2

3. 复杂内力图形的分段、分解和叠加

应用图乘法时应注意以下几点：

① 如果一个图形是曲线，一个图形是直线，则纵坐标处应在直线图形中量取。

② 如果两个图形都是直线，则纵坐标 y_0 可以取自任一图形。

③ 如果遇到下列情形，则应分段、叠加计算。

（1）分段。

① 一个图形是曲线，一个图形是由几段直线组成的折线，则应分段计算，对于图 10-7-3（a）所示情形，有

$$\int_A^B M_i M_k \mathrm{d}x = A_1 y_1 + A_2 y_2 + A_3 y_3$$

② 杆件各段有不同的刚度 EI 时，则应在 EI 变化处分段，并分段进行图乘，如图 10-7-3（b）所示，有

$$\int \frac{M_i M_k}{EI} \mathrm{d}x = \frac{1}{EI_1} A_1 y_1 + \frac{1}{EI_2} A_2 y_2$$

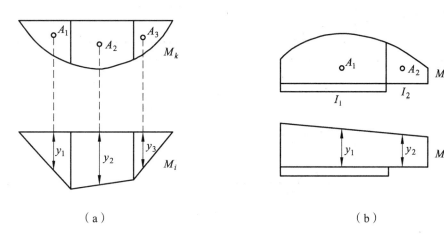

（a） （b）

图 10-7-3

（2）叠加。

在 M_k 图形的面积计算或形心位置的确定比较复杂时，可将复杂的图形分解为简单的图形，然后叠加计算。

① 两个图形都是梯形（图 10-7-4），可以不求梯形面积的形心，而把一个梯形分解为两个三角形（或分解为一个矩形和一个三角形），分别应用图乘法，然后叠加，即

$$\frac{1}{EI} \int \frac{M_i M_k}{EI} \mathrm{d}x = \frac{1}{EI}(A_1 y_1 + A_2 y_2) \tag{10-7-5}$$

式中：

$$A_1 = \frac{1}{2}al, \ A_2 = \frac{1}{2}bl, \ y_1 = \frac{2}{3}c + \frac{1}{3}d, \ y_2 = \frac{1}{3}c + \frac{2}{3}d \tag{10-7-6}$$

将式（10-7-6）代入式（10-7-5），可得适用于两个梯形面积相乘计算的一般公式为

$$\frac{1}{EI}\int M_i M_k dx = \frac{1}{6EI}(2ac + 2bd + ad + bc) \qquad （10\text{-}7\text{-}7）$$

式（10-7-7）也可以适用于图 10-7-5 中两个直线弯矩图位于基线异侧时的情况。此时，式中括号内各项乘积的正负号，按照两个纵标在基线同侧时乘积为正，基线异侧时乘积为负的原则确定。式（10-7-7）也适用于一端的纵标为零，即图形为三角形的情况。

② M_k 图为一段直杆在均布荷载作用下的 M_P 图，由绘制直杆弯矩图的叠加法知道，它们是由简单图形叠加而成。图 10-7-6（a）为直杆 AB 在均布荷载 q 作用下的 M_P 图，是由两端弯矩 M_A、M_B 的直线弯矩图和简支梁在均布荷载 q 作用下的标准抛物线弯矩图叠加而成。因此，可将图 10-7-6（a）M_P 图分解为图 10-7-6（b）的 M' 图（M' 图再分解为两个三角形 A_1、A_2）和图 10-7-6（c）的 M^0 图（即 A_3）等简单图形，然后分别应用图乘法，其代数和即为所求位移。

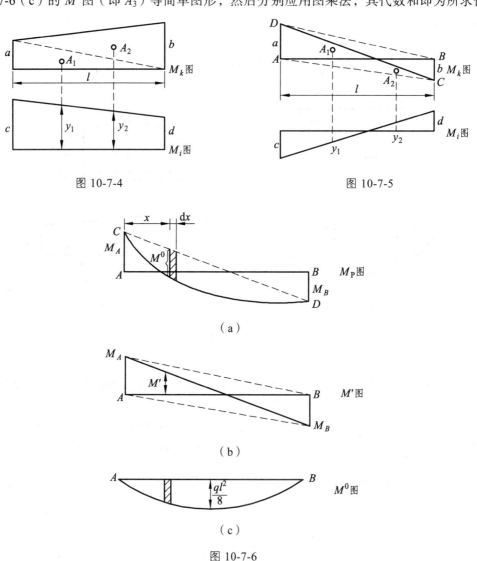

图 10-7-4   图 10-7-5

（a）

（b）

（c）

图 10-7-6

📝 任务实训

1. 用图乘法计算图 10-7-7 所示简支梁在集中荷载作用下的 B 端转角 Δ_B。

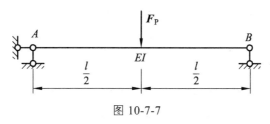

图 10-7-7

_____

_____

_____

_____

_____

2. 用图乘法计算图 10-7-8 所示简支梁在均布荷载 q 作用下的 B 端转角 Δ_B。

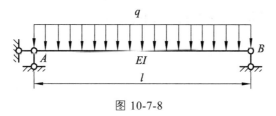

图 10-7-8

_____

_____

_____

_____

_____

3. 学习心得及总结。

_____

_____

_____

_____

_____

_____

_____

_____

_____

_____

_____

_____

📝 项目小结

本项目着重介绍了静定结构内力和位移分析，从多跨静定梁、静定平面刚架到静定平面桁架，不同构件应用不同解析方法，求出内力，绘制内力图；并应用图乘法求解静定结构的位移。

1. 多跨静定梁主要讲解了其概念，并运用内力分析方法对其进行内力分析。

2. 静定平面刚架主要阐述了其特点，介绍了其主要类型，并对其进行内力分析。

3. 静定平面桁架主要讲解了桁架的特点，重点阐述零杆的概念以及平面桁架的内力计算方法。

4. 图乘法主要讲解了多个图乘公式，并利用常用内力图的面积公式确定构件内力，进而进行复杂内力图形的分段、分解和叠加。

项目 11 超静定结构的内力和位移

项目 10 已经详细地讨论了静定结构的受力分析和位移计算问题。而在实际工程中应用更为广泛的是超静定结构，所谓超静定结构，指的是整个结构体系中有多余约束，本项目就是详细阐述超静定结构的内力和位移分析问题，主要涉及力法、位移法的基本原理及计算。

知识目标

1. 掌握超静定结构的概念及超静定次数。
2. 掌握用力法计算超静定结构的方法。
3. 掌握用位移法计算超静定结构的方法。

教学要求

1. 会利用力法原理和力法方程解决超静定结构内力分析问题。
2. 熟悉超静定内力图的绘制。
3. 会利用位移法解决高次超静定梁和刚架位移问题。

重点难点

力法和位移法的原理及应用。

任务 1 超静定结构的概念和超静定次数

1. 超静定结构的概念

从几何组成分析的角度来讲，超静定结构是指具有多余约束的几何不可变体系，这就决定了超静定结构的基本静力特性：在外力作用下，超静定结构的支座反力和内力只用静力平衡条件是不能确定或不能全部确定的。例如，图 11-1-1（a）中的超静定连续梁在竖向荷载作用下，由平衡条件 $\sum F_x = 0$，可知支座 A 处的水平反力为零，但三个支座处的竖向反力却无法由 $\sum F_y = 0$ 和 $\sum M = 0$ 两个独立的平衡条件唯一确定。这是由于该结构存在一个竖向的多余约束，满足两个方程的三个竖向反力值可以有无穷多组。而在实际情况下，当荷载给定时，连续梁的支座反力必定是唯一的，因此必须引入其他条件，才能确定结构的全部支座反力并进而确定结构的内力。

超静定结构中多余约束的选取方案不是唯一的，某个约束能不能被视为是多余的，要看它是否为结构维持几何不变所必需。例如，图 11-1-1（a）中的连续梁，其支座 A、B、C 处的任意一根竖向链杆都可以被视为多余约束（而支座 A 处的水平链杆是维持体系几何不变所必需的约束，称其为必要约束）；同理，在图 11-1-1（b）所示的桁架中，可以将支座 F 处的竖向链杆以及 BE、BG 杆件看作多余约束，也可以将支座 D 处的链杆以及 AF、CF 杆件看作多余约束。此外，还有其他多种选择多余约束的方案，读者可自己考虑。

对于一个超静定结构而言，多余约束的选取虽具有不定性，但多余约束的总数目却是定的，前面讨论的超静定梁和超静定桁架的多余约束总数目分别为 1 和 3。多余约束中产生的约束力称为多余未知力。

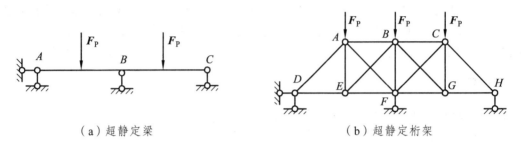

（a）超静定梁　　　　　　　　　　（b）超静定桁架

图 11-1-1

2. 超静定次数的确定

从几何组成分析的角度讲，结构的超静定次数是指结构中多余约束的数目。从静力分析的角度讲，结构的超静定次数等于计算约束反力时所缺少的平衡方程的个数。判断结构的超静定次数可以用去掉多余约束使原结构变为静定结构的方法进行。去掉多余约束的方法归纳起来主要有以下几种：

① 去掉一个支杆或切断一根结构内部的链杆，相当于去掉一个约束。例如，图 11-1-2（a）为一多跨超静定连续梁，去掉支座 B、C 处的竖向支杆后，结构成为简支梁［图 11-1-2（b）］，所以原结构的超静定次数为 2；图 11-1-2（c）中的超静定组合结构，当切断链杆 EF 后成为静定组合结构［图 11-1-2（d）］，所以原结构超静定次数为 1。

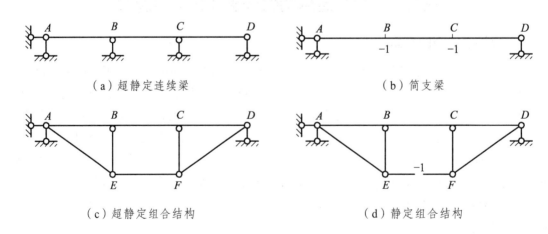

（a）超静定连续梁　　　　　　　　　（b）简支梁

（c）超静定组合结构　　　　　　　　（d）静定组合结构

图 11-1-2

② 去掉一个固定铰支座或一个连接两刚片的单铰，相当于去掉两个约束。例如，［图 11-1-3（a）］中的超静定刚架结构，当去掉 C 处的固定单铰后原结构成为两个静定的悬臂刚架［图

11-1-3（b）］，所以原结构超静定次数为 2。

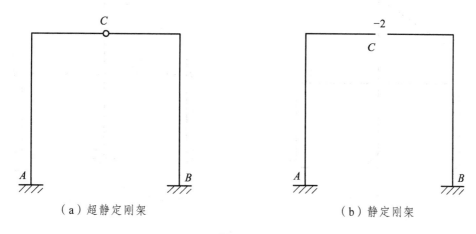

（a）超静定刚架　　　　　　　　　　（b）静定刚架

图 11-1-3

③ 将固定支座改成固定铰支座，或将杆件间的刚性联结改成单铰联结，相当于去掉一个约束。例如，图 11-1-4（a）中的多跨连续梁，当将结点 3 处的刚性联结改为单铰联结后，结构成为两跨静定梁［图 11-1-4（b）］，所以原结构超静定次数为 1。

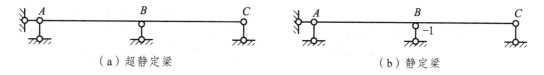

（a）超静定梁　　　　　　　　　　（b）静定梁

图 11-1-4

④ 去掉一个固定支座或切断一个刚性联结，相当于去掉 3 个约束。例如，图 11-1-5（a）中的超静定拱，当将跨中处的刚性联结切断后，结构成为两个静定的悬臂曲梁［图 11-1-5(b)］，所以原结构超静定次数为 3。

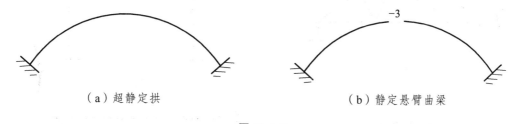

（a）超静定拱　　　　　　　　　　（b）静定悬臂曲梁

图 11-1-5

【例 11-1-1】试确定图 11-1-6（a）中刚架的超静定次数。

【解】先将左边主刚架与基础看成一个整体，右边刚架与左边整体通过一个铰和一个固定支座联结，有两个多余约束，将固定支座改为活动铰支座相当于撤除两个约束。

再分析主跨部分，将横梁切断相当于撤除 3 个约束；再解除点 C 处的单铰，相当于撤除 2 个约束。这样，原结构就成为图 11-1-6（b）中没有多余约束的几何不变体系。根据以上分析可知，该刚架超静定次数为 7。

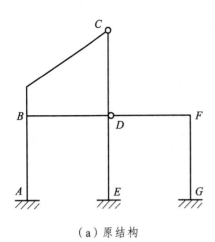

（a）原结构

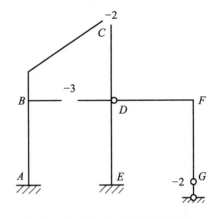

（b）去掉多余约束后的静定结构

图 11-1-6

📝 **任务实训**

1. 试确定 11-1-7 所示结构的超静定次数。

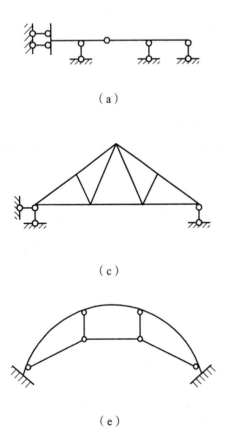

（a）

（c）

（e）

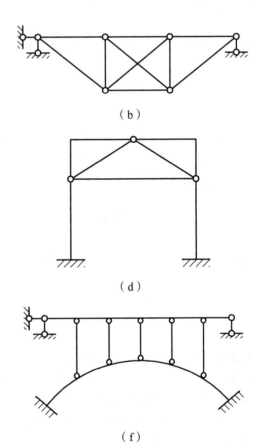

（b）

（d）

（f）

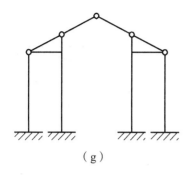

（g）

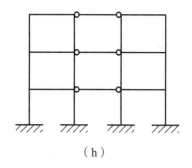

（h）

图 11-1-7

2. 学习心得及总结。

_____

_____

_____

_____

_____

_____

任务 2 力法原理和力法方程

1. 力法原理

力法是一种用于超静定结构受力分析的基本方法。图 11-2-1（a）为一端固定、另一端为活动铰支座的 1 次超静定梁，跨中受集中荷载 F_P 作用，梁的抗弯刚度 EI 为常数。

如果将支座 B 处的竖向链杆撤除，用原支座中的反力 F_{By} 替代，如图 11-2-1（b）所示，则原来的超静定梁便转化为静定的悬臂梁。而且悬臂梁在荷载 F_P 与反力 F_{By} 共同作用下的其余支座反力的大小以及内力和变形情况应该与原超静定梁完全相同。这样，原超静定结构的受力分析问题便可以转化为相应的静定结构的受力分析问题，只是还需要确定 F_{By} 的值。因此，问题的关键在于如何确定 F_{By}。如果将支座 B 视作多余约束，则 F_{By} 即为多余未知力，在力法中用特定的符号 X_1 来表示该多余未知力［图 11-2-1（e）］。多余力 X_1 称为力法的基本未知量。将原超静定结构中去掉多余约束后所得到的静定结构称为力法的基本结构［图 11-2-1（c）］。基本结构在原有荷载和多余未知力共同作用下的体系称为力法的基本体系［图 11-2-1（d）］。

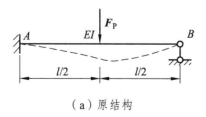

（a）原结构

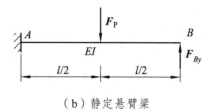

（b）静定悬臂梁

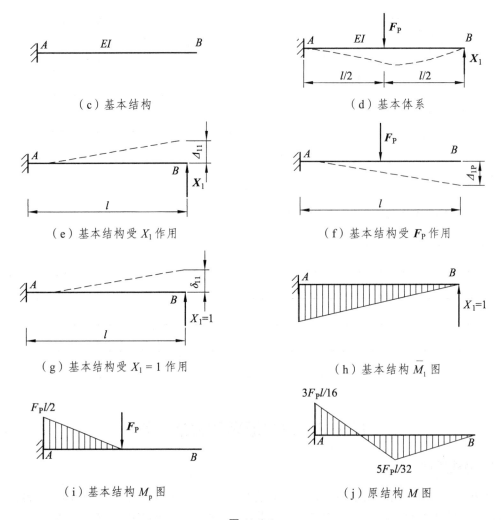

（c）基本结构　　　　　　　　　　　　　　　　　（d）基本体系

（e）基本结构受 X_1 作用　　　　　　　　　　（f）基本结构受 F_P 作用

（g）基本结构受 $X_1 = 1$ 作用　　　　　　　　（h）基本结构 $\overline{M}_1$ 图

（i）基本结构 M_P 图　　　　　　　　　　　　（j）原结构 M 图

图 11-2-1

　　为了确定 X 的值，必须考虑变形条件以建立补充方程。为此应对比原结构与基本体系的变形情况。原结构在支座 B 处的竖向位移为零，因而基本体系也必须符合这样的变形条件：在点 B 处的竖向位移（设为 Δ_1）为零，即

$$\Delta_1 = 0 \qquad\qquad （11-2-1）$$

　　式（11-2-1）即为确定未知力 X_1 的补充条件，它表示基本体系的变形与原结构相同，故称为变形协调条件。

　　若以 Δ_{11}、Δ_{1P} 分别表示多余力 X_1 与荷载 F_P 单独作用于基本结构上时，点 B 沿 X_1 方向的位移［图 11-2-1（e）、（f）］，其符号均以沿 X_1 方向为正。Δ 的两个下标的含义是：第一个下标代表产生位移的位置和方向；第二个下标表示产生位移的原因。例如，Δ_{11} 表示 X_1 作用点处沿 X_1 方向由 X_1 产生的位移；Δ_{1P} 表示 X_1 作用点处沿 X_1 方向由荷载 F_P 产生的位移。根据线性变形体系的叠加原理，支座 B 处的竖向位移为

$$\Delta_1 = \Delta_{11} + \Delta_{1P} = 0 \qquad\qquad （11-2-2）$$

若以 δ_{11} 表示单位力（即 $X_1 = 1$）单独作用于基本结构时，点 B 沿 X_1 方向的位移 [图 11-2-1（g）]，根据材料的线弹性假设，则 $\varDelta_{11} = \delta_{11} X_1$。于是式（11-2-2）变为

$$\varDelta_{11} = \delta_{11} X_1 + \varDelta_{1P} = 0 \tag{11-2-3}$$

因而可得

$$X_1 = -\frac{\varDelta_{1P}}{\delta_{11}} \tag{11-2-4}$$

由于 δ_{11} 和 $\varDelta_{1P}$ 都是静定结构在已知力作用下的位移，均可采用静定结构的位移计算方法求得。因此，多余未知力 X_1 的大小可由式（11-2-4）确定。

式（11-2-4）就是根据原结构的变形协调条件建立的用来确定 X_1 的变形协调方程，称为力法方程。它的一般形式为

$$\delta_{11} X_1 + \varDelta_{1P} = \varDelta_1 \tag{11-2-5}$$

式中，$\varDelta_1$ 是与多余约束相应的已知位移。

为了具体计算系数 δ_{11} 和 $\varDelta_{1P}$，分别绘出基本结构在 $X_1 = 1$ 与荷载 F_P 单独作用下的弯矩图 $\overline{M}_1$ 和 M_P，如图 11-2-1（h）、（i）所示，由图乘法可得

$$\delta_{11} = \sum \int \frac{\overline{M}_1 \overline{M}_1}{EI} \mathrm{d}x = \frac{1}{EI}\left(\frac{1}{2}\times l \times l\right)\times \frac{2l}{3} = \frac{l^3}{3EI}$$

$$\varDelta_{1P} = \sum \int \frac{\overline{M}_1 \overline{M}_P}{EI} \mathrm{d}x = -\frac{1}{EI}\left(\frac{1}{2}\times \frac{F_P l}{2}\times \frac{l}{2}\right)\times \frac{5l}{6} = \frac{5F_P l^3}{48EI}$$

将 δ_{11} 和 $\varDelta_{1P}$ 的值代入式（11-2-4），即解得多余未知力 X_1 的值为

$$X_1 = -\frac{\varDelta_{1P}}{\delta_{11}} = -\left(-\frac{5F_P l^3}{48EI}\right)\times \frac{3EI}{l^3} = \frac{5F_P}{16}$$

多余未知力 X_1 求得后，其余反力、内力的计算均可由静力平衡条件解得。此外，弯矩图 M 也可以利用 $\overline{M}_1$ 和 M_P 图由叠加法绘出，即

$$M = \overline{M}_1 X_1 + M_P$$

只要将 $\overline{M}_1$ 图的纵标乘以 X_1 再与 M_P 图对应的纵标相加，便可绘出 M 图，如图 11-2-1（j）所示。

上述计算超静定结构所用的概念和方法称为力法原理，根据力法原理计算超静定结构的方法称为力法。力法的特点是以超静定结构的多余未知力（约束反力、内力）作为基本未知量，根据基本体系在多余约束处与原结构位移相同的条件，建立变形协调方程（力法方程）以求解多余未知力，从而把超静定结构的求解问题转化为静定结构分析问题。

2. 力法方程

为了进一步说明力法原理和演示建立力法方程的过程，下面再举些比较复杂的例子。图

11-2-2（a）为 2 次超静定刚架，如果将支座 B 看作多余约束，则其中的约束反力为多余未知力，用 X_1 和 X_2 表示。按照力法原理，可以去掉多余约束，用多余力 X_1 和 X_2 来代替它们的作用，从而得到原结构的基本体系如图 11-2-2（b）所示。基本体系的变形和内力应与原结构的相同。

为了求出多余未知力，需要考察多余约束处的位移协调条件：由于原结构在铰支座 B 处不可能有线位移，所以在荷载和多余未知力的共同作用下，基本结构在点 B 处沿多余力 X_1 和 X_2 方向的位移都应为零，即

$$\left.\begin{array}{l} \Delta_1 = 0 \\ \Delta_2 = 0 \end{array}\right\}$$
（11-2-6）

式（11-2-6）就是求解多余力 X_1、X_2 时的位移条件。根据叠加原理，式（11-2-6）可以写成如下形式：

$$\left.\begin{array}{l} \Delta_1 = \Delta_{11} + \Delta_{12} + \Delta_{1P} = 0 \\ \Delta_2 = \Delta_{21} + \Delta_{22} + \Delta_{2P} = 0 \end{array}\right\}$$
（11-2-7）

式中，$\Delta_{ij}(i,j=1,2)$ 表示基本结构单独承受为作用时，在 X_i 作用点处沿 X_i 方向的位移[图 11-2-2（c）、（d）]；Δ_{iP} 表示基本结构单独承受外荷载作用时，在 X_i 作用点处沿 X_i 方向的位移[图 11-2-2（e）]。Δ_i、Δ_{ij}、Δ_{iP} 都以与所设的 X_i 的方向相同者为正。若以 $\delta_{ij}(i,j=1,2)$ 表示基本结构在 $X_j=1$ 单独作用下，在 X_i 作用点处沿 X_i 方向的位移[图 11-2-2（c）、（d）]，则显然有 $\Delta_{ij}=\delta_{ij}X_j$，于是式（11-2-7）可以改写成下列形式：

$$\left.\begin{array}{l} \Delta_1 = \delta_{11}X_1 + \delta_{12}X_2 + \Delta_{1P} = 0 \\ \Delta_2 = \delta_{21}X_1 + \delta_{22}X_2 + \Delta_{2P} = 0 \end{array}\right\}$$
（11-2-8）

式（11-2-8）就是为求解多余未知力 X_1 和 X_2 而建立的力法方程，其中的系数和自由项都是静定结构在已知外力作用下的位移，因此可按前面所介绍的方法进行计算。由力法方程（11-2-8）解得 X_1 和 X_2，剩余的问题就是静定结构的计算问题。

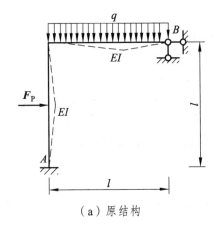

（a）原结构

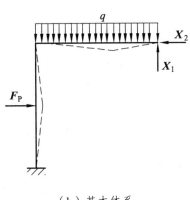

（b）基本体系

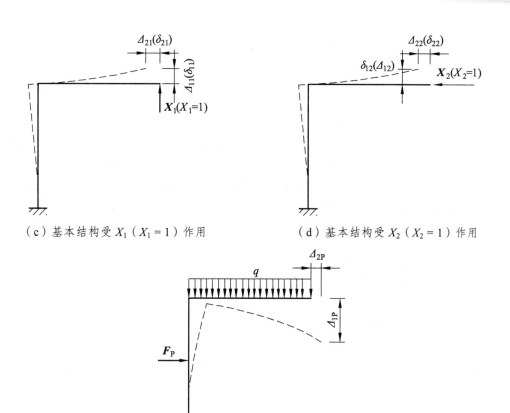

（c）基本结构受 X_1（$X_1 = 1$）作用　　　　　（d）基本结构受 X_2（$X_2 = 1$）作用

（e）基本结构受外荷载作用

图 11-2-2

图 11-2-3（a）为无铰拱结构，它是 3 次超静定结构，将拱的顶部切开，相当于去掉 3 个多余约束，用多余力 X_1、X_2、X_3 代替多余约束的作用，得到图 11-2-3（b）所示的基本体系。这里去掉的是结构的内部约束，所以多余未知力应成对出现。由于原结构的实际变形是处处连续的，同一截面的两侧不可能有相对转动或者相对移动。因此，在荷载和 3 个多余未知力的共同作用下，基本结构上切口两侧的截面沿各多余力方向的相对位移都为零，即

$$\left.\begin{array}{l} \Delta_1 = 0 \\ \Delta_2 = 0 \\ \Delta_3 = 0 \end{array}\right\} \qquad\qquad (11\text{-}2\text{-}9)$$

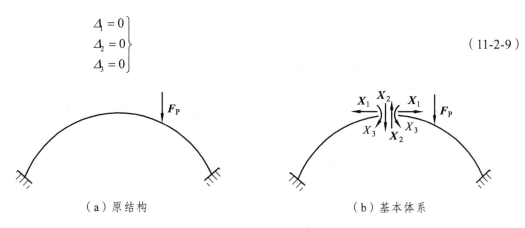

（a）原结构　　　　　　　　　　　　　（b）基本体系

图 11-2-3

根据叠加原理，式（11-2-9）可以表示为

$$\left.\begin{aligned}
\Delta_1 &= \delta_{11}X_1 + \delta_{12}X_2 + \delta_{13}X_3 + \Delta_{1P} = 0\\
\Delta_2 &= \delta_{21}X_1 + \delta_{22}X_2 + \delta_{23}X_3 + \Delta_{2P} = 0\\
\Delta_3 &= \delta_{31}X_1 + \delta_{32}X_2 + \delta_{33}X_3 + \Delta_{3P} = 0
\end{aligned}\right\}$$

（11-2-10）

式（11-2-10）即是求多余未知力 X_1、X_2、X_3 而建立的力法方程组，其中的系数和自由项都是已知外力作用下基本结构的切口处两侧截面的相对移动或相对转动。

用同样的方法分析，可以建立力法的一般方程。对于 n 次超静定的结构，用力法计算时，可以去掉 n 个多余约束，得到静定的基本结构，并作用以与多余约束作用相当的 n 个多余力。与此相应，基本结构应满足 n 个已知的位移条件，据此可以建立 n 个多余力的力法方程，即

$$\left.\begin{aligned}
\delta_{11}X_1 + \delta_{12}X_2 + \cdots + \delta_{1n}X_n + \Delta_{1P} &= \Delta_1\\
\delta_{21}X_1 + \delta_{22}X_2 + \cdots + \delta_{2n}X_n + \Delta_{2P} &= \Delta_2\\
&\cdots\cdots\\
\delta_{n1}X_1 + \delta_{n2}X_2 + \cdots + \delta_{nn}X_n + \Delta_{nP} &= \Delta_n
\end{aligned}\right\}$$

（11-2-11）

当与多余力相应的位移都等于零时，即 $\Delta_i = 0 (i = 1, 2, 3, \cdots, n)$ 时，则上式变为

$$\left.\begin{aligned}
\delta_{11}X_1 + \delta_{12}X_2 + \cdots + \delta_{1n}X_n + \Delta_{1P} &= 0\\
\delta_{21}X_1 + \delta_{22}X_2 + \cdots + \delta_{2n}X_n + \Delta_{2P} &= 0\\
&\cdots\cdots\\
\delta_{n1}X_1 + \delta_{n2}X_2 + \cdots + \delta_{nn}X_n + \Delta_{nP} &= 0
\end{aligned}\right\}$$

（11-2-12）

式（11-2-12）是力法方程的一般形式，称为力法典型方程，该式也可以用矩阵的形式表示为

$$\begin{bmatrix}
\delta_{11} & \delta_{12} & \cdots & \delta_{1n}\\
\delta_{21} & \delta_{22} & \cdots & \delta_{2n}\\
\vdots & \vdots & & \vdots\\
\delta_{n1} & \delta_{n2} & \cdots & \delta_{nn}
\end{bmatrix}
\begin{bmatrix}
X_1\\ X_2\\ \vdots\\ X_n
\end{bmatrix}
+
\begin{bmatrix}
\Delta_{1P}\\ \Delta_{2P}\\ \vdots\\ \Delta_{nP}
\end{bmatrix}
=
\begin{bmatrix}
\Delta_1\\ \Delta_2\\ \vdots\\ \Delta_n
\end{bmatrix}$$

（11-2-13）

式（11-2-13）中，由 δ_{ij} 组成的矩阵称为系数矩阵，矩阵主对角线上的系数 $\delta_{ij}(i, j = 1, 2, \cdots, n)$ 称为主系数，位于主对角线两侧的其他系数 $\delta_{ij}(i \neq j)$ 称为副系数，最后一项 Δ_P 称为自由项。所有系数和自由项都是基本结构上与某一多余力或荷载相应的位移，并以与所设多余力方向一致时为正。主系数 δ_{ij} 代表基本结构由于单位力 $X_i = 1$ 的作用，在 X_i 方向所引起的位移，它总是与该单位力的方向一致，所以恒为正值。而副系数 $\delta_{ij}(i \neq j)$ 可能为正也可能为负或者等于零。根据位移互等定理，有 $\delta_{ij} = \delta_{ji}$，它表明力法方程中位于系数矩阵主对角线两侧对称位置上的两个副系数是相等的，即系数矩阵为对称矩阵。

基本结构通常取为静定结构，此时力法方程（11-2-11）中的系数和自由项都可以按求位移的方法求得。从力法方程中解出多余力 $X_i(i = 1, 2, 3, \cdots, n)$ 后，即可以按静定结构的分析方法

求原结构的反力和内力，或者按下述叠加公式求出弯矩，即

$$M = \overline{M}_1 X_1 + \overline{M}_2 X_2 + \cdots + M_P \qquad (11\text{-}2\text{-}14)$$

再根据平衡条件即可以求出原结构剪力和轴力。

任务实训

1. 根据力法原理，试确定图 11-2-4 的基本体系与基本结构。

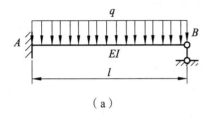 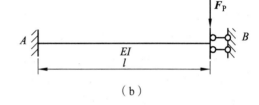

（a） （b）

图 11-2-4

_____

_____

_____

_____

_____

_____

2. 学习心得及总结。

_____

_____

_____

_____

_____

_____

_____

_____

_____

_____

_____

任务3　力法计算超静定结构示例

力法计算超静定结构的步骤可以归纳如下：

（1）确定结构的超静定次数，去掉多余约束，并以多余未知力 X 代替相应的多余约束的作用，得到原结构的基本体系。

（2）根据基本结构在多余未知力和荷载共同作用下，在去掉多余约束处沿多余未知力方向的位移与原结构中相应的位移相同的条件，建立力法典型方程。

（3）作出基本结构的单位内力图和荷载内力图（或写出内力表达式），按求位移的方法计算力法方程中的主系数、副系数和自由项。

（4）将计算所得的系数和自由项代入力法方程，求解各多余未知力。

（5）求出多余力后，按照分析静定结构的方法，绘出原结构的内力图，即最后内力图。最后的内力图也可以利用已作出的基本结构的单位内力图和荷载内力图由叠加原理按式（11-2-14）求得。

1. 超静定梁

用力法计算超静定梁时，通常忽略剪力与轴力对位移的影响，而只考虑弯矩的影响。因此力法方程中的系数与自由项可以表达为

$$
\left.
\begin{aligned}
\delta_{ii} &= \sum \int \frac{\overline{M}_i^2}{EI}\mathrm{d}x \\
\delta_{ij} &= \delta_{ji} = \sum \int \frac{\overline{M}_i\,\overline{M}_j}{EI}\mathrm{d}x \\
\Delta_{\mathrm{P}} &= \sum \int \frac{\overline{M}_i\,\overline{M}_{\mathrm{P}}}{EI}\mathrm{d}x
\end{aligned}
\right\}
\qquad (11\text{-}3\text{-}1)
$$

式中，$\overline{M}_i$、$\overline{M}_j$ 和 $\overline{M}_{\mathrm{P}}$ 分别代表在 $X_i=1$，$X_j=1$ 和外荷载单独作用下基本结构中的弯矩。

【例 11-3-1】试用力法计算图 11-3-1（a）中的两跨连续梁，并绘制 M 和 F_{Q} 图，EI 为常数。

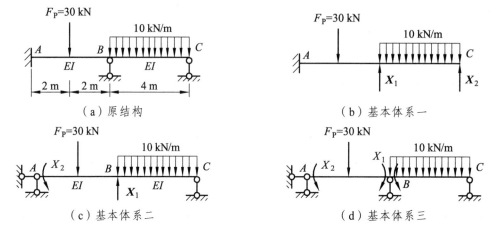

（a）原结构　　　　　　　　　（b）基本体系一

（c）基本体系二　　　　　　　　（d）基本体系三

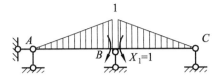

（e）基本体系三 $\overline{M}_1$ 图

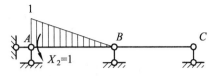

（f）基本体系三 $\overline{M}_2$ 图

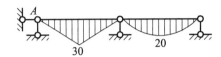

（g）基本体系三 M_P 图

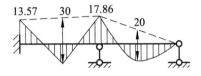

（h）原结构弯矩图

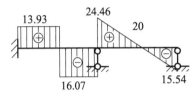

（i）原结构剪力图

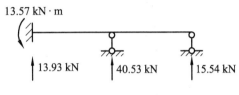

（j）原结构支座反力

图 11-3-1

【解】① 确定基本体系。

该梁为 2 次超静定，有 2 个多余约束，可采用不同的方式去掉这 2 个多余约束，从而分别得到图 11-3-1（b）、（c）、（d）所示的 3 种基本体系，分别为悬臂梁、简支梁与两跨静定梁。本例题只选取图 11-3-1（d）所示的基本体系进行计算。读者可以选用其余 2 种基本体系进行计算，并比较其繁简程度。

② 建立力法方程。

将支座 4 处的弯矩约束去掉，用多余未知力 X_1 替代；将 B 处的组合结点变为铰结点，用多余未知力 X_2 替代。由于在点 B 处去掉的是结构的内部约束，该处的多余未知力应该代替的是 AB、BC 段梁之间的相互作用，即为一对力偶。根据支座 A、B 处的变形协调条件，得 A 处的转角应为零，点 B 左右截面的相对转角应为零，即 $\Delta_1 = 0$，$\Delta_2 = 0$，故有

$$\left.\begin{array}{l}\delta_{11}X_1 + \delta_{12}X_2 + \Delta_P = 0 \\ \delta_{21}X_1 + \delta_{22}X_2 + \Delta_{2P} = 0\end{array}\right\}$$

③ 计算系数及自由项。

绘出基本结构的 $\overline{M}_1$、$\overline{M}_2$ 和 M_P 图，如图 11-3-1（e）、（f）、（g）所示，由图乘法可以求得

$$\delta_{11} = \sum \int \frac{\overline{M}_1^2}{EI} dx = \frac{2}{EI}\left[\left(\frac{1}{2} \times 4 \times 1\right) \times \frac{2}{3}\right] = \frac{8}{3EI}$$

$$\delta_{22} = \sum \int \frac{\overline{M}_2^2}{EI} dx = \frac{1}{EI}\left[\left(\frac{1}{2} \times 4 \times 1\right) \times \frac{2}{3}\right] = \frac{4}{3EI}$$

$$\delta_{12} = \delta_{21} = \sum \int \frac{\overline{M}_1 \overline{M}_2}{EI} dx = \frac{1}{EI}\left[\left(\frac{1}{2}\times 4 \times 1\right)\times\frac{1}{3}\right] = \frac{2}{3EI}$$

$$\Delta_P = \sum \int \frac{\overline{M}_1 \overline{M}_P}{EI} dx = -\frac{1}{EI}\left[\left(\frac{1}{2}\times 30 \times 4\right)\times\frac{1}{2} + \left(\frac{2}{3}\times 20 \times 4\right)\times\frac{1}{2}\right] = -\frac{170}{3EI}$$

$$\Delta_{2P} = \sum \int \frac{\overline{M}_2 \overline{M}_P}{EI} dx = -\frac{1}{EI}\left[\left(\frac{1}{2}\times 30 \times 4\right)\times\frac{1}{2}\right] = -\frac{30}{EI}$$

④ 将各系数、自由项代入力法典型方程，解出多余未知力 X_1、X_2。

$$\frac{8}{3EI}X_1 + \frac{2}{3EI}X_2 - \frac{170}{3EI} = 0$$

$$\frac{8}{3EI}X_1 + \frac{4}{3EI}X_2 - \frac{30}{EI} = 0$$

经整理得

$$8X_1 + 2X_2 - 170 = 0$$
$$2X_1 + 4X_2 - 90 = 0$$

解得

$$X_1 = 17.86\ \text{kN·m}, \quad X_2 = 13.57\ \text{kN·m}$$

⑤ 绘制内力图。

按照叠加公式 $M = \overline{M}_1 X_1 + \overline{M}_2 X_2 + M_P$ 作出原结构的弯矩图，如图 11-3-1（h）所示。由弯矩图可作出剪力图，如图 11-3-1（i）所示。根据剪力图很容易求出各支座反力，如图 11-3-1（j）所示。

现结合例 11-3-1，对力法基本体系的合理选取和结构刚度对其受力状态的影响作简要分析。对于基本体系的选取问题，本例是选用图 11-3-1（d）所示的基本体系进行计算的，其单位弯矩图 $\overline{M}_1$ 图［图 11-3-1（e）］、$\overline{M}_2$ 图［图 11-3-1（f）］和外荷载弯矩 M_P 图［图 11-3-1（g）］，这些内力的图形简单、画法简捷、图乘容易。如选用图 11-3-1（b）或图 11-3-1（c）所示的基本体系计算，则要费时很多，读者可自行练习并比较。结构的刚度对受力状态的影响，由例 11-3-1 的计算结果可知，单位力及荷载引起的位移均与截面的弯曲刚度成反比，由此可以推论，结构的位移与结构的刚度成反比。但观察力法方程和多余约束力后发现，EI 本身并未出现在未知力的表达式中，这说明在荷载作用下超静定结构的内力仅取决于各杆件刚度的相对比值，而与杆件的绝对刚度值无关，所以可取各杆件的相对刚度计算。

2. 超静定刚架

【例 11-3-2】试用力法计算图 11-3-2（a）中刚架，并作弯矩 M 图。

【解】① 确定基本体系。

该刚架为 2 次超静定，去掉 B、C 处的两个节点的转动约束，选取图 11-3-2（b）所示的基本体系进行计算。

② 列力法方程。

根据基本结构在多余未知力 X_1、X_2 和原荷载共同作用下，在支座 B 和刚性结点 C 处两相邻截面沿未知力方向上的相对角位移（Δ_1，Δ_2），应等于原结构相应位移（$\Delta_B = 0$，$\Delta_C = 0$）的位移条件，即 $\Delta_1 = 0$ 和 $\Delta_2 = 0$，从而得力法典型方程为

$$\left.\begin{array}{l}\delta_{11}X_1 + \delta_{12}X_2 + \Delta_{1P} = 0 \\ \delta_{21}X_1 + \delta_{22}X_2 + \Delta_{2P} = 0\end{array}\right\}$$

③ 计算系数和自由项。

绘出基本结构的 $\overline{M}_1$、$\overline{M}_2$ 和 M_P 图，分别如图 11-3-2（c）、（d）、（e）所示，由图乘法可以计算得

$$\delta_{11} = \frac{2}{EI}\left[\left(\frac{1}{2} \times l \times 1\right) \times \frac{2}{3}\right] = \frac{2l}{3EI}$$

$$\delta_{22} = \frac{1}{EI}\left[\left(\frac{1}{2} \times l \times 1\right) \times \frac{2}{3} + (l \times 1) \times 1\right] = \frac{4l}{3EI}$$

$$\delta_{12} = \delta_{21} = \frac{1}{EI}\left[\left(\frac{1}{2} \times l \times 1\right) \times \frac{1}{3}\right] = \frac{l}{6EI}$$

$$\Delta_{1P} = -\frac{1}{EI}\left[\left(\frac{1}{2} \times \frac{ql^2}{4} \times l\right) \times \frac{1}{2} + \left(\frac{2}{3} \times l \times \frac{ql^2}{8}\right) \times \frac{1}{2}\right] = -\frac{5ql^3}{16EI}$$

$$\Delta_{2P} = -\frac{1}{EI}\left[\left(\frac{1}{2} \times \frac{ql^2}{4} \times l\right) \times \frac{1}{2}\right] = -\frac{ql^3}{16EI}$$

④ 将各系数、自由项代入力法方程，并乘以公因子 $\dfrac{24EI}{l}$ 后方程简化为

$$16X_1 + 4X_2 - \frac{5}{2}ql^2 = 0$$

$$4X_1 + 32X_2 - \frac{2}{3}ql^2 = 0$$

解得

$$X_1 = \frac{37}{248}ql^2, \quad X_2 = \frac{7}{248}ql^2$$

⑤ 作 M 图。

用叠加公式（11-2-14）计算最后杆端弯矩，并绘出结构弯矩图，如图 11-3-2（f）所示。

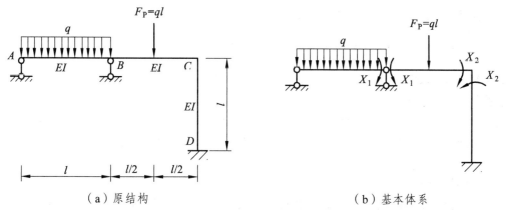

（a）原结构　　　　　　　　　　　　　（b）基本体系

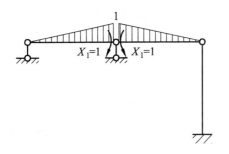

（c）基本结构受 $X_1 = 1$ 作用时 $\overline{M}_1$ 图

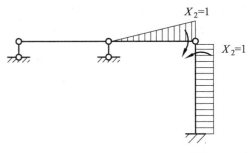

（d）基本结构受 $X_2 = 1$ 作用时 $\overline{M}_1$ 图

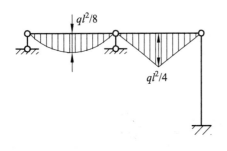

（e）基本结构受外荷载 M_p 图

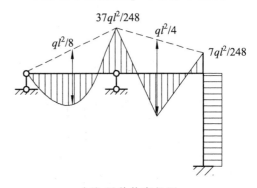

（f）原结构弯矩图

图 11-3-2

3. 超静定桁架

用力法计算超静定桁架的原理和步骤与计算超静定梁和超静定刚架相同。通常桁架结构只承受结点荷载，因此桁架中的各杆只产生轴力。力法方程中系数与自由项的计算公式为

$$
\left.
\begin{aligned}
\delta_{ij} &= \sum \frac{\overline{F}_{Ni}^2 l}{EA} \\
\delta_{ij} = \delta_{ji} &= \sum \frac{\overline{F}_{Ni} \overline{F}_{Nj} l}{EA} \\
\varDelta_{1P} &= \sum \frac{\overline{F}_{Ni} \overline{F}_{NP} l}{EA}
\end{aligned}
\right\}
\tag{11-3-2}
$$

桁架各杆的最后轴力可按下列公式计算：

$$
F_N = \overline{F}_{N1} X_1 + \overline{F}_{N2} X_2 + \cdots + \overline{F}_{Nn} X_n + F_{NP}
\tag{11-3-3}
$$

【例 11-3-3】试用力法计算图 11-3-3（a）中桁架各杆的内力。

【解】① 确定基本结构。

原结构结点 B 上只有 2 根杆，其内力可由平衡条件确定，属于静定部分。杆 DA、DC、DE 构成超静定部分，有 1 根多余杆件。截断杆 DE（或杆 DA、DC），选取基本结构如图 11-3-3（b）所示。

② 列力法方程。

基本结构在 $\boldsymbol{X}_1$ 及 $\boldsymbol{F}_p$ 共同作用下［图 11-3-3（c）］，变形后杆 DE 切断处应当连续（截面

m 及 m' 合在一起而无相对位移），即 X_1 作用点沿 X_1 方向的相对位移等于零，由此列出力法方程：

$$\Delta_1 = \delta_{11}X_1 + \Delta_{1P} = 0$$

③ 绘出 $\overline{F}_{N1}$ 和 F_{NP} 图，如图 11-3-3（d）、（e）所示，计算系数和自由项。

$$\delta_{11} = \frac{1\times1\times\sqrt{2}a}{EA} + \frac{1\times1\times\sqrt{2}a}{EA} + \frac{(-\sqrt{2})\times(-\sqrt{2})a}{EA} = \frac{(2+2\sqrt{2})a}{EA}$$

$$\Delta_P = \frac{(-\sqrt{2})\times2F_P\times a}{EA} + \frac{(-\sqrt{2}F_P)\times\sqrt{2}\times a}{EA} = \frac{(2+2\sqrt{2})a}{EA}F_P$$

注意：计算 δ_{11} 时不要忘记考虑被切断杆件变形的影响。

④ 将系数、自由项代入力法方程解得

$$X_1 = -\frac{\Delta_P}{\delta_{11}} = F_P$$

⑤ 原结构各杆最终内力按式（11-3-3）计算，并绘出轴力图，如图 11-3-3（f）所示。

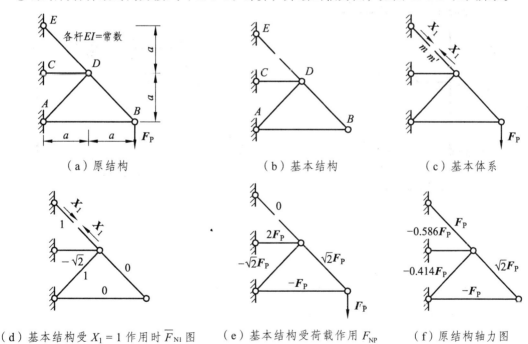

图 11-3-3

任务实训

1. 试用力法计算图 11-3-4 所示超静定梁，并绘出 M 和 F_Q 图。

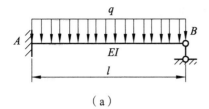 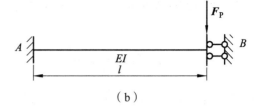

图 11-3-4

2. 试用力法计算图 11-3-5 所示结构，并绘制内力图。

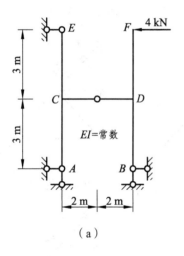 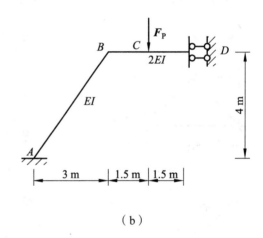

图 11-3-5

3. 学习心得及总结。

_____

_____

_____

_____

_____

_____

_____

_____

_____

_____

_____

_____

任务 4　超静定结构内力图的校核

结构内力是结构设计的依据，因此，在求得结构内力后，应该进行校核，以保证它的正确性。首先应根据各内力之间以及内力和荷载集度之间的微分关系进行定性分析，如集中荷载作用处剪力图有突变，弯矩图有折角等。其作法在校核静定结构内力图时已经介绍，不再赘述。

除了上述一些定性方面的检查外，在定量方面正确的内力图必须同时满足平衡条件和 位移条件。现以图 11-4-1（a）所示刚架及其内力图 [图 11-4-1（b）、（c）、（d）] 为例，说明内力图的校核方法。

1. 平衡条件的校核

如果结构的内力计算正确，则整个结构以及结构中的任意一部分都会满足平衡条件。因此通常可以取结构中部分结点为隔离体，检查其是否满足力矩的平衡条件；或取结构中的某些杆件、结构的某一部分为隔离体，检查它是否满足力的投影以及力矩的平衡条件。

从整体结构看

$$\sum X = 40 - 40 = 0$$
$$\sum Y = 22.9 - 22.9 = 0$$
$$\sum M_C = 20 \times 3 + 20 \times 6 - 38.28 \times 2 - 22.99 \times 4.5 = 0$$

所以该结构满足平衡条件。

截取结点 C、E 及杆件 AC、EF 为隔离体，分别如图 11-4-1（e）、（f）所示。

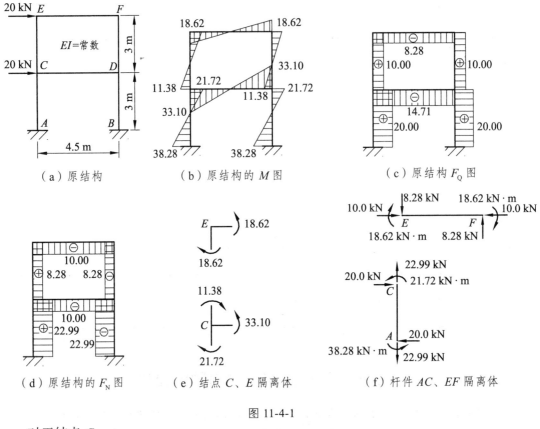

图 11-4-1

对于结点 C

$$\sum M_C = 21.72 + 11.38 - 33.10 = 0$$

不难看出结点 E 的隔离体也是平衡的。

对于 AC 杆隔离体

$$\sum X = 20 - 20 = 0$$
$$\sum Y = 22.9 - 22.9 = 0$$
$$\sum M_C = 20 \times 3 - 21.72 - 38.28 = 0$$

所以杆隔离体满足平衡条件。同理，可以验证杆 EF 隔离体满足平衡条件。校核隔离体的平衡条件时，一般只能选择其中的若干情况进行。此时，只要发现某一种情况下的平衡条件不满足，则说明内力计算存在错误。或者说，校核中所选择的部分均满足隔离体的平衡条件，是内力计算无误的必要条件。

2. 位移条件的校核

对于超静定结构来说，满足平衡条件的内力有无穷多组，仅仅满足静力平衡条件还不足以说明最后内力图的正确性，这是因为最后内力图是在求得多余力之后按平衡条件求出的，所以用平衡条件进行校核，只是对求得多余力之后运算正确性的判断有效，而多余力本身的求解是否有误，单靠平衡条件是检查不出来的，为此，尚需进行位移条件的校核。

按位移条件进行校核的方法，通常根据最后内力图验算的沿任一多余力 $X_i(i=1,2,\cdots,n)$ 方向的位移，看它是否与实际位移相符。对于 n 次超静定刚架来说，一般校核最后弯矩图是否满足下式：

$$\Delta_i = \sum \int \frac{\overline{M}_i \overline{M}}{EI} \mathrm{d}s = 0 \qquad (11\text{-}4\text{-}1)$$

式中，$\overline{M}_i$ 为基本结构在 $X_i=1$ 作用下的弯矩；M 为原结构的最后弯矩。

n 次超静定结构利用了 n 个位移条件才求出多余力，所以严格说来，校验时也应校核 n 个位移，但一般只校核几个即可。

进行位移条件校核时，并非一定要用原来计算多余力时所采用的基本结构和位移条件；也可选取另外的基本结构，并可验算其他已知的，但并非求多余力时所应用的位移条件。

任务实训

1. 超静定结构内力图的校核包含哪两方面？

2. 学习心得及总结。

任务5 位移法

1. 位移法基本原理

位移法是计算超静定结构的另一种基本方法，与力法相比，它更适合于求高次超静定梁和刚架。下面通过一个简单例子来说明位移法的基本原理。

图 11-5-1（a）为荷载作用下的超静定刚架，用力法求解时有两个基本未知量，当用位移法求解时基本未知量数目将有所减少。用位移法分析超静定梁与刚架时，首先作如下假设：

① 对于以弯矩为主要内力的受弯直杆，可以略去轴向变形与剪切变形的影响；

② 由于杆件的弯曲变形是微小的，假设受弯直杆两端的距离在变形前后保持不变。

图 11-5-1（a）中的刚架在荷载作用下将产生虚线所示的变形，按上述假设，结点 B 与 A、C 之间的距离保持不变，故该结点只有转角位移（设以 φ_B 代表示）而无线位移。由于 AB、BC 杆在点 B 为刚性连接，同时不考虑杆件的剪切变形，所以杆件 AB、BC 杆的 B 端转角 φ_{BA}、φ_{AB} 满足 $\varphi_{BA} = \varphi_{AB} = \varphi_B$。

现在将变形前的原结构分解为两根单跨超静定杆件，如图 11-5-1（b）中实线所示。当这两根杆件承受荷载并发生同样的杆端转角 φ_B 作用时，两根杆件将与图 11-5-1（a）中的杆件产生同样的变形与内力，若转角 φ_B（即 φ_{BA}、φ_{BC}）已知，则图 11-5-1（b）中两根杆件的内力均可用力法计算出来，这样便可得到原结构的内力，因此求解结点 B 的转角位移 φ_B 便成为求解该问题的关键。

为了能使原结构转化为图 11-5-1（b）所示的两根单跨超静定杆件，同时又能保证结点 B 的连续性，可在原结构中加入一个刚臂（位移法中称其为附加约束 1），如图 11-5-1（c）所示。该刚臂的作用是限制 B 结点的转动而不限制其移动，由于 B 结点本无结点线位移，因此加入刚臂后，结点 B 既不能转动也不能移动，即 AB、BC 杆的 B 端均相当于是固定端，此时原结构便转化成为两根单跨超静定梁的组合体。该组合体便是原结构用位移法计算的基本结构。

若将荷载作用于基本结构，并通过附加刚臂将使基本结构在 B 结点产生转角度（此时附加约束处的约束反力设为 R_1，如图 11-5-1（d）所示），则基本结构的受力变形与原结构完全相同，因而可以用基本结构的计算代替原结构的计算，但是仍需首先确定 φ_B 的大小。φ_B 便是用位移法计算原结构时的基本未知量，在位移法中用特定的符号 Z_1 表示，下角标"1"表示该基本未知量为附加约束 1 处的结点位移。

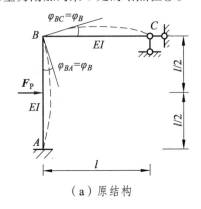

（a）原结构

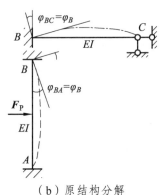

（b）原结构分解

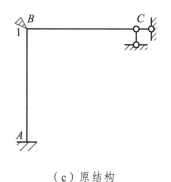

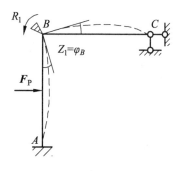

|（c）原结构|（d）原结构分解|

图 11-5-1

为了确定 Z_1 的大小，将基本结构的受力变形视为图 11-5-2（a）、（b）两种情况的叠加。图 11-5-2（a）中基本结构只承受荷载作用，此时，附加约束 1 处产生的约束反力设为 R_{1P}。约束反力的两个角标中，第一个代表反力所属约束（即第 I 个约束），第二个代表荷载约束反力（本项目后面遇到的下标可按此类推）。在图 11-5-2（b）中，在基本结构的"1"约束处施加约定反力 R_{11}，使结点 B 产生与原结构相同的转角位移 Z_1，由于原结构在点 B 处并没有附加刚臂，因此基本结构上的 R_{11} 与 R_{1P} 必须恰好相互抵消，即有

$$R_{11} + R_{1P} = 0 \qquad\qquad (11\text{-}5\text{-}1)$$

若以 r_{11} 表示使基本结构在 B 结点（即"1"约束处）产生单位转角 $Z_1 = 1$ 时附加约束处产生的约束反力，如图 11-5-2（c），则有 $R_{11} = r_{11}Z_1$，将其代入式（11-5-1），得

$$r_{11}Z_1 + R_{1P} = 0 \qquad\qquad (11\text{-}5\text{-}2)$$

式（11-5-2）即求解基本未知量 Z_1 的方程，称为位移法方程。式中，r_{11} 称为系数，R_{1P} 称为自由项，规定它们以与 Z_1 同方向为正。为了求解 r_{11} 及 R_{1P}，可用力法先算出图 11-5-2（a）、（b）中 B 跨超静定杆的杆端弯矩，并绘出其弯矩图，如图 11-5-2（d）、（e）所示。分别取图 11-5-2（d）、（e）中的结点 B 为隔离体，如图 11-5-2（f）、（g）所示，由结点的力矩平衡条件可得

$$r_{11} = \frac{4EI}{l} + \frac{3EI}{l} = \frac{7EI}{l}, \quad R_{1P} = -\frac{F_P l}{8}$$

将它们代入位移法方程可得

$$Z_1 = \frac{F_P l^2}{56EI}$$

求出 Z_1 之后，即可以由叠加公式绘得原结构的弯矩图 [图 11-5-2（h）]。根据原结构的弯矩图，先后以杆件及结点为隔离体，用静力平衡条件即可求得各杆的剪力与轴力，进而可绘出其剪力图与轴力图。

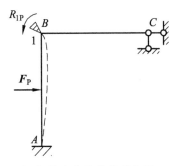

（a）基本结构受荷载作用

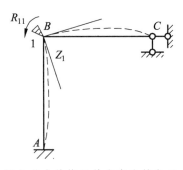

（b）基本结构 B 结点产生转角 Z_1

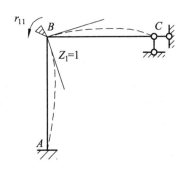

（c）基本结构结点 B 产生基本转角

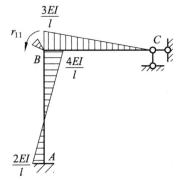

（d）基本结构受约束力 r_{11} 作用时 M_1 图

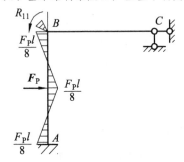

（e）基本结构受外荷载作用时 M_p 图

（f）受 r_{11} 作用结点 B 的平衡

（g）受 R_{1P} 作用结点 B 的平衡

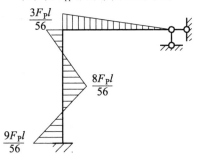

（h）原结构的弯矩图

图 11-5-2

2. 等截面直杆的转角位移方程

上节已指出，位移法以单跨超静定杆件的组合体作为基本结构。组成基本结构的单跨超静定杆件有以下 3 种：两端固定的杆件；一端固定，另一端铰支的杆件；一端固定，另一端定向支承的杆件。

下面推导等截面直杆的杆端力与杆端位移及荷载之间的关系式，通常称这种关系式为等截面直杆的转角位移方程。

（1）杆端位移和杆端内力的正、负号规定。

对杆端位移（结点位移）和杆端内力的正、负号规定如下：

① 杆端转角位移 φ（结点角位移）以顺时针方向旋转为正，反之为负，如图 11-5-3（a）所示。

② 杆端线位移 $\varDelta$（结点线位移）是指杆件两端垂直于杆轴线方向的相对线位移，以使整个杆件顺时针方向旋转规定为正，反之为负，也可以按 $\varDelta$ 引起杆件两端连线的弦转角即 $\beta = \varDelta/Z$ 的旋转方向，规定为以顺时针方向旋转为正，如图 11-5-3（b）所示，反之为负。

③ 杆端弯矩。对杆件而言，当杆端弯矩 (M) 绕杆件顺时针方向旋转为正，反之为负；对结点而言，当杆端弯矩绕结点（或支座）逆时针方向旋转为正，反之为负，如图 11-5-3（c）所示。

④ 杆端剪力。当剪力 F_Q 对微段隔离体内一点的力矩转向为顺时针时，剪力为正，反之为负，如图 11-5-3（c）所示。

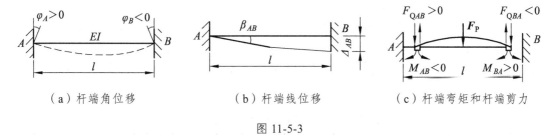

（a）杆端角位移　　　　　　（b）杆端线位移　　　　　（c）杆端弯矩和杆端剪力

图 11-5-3

（2）等截面直杆的形常数。

在位移法中，将单跨超静定杆件在杆端沿某方向发生单位位移时引起的杆端力称为形常数。它们只与杆件长度、截面尺寸以及材料性质（如弹性模量等）有关。表 11-5-1 给出了 5 种超静定杆件的形常数（由单位杆端角位移和单位杆端相对线位移引起的）表达式，这些系数都可以利用力法的知识求解得到。

表 11-5-1　等截面直杆形常数表达式

编号	梁的简图	弯矩		剪力	
		M_{AB}	M_{BA}	F_{QAB}	F_{QBA}
1		$\dfrac{4EI}{l}=4i$	$\dfrac{2EI}{l}=2i$	$-\dfrac{6EI}{l^2}=-6\dfrac{i}{l}$	$-\dfrac{6EI}{l^2}=-6\dfrac{i}{l}$
2		$-\dfrac{6EI}{l^2}=-6\dfrac{i}{l}$	$-\dfrac{6EI}{l^2}=-6\dfrac{i}{l}$	$\dfrac{12EI}{l^3}=12\dfrac{i}{l^2}$	$\dfrac{12EI}{l^3}=12\dfrac{i}{l^2}$

编号	梁的简图	弯矩		剪力	
		M_{AB}	M_{BA}	F_{QAB}	F_{QBA}
3	$\theta=1$	$\dfrac{3EI}{l}=3i$	0	$-\dfrac{3EI}{l^2}=-3\dfrac{i}{l}$	$-\dfrac{3EI}{l^2}=-3\dfrac{i}{l}$
4	$\Delta=1$	$-\dfrac{3EI}{l^2}=-3\dfrac{i}{l}$	0	$\dfrac{3EI}{l^3}=3\dfrac{i}{l^2}$	$\dfrac{3EI}{l^3}=3\dfrac{i}{l^2}$
5	$\theta=1$	$\dfrac{EI}{l}=i$	$-\dfrac{EI}{l}=-i$	0	0

（3）等截面直杆的载常数。

单跨超静定杆件在荷载等外部因素作用下引起的杆端内力称为载常数。在给定杆件类型后，其数值只与荷载形式等有关。例如，杆 AB 的固端弯矩用 M_{AB}^F、M_{BA}^F 表示，固端剪力用 F_{QAB}^F、F_{QBA}^F 表示（它们均可由力法求得）。表 11-5-2 给出了 3 种不同类型的超静定杆件在常见荷载作用下的载常数表达式。

表 11-5-2　等截面直杆载常数表达式

杆件类型	编号	简　图	固端弯矩（以顺时针转向为正）	固端剪力
两端固定	1		$M_{AB}^F=-\dfrac{ql^2}{12}$ $M_{BA}^F=\dfrac{ql^2}{12}$	$F_{QAB}^F=\dfrac{ql}{2}$ $F_{QBA}^F=-\dfrac{ql}{2}$
	2		$M_{AB}^F=-\dfrac{ql^2}{30}$ $M_{BA}^F=\dfrac{ql^2}{20}$	$F_{QAB}^F=\dfrac{3ql}{20}$ $F_{QBA}^F=-\dfrac{7ql}{20}$
	3		$M_{AB}^F=-\dfrac{F_P ab^2}{l^2}$ $M_{AB}^F=\dfrac{F_p a^2 b}{l^2}$	$F_{QAB}^F=\dfrac{F_P b^2}{l^2}\left(1+\dfrac{2a}{l}\right)$ $F_{QAB}^F=-\dfrac{F_p a^2}{l^2}\left(1+\dfrac{2b}{l}\right)$
	4		$M_{AB}^F=-\dfrac{F_P l}{8}$ $M_{BA}^F=\dfrac{F_P l}{8}$	$F_{QAB}^F=\dfrac{F_P}{2}$ $F_{QAB}^F=-\dfrac{F_P}{2}$

杆件类型	编号	简　图	固端弯矩（以顺时针转向为正）	固端剪力
两端固定	5	t_1　t_2　A　B　$\Delta t = t_1 - t_2$	$M_{AB}^{\mathrm{F}} = \dfrac{EI\alpha\Delta t}{h}$　$M_{BA}^{\mathrm{F}} = -\dfrac{EI\alpha\Delta t}{h}$	$F_{QAB}^{\mathrm{F}} = 0$　$F_{QBA}^{\mathrm{F}} = 0$
一端固定，一端铰支	6	q　A　B　l	$M_{AB}^{\mathrm{F}} = -\dfrac{ql^2}{8}$	$F_{QAB}^{\mathrm{F}} = \dfrac{5ql}{8}$　$F_{QBA}^{\mathrm{F}} = -\dfrac{3ql}{8}$
	7	q　A　B　l	$M_{AB}^{\mathrm{F}} = -\dfrac{ql^2}{15}$	$F_{QAB}^{\mathrm{F}} = \dfrac{2ql}{5}$　$F_{QBA}^{\mathrm{F}} = -\dfrac{ql}{10}$
	8	q　A　B　l	$M_{AB}^{\mathrm{F}} = -\dfrac{7ql^2}{120}$	$F_{QAB}^{\mathrm{F}} = \dfrac{9ql}{40}$　$F_{QBA}^{\mathrm{F}} = -\dfrac{11ql}{40}$
	9	F_{P}　A　B　a　b	$M_{AB}^{\mathrm{F}} = -\dfrac{F_{\mathrm{P}}b(l^2 - b^2)}{2l^2}$	$F_{QAB}^{\mathrm{F}} = \dfrac{F_{\mathrm{P}}b(3l^2 - b^2)}{2l^3}$　$F_{QBA}^{\mathrm{F}} = -\dfrac{F_{\mathrm{P}}a^2(3l - b)}{2l^3}$
	10	F_{P}　A　B　$\dfrac{l}{2}$　$\dfrac{l}{2}$	$M_{AB}^{\mathrm{F}} = -\dfrac{3F_{\mathrm{P}}l}{16}$	$F_{QAB}^{\mathrm{F}} = \dfrac{11}{16}F_{\mathrm{P}}$　$F_{QAB}^{\mathrm{F}} = -\dfrac{5}{16}F_{\mathrm{P}}$
	11	t_1　t_2　A　B　$\Delta t = t_1 - t_2$	$M_{AB}^{\mathrm{F}} = -\dfrac{3EI\alpha\Delta t}{2h}$	$F_{QAB}^{\mathrm{F}} = F_{QBA}^{\mathrm{F}} = -\dfrac{3EI\alpha\Delta t}{2hl}$
一端固定，一端滑动支承	12	q　A　B　l	$M_{AB}^{\mathrm{F}} = -\dfrac{ql^2}{3}$　$M_{BA}^{\mathrm{F}} = -\dfrac{ql^2}{6}$	$F_{QAB}^{\mathrm{F}} = ql$　$F_{QBA}^{\mathrm{F}} = 0$
	13	F_{P}　A　B　a　b	$M_{AB}^{\mathrm{F}} = -\dfrac{F_{\mathrm{p}}a(2l - a)}{2l}$　$M_{BA}^{\mathrm{F}} = -\dfrac{F_{\mathrm{p}}a}{2l}$	$F_{QAB}^{\mathrm{F}} = F_{\mathrm{P}}$　$F_{QBA}^{\mathrm{F}} = 0$
	14	F_{P}　A　B　l	$M_{AB}^{\mathrm{F}} = M_{BA}^{\mathrm{F}} = -\dfrac{F_{\mathrm{P}}l}{2}$	$F_{QAB}^{\mathrm{F}} = F_{\mathrm{P}}$　$F_{QBA}^{\mathrm{F}} = F_{\mathrm{P}}$
	15	t_1　t_2　A　B　$\Delta t = t_1 - t_2$	$M_{AB}^{\mathrm{F}} = \dfrac{EI\alpha\Delta t}{h}$　$M_{BA}^{\mathrm{F}} = \dfrac{EI\alpha\Delta t}{h}$	$F_{QAB}^{\mathrm{F}} = 0$　$F_{QBA}^{\mathrm{F}} = 0$

（4）等截面直杆的转角位移方程。

等截面直杆的计算主要有两个问题：一是在已知杆端位移下求杆端弯矩；二是在已知荷载作用下求固端弯矩。

图 11-5-4 为一等截面杆件 AB，截面抗弯刚度 EI 为常数。已知端点 A 和 B 的角位移分别为 φ_{AB} 和 φ_{BA}。

注意：如杆端沿平行杆轴方向发生相对移动或杆件在垂直杆轴方向发生平动，则不引起杆端弯矩，因此，只需考虑 Δ 为杆件两端在垂直杆轴方向发生的相对线位移的情况。

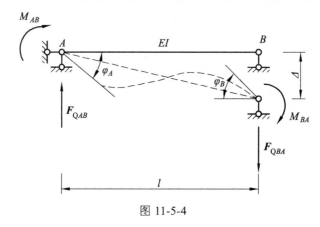

图 11-5-4

首先，考虑简支梁在两端集中力偶 M_{AB} 和 M_{BA} 作用下产生的杆端转角［图 11-5-5（a）］。由单位荷载法得

$$\left.\begin{aligned} \varphi_A &= \frac{M_{AB}}{3i} - \frac{M_{BA}}{6i} \\ \varphi_B &= -\frac{M_{AB}}{6i} + \frac{M_{BA}}{3i} \end{aligned}\right\}$$

式中，$i = \dfrac{EI}{l}$ 称为杆件的弯曲线刚度。

其次，当简支梁两端有相对竖向位移 Δ 时，如图 11-5-5（b）所示。

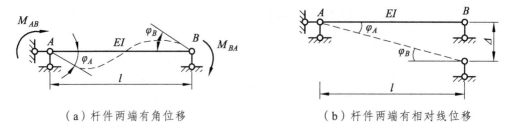

（a）杆件两端有角位移　　　　　　　　　　　（b）杆件两端有相对线位移

图 11-5-5

综合起来，当两端既有力偶 M_{BA} 和 M_{AB} 作用，又有竖向位移 Δ 时，杆端转角为

$$\left.\begin{aligned} \varphi_A &= \frac{M_{AB}}{3i} - \frac{M_{BA}}{6i} + \frac{\Delta}{l} \\ \varphi_B &= -\frac{M_{AB}}{6i} + \frac{M_{BA}}{3i} + \frac{\Delta}{l} \end{aligned}\right\}$$

解联立方程得

$$\left.\begin{array}{l} M_{AB} = 4i\varphi_A + 2i\varphi_B - 6i\dfrac{\Delta}{l} \\[2mm] M_{BA} = 2i\varphi_A + 4i\varphi_B - 6i\dfrac{\Delta}{l} \end{array}\right\}$$

上式就是由杆端位移 φ_A、φ_{AB}、Δ 求杆端弯矩的公式，由平衡条件还可以求出杆端剪力如下：

$$F_{QAB} = F_{QBA} = -\frac{1}{l}\left(M_{AB} + M_{BA}\right)$$

即得

$$F_{QAB} = F_{QBA} = -\frac{6i}{l}\varphi_A - \frac{6i}{l}\varphi_B + \frac{12i}{l^2}\Delta$$

为了表达简明，可将以上表达式写成矩阵形式，即

$$\begin{bmatrix} M_{AB} \\ M_{BA} \\ F_{QAB} \end{bmatrix} = \begin{bmatrix} 4i & 2i & -\dfrac{6i}{l} \\[2mm] 2i & 4i & -\dfrac{6i}{l} \\[2mm] -\dfrac{6i}{l} & -\dfrac{6i}{l} & \dfrac{12i}{l^2} \end{bmatrix} \begin{bmatrix} \varphi_A \\ \varphi_B \\ \Delta \end{bmatrix} \tag{11-5-3}$$

式（11-5-3）称为等截面直杆的转角位移方程。

3. 位移法基本未知量的确定

如果结构上每根杆件两端的角位移和线位移都已求得，则全部杆件的内力均可确定。因此，在位移法中，基本未知量应是各结点的角位移和线位移。在计算时，应首先确定独立的结点角位移和线位移的数目。

（1）结点角位移的确定。

由材料力学梁弯曲变形的平截面假设可知，杆件发生弯曲变形后，横截面保持平面且与杆轴线垂直，故杆端角位移和杆端横截面的角位移相等。又根据刚结点的变形连续条件，则杆端角位移与该杆端相应的结点角位移是相同的。由此得出，通常情况下，一个刚结点有一个独立结点角位移。

另外，铰结点处的杆端，虽然有角位移，但在使用位移法计算时可以选用表 11-5-1 和表 11-5-2 中一端固定，一端铰支座杆件的形常数和载常数，因此，铰支座端的角位移可以不作为基本未知量。

同理，采用一端固定、一端定向支座杆件的形常数和载常数时，定向支座处的杆端横向线位移 Δ，也可以不作为基本未知量。

结构的结点类型除了刚结点和铰结点外，还有混合结点，而混合结点部分有刚性联结部分和铰结部分。可把一个刚性联结部分也视作一个刚结点，仍然适用于一个刚结点只有一个独立结点角位移；用铰结点联结的各杆端角位移，不作为基本未知量。

根据上面的结论，确定结构的独立结点角位移数目就很容易了。一般情况下，结构的独立结点角位移数目等于刚性结点（包括混合结点中的刚性联结部分）的数目。

（2）结点线位移的确定。

确定独立的结点线位移数目时应注意：根据变形假设，可以认为受弯直杆两端之间的距离在变形前后仍保持不变，这样每一受弯直杆就相当于 1 个约束。

对于较为复杂结构独立的结点线位移数目还可以利用铰化体系（即增设链杆的方法）确定：由于每一结点可能有 2 个线位移，而每一受弯直杆提供 1 个两端距离不变的约束条件。因此，确定独立的结点线位移数目时，可以假设把原结构所有刚结点和固定支座均改为铰结，从而得到一个相应的铰结体系。若此铰结体系为几何不变，则原结构所有结点均无线位移。若相应的铰结体系是几何可变或瞬变体系，根据最少需要添加几根支座链杆才能保证几何不变，所需添加的最少支座链杆数就是原结构独立的结点线位移数目。

4. 位移法典型方程

（1）方程推导。

用位移法计算超静定结构的主要环节之一是建立位移法典型方程。以图 11-5-6（a）所示刚架为例，说明如何建立位移法典型方程。

设基本结构在外荷载 q 单独作用下引起的弯矩图，记为 M_P 图，它引起附加刚臂和附加链杆的反力矩和反力，分别用 R_{1P}、R_{2P} 表示。由图 11-5-6（e）中的 M_P 图可以看出，R_{1P} 不等于零，则说明结点 B 不能满足原结构的平衡条件。另外，原结构结点还有角位移，而基本结构没有角位移，所以要使基本结构与原结构变形相同，其目的也是调整基本结构内力状态以至处于平衡。

图 11-5-6（c）、（d）分别表示基本结构在附加约束 1 及附加约束 2 处分别产生单位位移时的弯矩图，称为单位弯矩图（表示为 $\bar{M}_1$ 图及 $\bar{M}_2$ 图）。同时还用 r_{11}、r_{12} 及 r_{21}、r_{22} 表示在相应的附加约束中产生的反力矩及反力。它们的第一个角标表示反力所属的附加约束，第二个角标表示反力产生的原因。例如，r_{11} 表示基本结构在附加约束 1 处产生单位位移 $Z_1 = 1$ 时，在附加刚臂中产生的反力矩；r_{12} 表示基本结构在附加约束 2 处产生单位位移 $Z_2 = 1$ 时，在附加刚臂中产生的反力矩。为分析简便，单位位移均可按基本未知量的方向设定，而各反力的方向也均可与所设的基本未知量方向相同。

设基本结构在外荷载和独立结点位移 Z_1 及 Z_2 分别作用下，附加刚臂和链杆中产生的 反力矩及反力之和为 R_1 及 R_2，则由叠加原理可得

$$\left. \begin{array}{l} R_1 = r_{11}Z_1 + r_{12}Z_2 + R_{1P} \\ R_2 = r_{21}Z_1 + r_{22}Z_2 + R_{2P} \end{array} \right\} \tag{11-5-4}$$

由于图 11-5-6（a）中原结构在荷载作用下处于平衡时，结构上并没有附加约束，所以若基本结构在荷载作用与结点发生位移的情况下的变形及受力与原结构相同，则 R_1 和 R_2 应该等于零，故式（11-5-4）式变为

$$\left. \begin{array}{l} r_{11}Z_1 + r_{12}Z_2 + R_{1P} = 0 \\ r_{21}Z_1 + r_{22}Z_2 + R_{2P} = 0 \end{array} \right\} \tag{11-5-5}$$

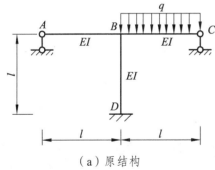

（a）原结构

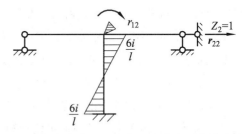

（b）基本结构与基本未知量

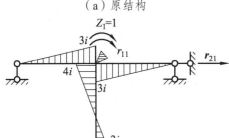

（c）基本结构在附加约束 1 处产生单位转角的
M_1 图

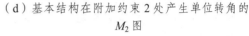

（d）基本结构在附加约束 2 处产生单位转角的
M_2 图

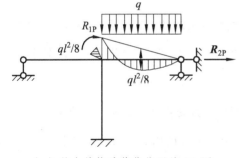

（e）基本结构受荷载作用的 M_P 图

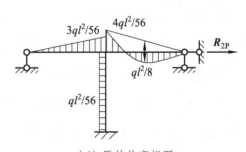

（f）原结构弯矩图

图 11-5-6

式（11-5-5）为求解该结构的位移法方程。它的物理意义是：基本结构在外荷载和各独立结点位移共同作用下，在每一个附加约束中产生的反力等于零。它以基本结构与原结构受力相同为条件，实质上反映的是原结构的静力平衡条件。结构有多少个独立的结点位移未知数，就可以建立与之对应的相同数目的平衡方程。

对于具有 n 个独立结点位移的结构，在原结构中加入相应的附加约束，根据每个附加约束中的反力矩或反力都应等于零的平衡条件，则可建立 n 个方程：

$$\left.\begin{array}{l} r_{11}Z_1 + r_{12}Z_2 + \cdots + r_{1n}Z_n + R_{1P} = 0 \\ r_{21}Z_1 + r_{22}Z_2 + \cdots + r_{2n}Z_n + R_{2P} = 0 \\ \cdots\cdots \\ r_{n1}Z_1 + r_{n2}Z_2 + \cdots + r_{nn}Z_n + R_{nP} = 0 \end{array}\right\} \qquad (11\text{-}5\text{-}6)$$

式（11-5-6）就是具有 n 个基本未知量的位移法典型方程。它也可以写成矩阵形式，即

$$\boldsymbol{K\Delta} + \boldsymbol{R} = 0$$

式中：

$$K = \begin{bmatrix} r_{11} & r_{12} & \cdots & r_{1n} \\ r_{12} & r_{22} & \cdots & r_{2n} \\ \vdots & \vdots & & \vdots \\ r_{n2} & r_{n2} & \cdots & r_{nn} \end{bmatrix}, \quad \Delta = \begin{bmatrix} Z_1 \\ Z_2 \\ \vdots \\ Z_n \end{bmatrix}, \quad R = \begin{bmatrix} R_{1P} \\ R_{2P} \\ \vdots \\ R_{nP} \end{bmatrix}$$

在结构的矩阵 K 中，位于主对角线上的系数 r_{ij} 称为主系数，位于对角线两侧的系数 $r_{ij}(i \neq j)$ 称为副系数，综合结点荷载列阵中的 R_{iP} 称为自由项。系数和自由项的正、负号规定如下：凡与该附加约束处设定的位移方向一致者为正，反之为负。由于主系数 r_{ij} 方向总是与设定位移 $Z_i = 1$ 的方向一致。由反力互等定理知，位于主对角线两侧对称位置处的副系数 r_{ij} 与 r_{ji} 满足 $r_{ij} = r_{ji}$ 的关系，故由系数组成的矩阵是对称矩阵。上述符号中，第一个下角标表示所产生的附加约束反力编号（即相应的未知位移编号），第二个下角标则表示产生该项附加约束反力的原因（即由单位位移或荷载引起）。

（2）位移法典型方程中的系数和自由项的计算。

计算系数和自由项时，可根据单位弯矩图 $\overline{M}_1$、$\overline{M}_2$ 及荷载弯矩图 M_p，选取结点或杆件作为隔离体，由平衡条件求得系数和自由项。下面以图 11-5-7 中刚架为例，说明系数和自由项的具体计算法。

计算刚架加刚臂后，由 $Z_1 = 1$，$Z_2 = 1$ 及荷载单独作用引起的约束反力时，从图 11-5-7（d）、（e）、（f）中取结点 B 为隔离体，所受杆端弯矩如图 11-5-7（a）、（b）、（c）所示，运用平衡条件 $\sum M_B = 0$ 可得，约束反力 $r_{11} = 10i$，$r_{12} = -\dfrac{6i}{l}$，$R_{1P} = -\dfrac{ql^2}{8}$。

计算附加链杆中产生的约束反力时，取横梁 ABC 部分为隔离体，画水平方向受力图［图 11-5-7（d）、（e）、（f）］。运用投影方程 $\sum F_x = 0$，可求得相应的系数和自由项 $r_{21} = -\dfrac{6i}{l}$，$r_{22} = \dfrac{12i}{l^2}$，$R_{2P} = 0$。在系数和自由项的计算中，若计算结果为正，则表示该系数或自由项与假设的方向一致；若计算结果为负，则表示该系数或自由项与假设的方向相反。

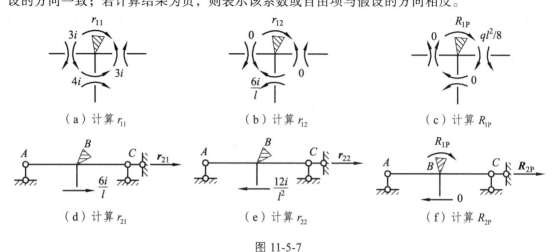

（a）计算 r_{11}　　　　（b）计算 r_{12}　　　　（c）计算 R_{1P}

（d）计算 r_{21}　　　　（e）计算 r_{22}　　　　（f）计算 R_{2P}

图 11-5-7

下面建立联立方程组，求基本未知量。

将求得的系数和自由项代入位移法典型方程式（11-5-5）后，得方程组：

$$
\left.\begin{aligned}
10iZ_1 - \frac{6i}{l}Z_2 - \frac{ql^2}{8} = 0 \\
-\frac{6i}{l}Z_1 + \frac{12i}{l^2}Z_2 = 0
\end{aligned}\right\}
$$

解方程组，得基本未知量：

$$
\left.\begin{aligned}
Z_1 = \frac{ql^2}{56i} \\
Z_2 = \frac{ql^3}{112i}
\end{aligned}\right\}
$$

求得 Z_1 和 Z_2 都为正值，表示结点实际位移方向与图中假设方向一致，否则相反。

📝 任务实训

1. 试确定图 11-5-8 所示结构的位移法基本未知量的数目，并绘制基本结构。

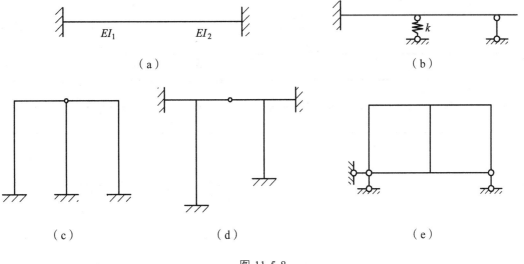

（a）　　　　　　　　　　　　　（b）

（c）　　　　　　（d）　　　　　　（e）

图 11-5-8

_____

_____

_____

_____

_____

_____

2. 试用位移法计算图 11-5-9 所示超静定梁，并绘制其 M 图。

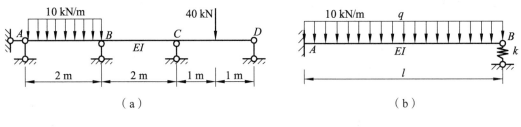

图 11-5-9

3. 学习心得及总结。

📝 项目小结

本项目着重介绍了超静定结构内力和位移的分析方法。

1. 超静定结构主要讲解了如何确定超静定次数，找出多余约束。

2. 重点讲解了如何利用力法原理和力法方程，进行超静定梁、超静定刚架和超静定桁架的内力和位移分析。

3. 位移法主要讲解了其基本原理，以及如何确定等截面直杆的转角位移方程。

项目 12　影响线及其应用

本项目主要介绍影响线的基本概念，作影响线的方法，用影响线求量值及判别最不利荷载位置。

知识目标

1. 理解影响线的概念。
2. 掌握作静定梁和桁架内力影响线的静力法。
3. 会用机动法作简单静定梁的影响线。
4. 利用影响线求固定荷载作用下结构的内力和移动荷载作用下结构的最大内力。

教学要求

理解影响线的概念，能够绘制影响线图，会应用影响线求量值。

重点难点

用静力法作静定结构的影响线；用机动法作静定结构的影响线。

任务 1　影响线的概念

作用在结构上大小不变、但方向及作用点可变的荷载称为移动荷载。例如，桥梁承受在其上行驶的汽车、火车和活动的人群的荷载，厂房的吊车梁承受在其上运行的吊车的荷载等。结构在移动荷载作用下，其支座反力和特征截面的内力都将随载位置的变动而变化。因此，在结构设计时，必须要求出在移动荷载作用下反力和内力的最大值和最小值，为此，就要研究荷载移动时反力和内力的变化规律。研究该规律时，可讨论某单一荷载 F 作用下，一个支座反力或特征截面上的效应变化规律；再通过线性叠加原理计算出多个荷载作用下一个支座反力或特征截面上的效应值。

通过对简支梁的静力分析可定性得出，单一荷载 F 作用在梁上的不同位置时，特征截面的内力人小是不同的；当 F 在梁上移动时，可得出特征截面内力值随 F 位置相关的曲线图，该图被称为影响线。影响线的定义如下：当单位荷载（如 $P=1$）在结构上移动时，表示结构特征截面中某项内力（或某一反力）变化规律的曲线，称为该项内力（或反力）的影响线。

上述"单位荷载"指将移动的荷载简化为"1"进行计算分析；"在结构上移动"是指在工程结构允许的移动范围内；"特征截面"可为工程中关心的截面，如薄弱截面或最不利截面。

例如图 12-1-1 所示简支梁桥中，荷载可在 AB 间移动，C 截面（特征截面）在单位移动荷

载 P 的作用下的内力变化情况称为 C 截面的内力影响线，记为

$$R(C) = f(x,P) \tag{12-1-1}$$

式中，x 为 P 的作用位置，$x \in [A,B]$；P 为移动荷载值的大小。

根据影响线的定义，当仅讨论单位荷载时，$P = 1$ 为恒定值，因此影响线可表示为

$$R(C) = f(x) \tag{12-1-2}$$

即特征截面的内力影响线仅为 x 的函数，计算出式（12-1-2）中 $f(x)$ 的表达式，影响线就确定了。

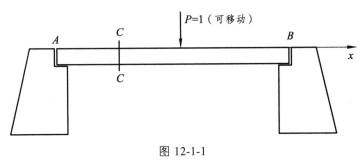

图 12-1-1

任务实训

1. 何为移动荷载？何为固定荷载？

_____

_____

_____

_____

_____

_____

2. 影响线的含义是什么？

_____

_____

_____

_____

_____

_____

3. 学习心得及总结。

任务 2　用静力法求影响线

根据影响线的定义，我们将单位集中荷载 $F=1$ 作用于结构的任意位置，并选定一坐标系，以横坐标 x 表示单位集中荷载的作用位置，由静力平衡条件求出结构的某量值与单位集中移动荷载的作用位置 x 的函数关系，此关系式称为影响线方程。根据影响线方程绘出影响线图形的方法称为静力法，下面以简支梁为例探讨用静力法求影响线的思路。

1. 静力法求简支梁影响线

【例 12-2-1】用静力法求图 12-2-1（a）中简支梁的支座反力影响线。

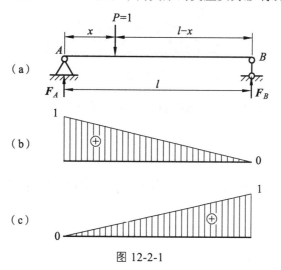

图 12-2-1

【解】取支座 A 点为原点，AB 向为正向，因此 P 距原点为 x。此时，支座 A 的反力 F_A 可通过静力法进行计算：

$$\Sigma M_B = 0$$

$$P \cdot (l-x) - FA \cdot l = 0$$

$$F_A = \frac{P \cdot (l-x)}{l}$$

由于 $P = 1$，得

$$F_A = 1 - \frac{x}{l} \qquad (12\text{-}2\text{-}1)$$

计算结果显示，F_A 是与 x 相关的函数，其与式（12-1-2）的形式一致，且该函数线形为一斜率为负的直线，定义域为 $x \in [0, l]$。当 $x = 0$ 时，F_A 取得最大值 1；当 $x = l$ 时，F_A 取得最小值 0。A 支座反力 F_A 的影响线如图 12-2-1（b）所示。

同理，可计算 B 支座反力 F_B 的影响线，其函数表达式为

$$F_B = \frac{x}{l} \qquad (12\text{-}2\text{-}2)$$

当 $x = 0$ 时，F_B 取得最小值 0；当 $x = l$ 时，F_B 取得最大值 1。F_B 的影响线如图 12-2-1（c）所示，图中纵坐标以向上为正。

【例 12-2-2】用静力法求图 12-2-2（a）中简支梁 C 截面的弯矩影响线。

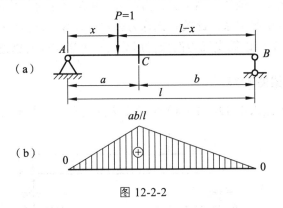

图 12-2-2

【解】① $P = 1$ 可在 AB 间移动，根据例 12-2-1 的结果，各支座反力为

$$F_A = 1 - \frac{x}{l}, \quad F_B = \frac{x}{l}$$

② 当 $P = 1$ 在 AC 之间时，$x \in [0, a]$，取 CB 为隔离体计算 M_C：

$$\Sigma M_C = 0$$

$$M_C - F_B \cdot b = 0$$

$$M_C = F_B \cdot b$$

即

$$M_C = \frac{bx}{l} \qquad (12\text{-}2\text{-}3)$$

当 $x = 0$ 时，M_C 取最小值 0；当 $x = a$ 时，M_C 取最大值 $\frac{ab}{l}$。

③ 当 $P = 1$ 在 CB 之间时，$x \in [a, b]$，取 AC 为隔离体计算 M_C：

$$\Sigma M_C = 0$$

$$M_C - F_A \cdot a = 0$$

$$M_C = F_A \cdot a = \left(1 - \frac{x}{l}\right) \cdot a$$

即

$$M_C = a \cdot \left(1 - \frac{x}{l}\right) \tag{12-2-4}$$

当 $x = a$ 时，M_C 取最大值 $\dfrac{ab}{l}$；当 $x = b$ 时，M_C 取最小值 0。

综上，M_C 的影响线如图 12-2-2（b）所示，图中纵坐标以向上为正。

【例 12-2-3】用静力法求图 12-2-3（a）中简支梁 C 截面的剪力影响线。

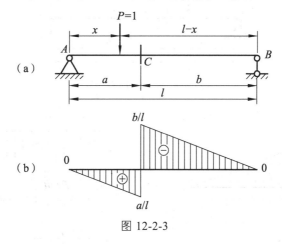

图 12-2-3

【解】① $P = 1$ 可在 AB 间移动，根据例（12-2-1）的结果，各支座反力可表示为

$$F_A = 1 - \frac{x}{l}；\quad F_B = \frac{x}{l}$$

② $P = 1$ 在 AC 之间时，$x \in [0, a]$，取 AC 为隔离体计算 F_{QC}。注意到 $P \geqslant F_A$，隔离体作顺时针旋转，因此 F_{QC} 恒为正：

$$F_{QC} = P - F_A = 1 - \left(1 - \frac{x}{l}\right)$$

即

$$F_{QC} = \frac{x}{l} \tag{12-2-5}$$

计算结果显示，定义域内 F_{QC} 随 x 单调递减，当 $x = 0$ 时最小值为 0，当 $x = a$ 时最大值为 a/l。

③ $P = 1$ 在 CB 之间时，$x \in [a, b]$，取 CB 为隔离体计算 F_{QC}。注意到 $P \geqslant F_B$，隔离体作逆时针旋转，因此 F_{QC} 恒为负：

$$F_{QC} = P - F_B$$

即

$$F_{QC} = 1 - \frac{x}{l} \tag{12-2-6}$$

计算结果显示，定义域内 F_{QC} 随 x 单调递增，当 x 为 a 时最小值为 $-b/l$；当 $x = l$ 时最大值为 0。

综上，F_{QC} 的影响线如图 12-2-3（b）所示，图中纵坐标以向下为正。

2. 影响线与内力图的区别

内力影响线与内力图虽然都反映了内力的变化规律，而且在形状上也有些相似，但两者在概念上却有本质的区别。内力影响线反映的是结构上某个截面上的随单位移动荷载的变化规律；内力图是反应结构在固定荷载下各截面的内力分布情况。下面将简支梁的影响线图和内力图列于图 12-2-4 中，并说明两者区别。

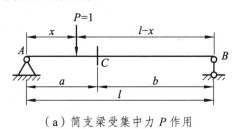

（a）简支梁受集中力 P 作用

P 为移动荷载，可在 AB 间移动。

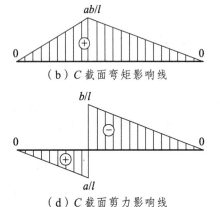

（b）C 截面弯矩影响线

（d）C 截面剪力影响线

P 为固定荷载，作用点距 A 支座为 x。

（c）P 作用下 AB 梁弯矩分布

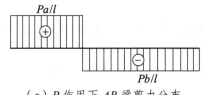

（e）P 作用下 AB 梁剪力分布

图 12-2-4

① 荷载类型不同。绘制内力的影响线时，所受的荷载是作用位置在梁上不断变化的单位移动荷载 $P = 1$；而绘内力图时，所受的荷载则是作用位置不变的固定荷载 $\boldsymbol{P}$。

② 自变量 x 表示的含义不同。内力影响线方程的自变量 x 表示单位移动荷载 $P = 1$ 的作用位置，而内力中的自变量 x 表示的则是截面位置。

③ 竖标表示的意义不同。截面内力影响线中任一点 x 的竖标，表示单位移动荷载 $P = 1$ 作用于 x 时截面 C 上内力的大小，与其他截面上的内力无关。而内力图中任一点的竖标表示固定荷载 $\boldsymbol{P}$ 作用下，在该点截面上引起的内力值，即内力图表示在固定荷载作用下各个截面上的内力的大小。

④ 绘制规定不同。M_C 的影响线中正值画在基线的上方，负值画在基线的下方，其正负方向与弯矩图相反。$\boldsymbol{F}_{QC}$ 的影响线中正值画在基线的下方，负值画在基线的上方，其正负方向与剪力图相反。

任务实训

1. 静力法绘制影响线时，什么情况下影响线方程需要分段建立？

2. 弯矩影响线和弯矩图有什么区别？

3. 用静力法计算图 12-2-5 中 C 截面的弯矩影响线和剪力影响线。

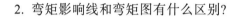

C

| 2 m | 2.5 m |

图 12-2-5

4. 用静力法计算图 12-2-6 中 C 截面的弯矩影响线和剪力影响线。

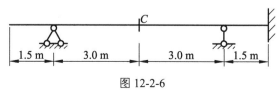

C

1.5 m　3.0 m　3.0 m　1.5 m

图 12-2-6

5. 学习心得及总结。

任务 3 用机动法求影响线

用机动法作静定结构的影响线是以刚体虚位移原理为基础。刚体的虚位移原理指：刚体平衡的充要条件为对于任何虚位移，所有外力所作的虚功总和等于零，即

$$\Sigma F_i \cdot \delta_i = 0 \tag{12-3-1}$$

上述中的"任何虚位移"指符合约束条件的无穷小位移，这个虚位移可以与力状态无关的任何其他原因（力、温度改变、支座移动等）引起的，也可以是假想的。下面以杠杆问题为例说明虚位移原理的应用。如图 12-3-1（a）所示的杠杆在 F_1、F_2 作用下处于平衡状态，根据静力计算可得 $F_1 \cdot a = F_2 \cdot b$，或

$$\frac{F_1}{F_2} = \frac{b}{a} \tag{12-3-2}$$

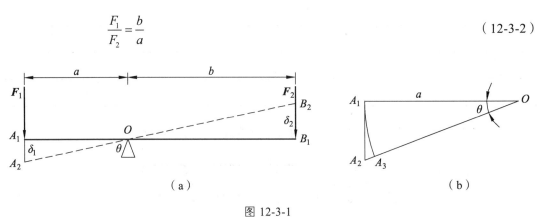

（a）   （b）

图 12-3-1

现在采用虚位移原理分析该问题。设杠杆出现图 12-3-1（a）中虚线所示的虚位移，即杠杆转动量为 θ。由图 12-3-1(b)所示，A_1 转动到 A_3，延长 OA_3 至 A_2，使 $A_1A_2 \perp A_1O$，有 $\overparen{A_1A_3} = a \cdot \theta$，$A_1A_2 = \delta_1 = a \cdot \tan\theta$。

显然，$\lim\limits_{\theta \to 0} \dfrac{\overparen{A_1A_3}}{A_1A_2} = 1$；当虚位移 $\theta \to 0$ 时，可认为 $\overparen{A_1A_3} = A_1A_2 = \delta_1$；$\delta_1$ 即为 F_1 做功的距离，同理 δ_2 为 F_2 做功的距离。设竖直向下为正向，根据式（12-3-1）有

$$F_1 \cdot \delta_1 + F_2 \cdot (-\delta_2) = 0$$

或

$$\frac{F_1}{F_2} = \frac{\delta_2}{\delta_1}$$

又因为 $\triangle A_1A_2O \backsim \triangle B_1B_2O$，所以

$$\frac{F_1}{F_2} = \frac{b}{a}$$

上式与式（12-3-2）完全一致。事实上，静力法与虚位移原理在静力学上是等价的；某些情况下，采用虚位移原理进行静力计算显得更为简便。

机动法求影响线的基本思想是解除控制截面或控制点的约束并用约束反力代替，此时结构处于机动状态；假设结构出现引起约束反力做正功的虚位移，即可由虚位移原理进行影响线方程的求解，求解过程以几何分析为主。应注意，机动法所述的虚位移为广义位移，当解决平面问题时，虚位移可为平移或转动，具体为何种位移与约束条件有关；此外，等价无穷小概念广泛应用于机动法求解影响线中，在进行几何分析时应引起足够重视。下面仍以简支梁相关影响线为例，说明机动法的求解过程。

【例 12-3-1】用机动法求图 12-3-2（a）中简支梁的支座反力影响线。

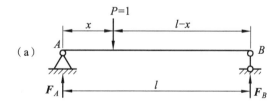

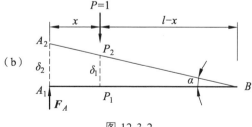

图 12-3-2

【解】求支座 A 的反力影响线。将支座 A 约束去掉并代以 F_A，F_A 即为求解目标。此时结构为机动体系，假设结构出现使 F_A 做正功的虚位移 α［图 12-3-2（b）］，根据等价无穷小性

质及虚位移原理有

$$F_A \cdot \delta_2 - P \cdot \delta_1 = 0$$

$$F_A = P \cdot \frac{\delta_2}{\delta_1}$$

又因为 $P = 1$，$\triangle P_1 P_2 B \backsim \triangle A_1 A_2 B$，所以

$$F_A = 1 \cdot \frac{\delta_2}{\delta_1} = 1 \cdot \frac{l-x}{l} = 1 - \frac{x}{l}$$

计算结果与式（12-2-1）一致。从上例中可发现，虚位移图即为影响线图形，用机动法计算影响线时，仅凭引起约束反力做正功的虚位移图就可以判断出影响线的线形，但影响线峰值仍需要计算。

支座 B 的影响线计算从略。

【**例 12-3-2**】用机动法求图 12-3-3（a）中简支梁的截面 C 的弯矩影响线。

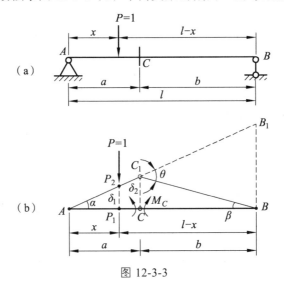

图 12-3-3

【**解**】解除 C 点处与弯矩相关的约束，即将 C 截面由连续刚接变为铰接，代以一对大小相等、方向相反的正向力偶 M_C。该状态下结构为机动体系，使结构发生沿 M_C 正向的虚位移 θ，该虚位移即为 AC 杆与 CB 杆的相对转角；同时原 C 点移动到 C_1，令 $CC_1 = \delta_2$，$\angle C_1 AC = \alpha$，$\angle C_1 BC = \beta$。

当 $P = 1$ 在 AC 之间时，$x \in [0, a]$；因为 $\triangle P_1 P_2 A \backsim \triangle CAC_1$，所以

$$\frac{\delta_1}{\delta_2} = \frac{x}{a}$$

又因 $a \cdot \alpha = \delta_2 = b \cdot \beta$，得

$$\beta = \frac{a}{b} \cdot \alpha \tag{12-3-3}$$

注意到

$$\alpha + \beta = \theta \tag{12-3-4}$$

联立式（12-3-3）与式（12-3-4），计算得 $\alpha = \theta \cdot \dfrac{b}{l}$，因此

$$\delta_1 = \alpha \cdot x = \theta \cdot \frac{b}{l} \cdot x \tag{12-3-5}$$

根据虚位移原理有

$$P \cdot \delta_1 = M_C \cdot \theta \tag{12-3-6}$$

将 $P = 1$ 和式（12-3-5）带入式（12-3-6），得

$$M_C = \frac{\theta \cdot \dfrac{b}{l} \cdot x}{\theta} = \frac{bx}{l}$$

计算结果与式（12-2-3）一致。同理可计算出 $x \in [a, b]$ 时的影响线方程，其结果与式（12-2-4）一致。

【**例 12-3-3**】用机动法求图 12-3-4（a）中简支梁的截面 C 的剪力影响线。

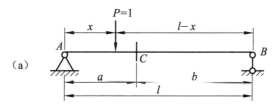

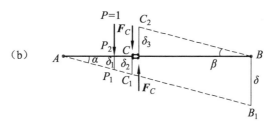

图 12-3-4

【**解**】解除 C 点处与剪力相关的约束，即将 C 截面由连续刚接变为平行链杆，并代以一对大小相等、方向相反的正向剪力 $\boldsymbol{F}_C$，该状态下结构为机动体系。使结构发生沿 $\boldsymbol{F}_C$ 正向的虚位移 δ，由于 C 点为平行链杆，因此该虚位移可分为 $\delta_1 = CC_1$ 和 $\delta_2 = CC_2$，并有

$$\delta = \delta_2 + \delta_3 \tag{12-3-7}$$

由于平行链杆允许相对滑动但不允许相对转动，因此 AC 杆和 CB 杆在虚位移状态下仍为平行，即 $AC_1 /\!/ BC_2$，可证明 $\triangle ACC_1 \backsim \triangle BCC_2$。因此

$$\frac{\delta_2}{\delta_3} = \frac{a}{b} \tag{12-3-8}$$

综合式（12-3-7）与式（12-3-8），得

$$\delta_2 = \delta \cdot \frac{a}{l} \qquad\qquad (12\text{-}3\text{-}9)$$

$$\delta_3 = \delta \cdot \frac{b}{l} \qquad\qquad (12\text{-}3\text{-}10)$$

当 $P = 1$ 在 AC 之间时，$x \in [0, a]$。作 $BB_1 \perp AB$，延长 AC_1 交 BB_1 于 B_1，可证明 $C_1C_2 /\!/ B_1B$，且 $\triangle ACC_1 \backsim \triangle BCC_2$。因此

$$\frac{\delta_1}{\delta_2} = \frac{x}{a} \qquad\qquad (12\text{-}3\text{-}11)$$

将式（12-3-9）代入式（12-3-11），得

$$\delta_1 = \delta \cdot \frac{x}{l} \qquad\qquad (12\text{-}3\text{-}12)$$

根据虚位移原理有

$$P \cdot \delta_1 = F_C \cdot \delta$$

将式（12-3-12）代入上式，并注意 $P = 1$，得

$$F_C = \frac{P \cdot \delta_1}{\delta} = \frac{P}{\delta} \cdot \delta \cdot \frac{x}{l} = \frac{x}{l}$$

计算结果与式（12-2-5）一致。同理可计算出 $x \in [a, b]$ 时的影响线方程，其结果与式（12-2-6）一致。

📝 任务实训

1. 机动法与静力法各有什么优缺点？

_____

_____

_____

_____

2. 机动法计算影响线的理论依据是什么？影响线计算步骤是什么？

_____

_____

_____

3. 用机动法计算图 12-3-5 中 C 截面的弯矩影响线和剪力影响线，并与任务 2 中任务实训结果比较。

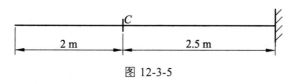

图 12-3-5

4. 用机动法计算图 12-3-6 中 C 截面的弯矩影响线和剪力影响线，并与任务 2 中任务实训结果比较。

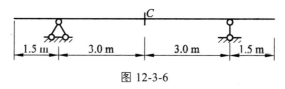

图 12-3-6

5. 学习心得及总结。

任务4　影响线的应用

利用特征截面内力或支座反力的影响线，根据叠加原理可求出结构在实际荷载作用下该效应的大小。同样，当某移动荷载组在结构上移动时，利用影响线可确定出当荷载组移动到什么位置时该量值达到最大值，即确定出最不利荷载位置，从而便可进一步求出该量值的最大值，为结构设计提供依据。下面分别加以讨论。

1. 利用影响线求效应

绘制影响线时，考虑的是单位移动荷载。工程中可能存在多个集中力或均布荷载同时作用在结构上，根据叠加原理，可利用影响线求实际荷载作用下产生的总效应。根据影响线的定义，控制截面在集中力作用下的效应可表示为

$$R = \sum \delta_i F_i \qquad\qquad (12\text{-}4\text{-}1)$$

式中，R 为控制截面或控制支座的效应；δ_i 为第 i 个集中作用的影响线值；F_i 为第 i 个集中作用的大小。

但作用为线荷载时，可通过线荷载在影响线上的积分来计算作用：

$$R = \int q(x) \cdot \delta(x) \mathrm{d}x \qquad\qquad (12\text{-}4\text{-}2)$$

式中，$q(x)$ 为线荷载分布函数；$\delta(x)$ 为 $q(x)$ 作用范围内的影响线函数。

当式（12-4-2）中线荷载为均布函数时，$q(x)$ 为定值 q，上式可简化为

$$R = q \int \delta(x) \mathrm{d}x = qA \qquad\qquad (12\text{-}4\text{-}3)$$

式中，A 为影响线在均布荷载作用范围内的面积；对于静定结构，其影响线线形均为折线，可用三角形、梯形面积计算公式等简单地算出面积 A。

【**例 12-4-1**】利用影响线计算图 12-4-1 中 C 截面的弯矩大小。

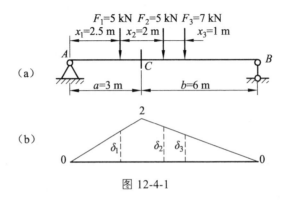

图 12-4-1

【**解**】① 绘制 C 截面的弯矩影响线，如图 12-4-1（b）所示。
② 计算各作用对应的影响线值大小。如图 12-4-1（a）所示，F_1 位于 AC 段，因此

$$\delta_1 = \frac{bx_1}{l} = \frac{6 \times 2.5}{9} = 1.67$$

F_2 与 F_3 均位于 CB 段，因此

$$\delta_2 = a \cdot \left(1 - \frac{x_2}{l}\right) = 3 \times \left(1 - \frac{4.5}{9}\right) = 1.5$$

$$\delta_3 = a \cdot \left(1 - \frac{x_3}{l}\right) = 3 \times \left(1 - \frac{5.5}{9}\right) = 1.17$$

③ 计算 C 截面弯矩值，根据式（12-4-1）有

$$M_C = \sum \delta_i F_i = 1.67 \times 5 + 1.5 \times 7 + 1.17 \times 7 = 27.04 \text{ kN} \cdot \text{m}$$

【**例 12-4-2**】计算图 12-4-2 中 C 截面的剪力大小。

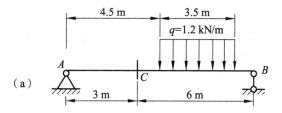

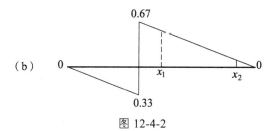

图 12-4-2

【**解**】本题作用荷载为均布荷载，可按式（12-4-2）进行计算。首先计算 C 截面的剪力影响线，如图 12-4-2（a）所示，均布荷载作用区域均位于 CB 段。根据式（12-2-6），CB 段的影响线方程为

$$F_{QC}(x) = 1 - \frac{x}{9}$$

因此

$$F_{QC} = 1.2 \times \int_{4.5}^{8} \left(1 - \frac{x}{9}\right) \mathrm{d}x = 1.28 \text{ kN}$$

一般情况下，静定结构影响线线形为直线，如图 12-4-2（b）所示，采用式（12-4-3）可得到相同的结果。

2. 求最不利荷载位置

承受移动荷载作用的结构，其上的量值通常都会随着荷载的移动而变化。将使某量值产

生最大（或最小）值时的荷载位置称为该量值的最不利荷载位置。对受移动荷载作用的结构进行设计前，必须先要确定某量值的最不利荷载位置，并计算出该荷载位置时量值的大小即最大（或最小）值，然后在此基础上才能进行设计。

由于影响线图形存在正负，显而易见，当荷载作用在影响线正号区域时，将导致特征截面（或支座）的正值效应；当荷载作用在影响线负号区域时将产生负值效应。通过这一特征可确定在荷载形式一定的情况下，荷载的最不利作用位置及效应值的大小。

【例 12-4-3】图 12-4-3（a）所示某伸臂梁受均布荷载 $q = 10$ kN/m 作用，方向竖直向下，布置位置及布置长度未知。试计算最不利荷载作用下 C 截面弯矩值。

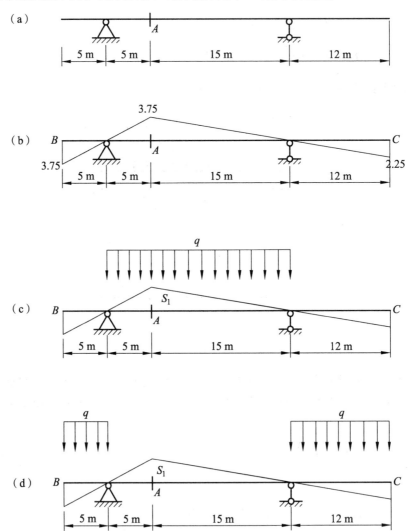

图 12-4-3

【解】① 计算影响线图。

根据机动法计算影响线，A 截面的影响线值为

$$R_{MA} = \frac{ab}{l} = \frac{5 \times 15}{5 + 15} = 3.75$$

根据相似三角形有关定理得

$$R_{MB} = R_{MA} = 3.75$$

$$R_{MC} = \frac{12}{20} \cdot R_{MA} = 2.25$$

② 计算 C 截面的最大弯矩值。

根据影响线的性质,均布荷载满布在影响线正号区域内时,特征截面的效应值取最大。因此 q 布置在两支座之间时[图 12-4-3(c)],C 截面取得最大弯矩值。

$$M_{C\max} = q \cdot S_1 = 10 \times \left(\frac{1}{2} \times 20 \times 3.75 \right) = 375 \text{ kN} \cdot \text{m}$$

③ 计算 C 截面的最大弯矩值。

均布荷载满布在影响线负号区域内时,特征截面的效应值取最小。因此 q 布置在两侧悬臂端时[图 12-4-3(d)],C 截面取得最小弯矩值。

$$M_{C\min} = q \cdot S_2 + q \cdot S_3 = -10 \times \left(\frac{1}{2} \times 5 \times 3.75 + \frac{1}{2} \times 12 \times 2.25 \right) = -228.75 \text{ kN} \cdot \text{m}$$

📝 任务实训

1. 梁中同一截面的不同效应(弯矩、剪力、轴力、挠度)的最不利荷载位置是否相同?为什么?

_____

_____

_____

_____

_____

2. 均布荷载作用下,为什么某截面的内力值可简单地通过均布荷载大小 q 乘以该均布荷载对应的影响线面积 A 来计算,而不需要进行积分?

_____

_____

_____

_____

_____

_____

3. 试通过影响线计算图 12-4-4 中 C 截面的弯矩值和剪力值。

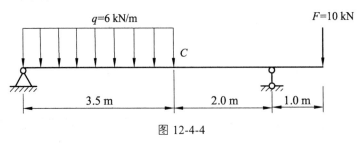

图 12-4-4

4. 图 12-4-5 所示某 T 形刚构,梁上可布置 $q = 12$ kN/m 的均布荷载,求 1#支座、A 截面剪力,B 截面弯矩的最不利加载方式及相应的效应值。

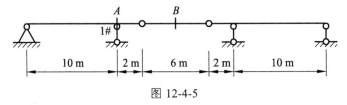

图 12-4-5

5. 学习心得及总结。

项目小结

当一个方向不变的单位集中荷载（$P=1$）在结构上移动时，表示结构某指定处的某一量值（支反力、剪力、轴力、弯矩、位移等）变化规律的图形，称为该量值的影响线。需要注意影响线和内力图的区别，内力图是表示在固定荷载作用下，各截面内力分布规律的图形。

由于单位移动荷载（$P=1$）是无量纲的，因此，某量值影响线纵标的量纲 = 该量值的量纲/力的量纲。影响线的正负号规定如下：反力以向上为正，轴力以拉力为正，剪力以使隔离体有顺时针转动趋势为正，弯矩以使梁下侧纤维受拉为正，与上述情形相反则为负。正影响线纵标绘在基线上方，负影响线绘在下方，并标注"+""−"号。

（1）用静力法计算影响线。

① 选取坐标原点，将 $P=1$ 放在任意位置，以变量 x 表示 $P=1$ 作用点的位置；

② 取隔离体，建立平衡方程，求出某量值与 x 之间的函数关系，即影响线方程；

③ 根据影响线方程绘出图形，即影响线。

（2）用机动法计算影响线。

机动法是利用虚功原理作影响线。作某量值 Z 的影响线时，要撤去与量值 Z 相应的约束，形成一个机动体系。令该机构产生可做正功的单位虚位移 $\delta_z=1$，则荷载作用点的竖向位移图 $\delta_p(x)$ 即为量值 Z 的影响线。由虚功原理可得

$$Z(x)=\delta_p(x)$$

（3）利用影响线求集中荷载作用。

设集中荷载组 P_1，P_2，$\cdots$，P_n 作用点处某量值 R 的影响线纵标为 y_1，y_2，$\cdots$，y_n，则由之产生的总影响量为

$$R=\sum P_i y_i$$

（4）利用影响线求分布荷载作用。

当已知变化规律的分布荷载 $q(x)$ 作用于某确定位置时，由之产生的影响量为

$$R=\int q(x)\cdot\delta(x)\mathrm{d}x$$

积分的上、下限视 $q(x)$ 的分布范围而定。

附录 I　截面的几何性质

I–1　截面的静矩和形心位置

计算杆在外力作用下的应力变形时，将用到杆横截面的几何性质。截面的几何性质包括截面的面积 A、极惯性矩 I_p，以及静矩、惯性矩和惯性积等。

如图 I-1-1 所示平面图形代表一任意截面，以下两积分

$$\left.\begin{array}{l} S_z = \displaystyle\int_A y\,\mathrm{d}A \\[2mm] S_y = \displaystyle\int_A z\,\mathrm{d}A \end{array}\right\} \tag{I-1-1}$$

分别定义为该截面对于 z 轴和 y 轴的静矩。

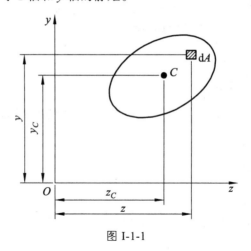

图 I-1-1

静矩可用来确定截面的形心位置。由静力学中确定物体重心的公式可得

$$\left.\begin{array}{l} y_C = \dfrac{\displaystyle\int_A y\,\mathrm{d}A}{A} \\[4mm] z_C = \dfrac{\displaystyle\int_A z\,\mathrm{d}A}{A} \end{array}\right\}$$

利用公式（I-1-1），上式可写成

$$\left.\begin{array}{l} y_C = \dfrac{\displaystyle\int_A y\,\mathrm{d}A}{A} = \dfrac{S_z}{A} \\[4mm] z_C = \dfrac{\displaystyle\int_A z\,\mathrm{d}A}{A} = \dfrac{S_y}{A} \end{array}\right\} \tag{I-1-2}$$

或

$$
\left.\begin{array}{l}
S_z = Ay_C \\
S_y = Az_C
\end{array}\right\} \tag{Ⅰ-1-3}
$$

$$
\left.\begin{array}{l}
y_C = \dfrac{S_z}{A} \\[2mm]
z_C = \dfrac{S_y}{A}
\end{array}\right\} \tag{Ⅰ-1-4}
$$

如果一个平面图形是由若干个简单图形组成的组合图形，则由静矩的定义可知，整个图形对某一坐标轴的静矩应该等于各简单图形对同一坐标轴的静矩的代数和，即

$$
\left.\begin{array}{l}
S_z = \displaystyle\sum_{i=1}^{n} A_i y_{ci} \\[3mm]
S_y = \displaystyle\sum_{i=1}^{n} A_i z_{ci}
\end{array}\right\} \tag{Ⅰ-1-5}
$$

式中，A_i、y_{ci} 和 z_{ci} 分别表示某一组成部分的面积和其形心坐标，n 为简单图形的个数。

将式（Ⅰ-1-5）代入式（Ⅰ-1-4），得到组合图形形心坐标的计算公式为

$$
\left.\begin{array}{l}
y_c = \dfrac{\displaystyle\sum_{i=1}^{n} A_i y_{ci}}{\displaystyle\sum_{i=1}^{n} A_i} \\[6mm]
z_c = \dfrac{\displaystyle\sum_{i=1}^{n} A_i z_{ci}}{\displaystyle\sum_{i=1}^{n} A_i}
\end{array}\right\} \tag{Ⅰ-1-6}
$$

【例 Ⅰ-1-1】图 Ⅰ-1-2 所示为对称 T 形截面，求该截面的形心位置。

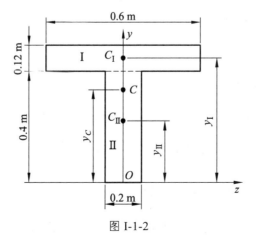

图 Ⅰ-1-2

【解】建立直角坐标系 zOy，其中 y 为截面的对称轴。因图形相对于 y 轴对称，其形心一定在该对称轴上，因此 $z_C = 0$，只需计算 y_C 值。将截面分成Ⅰ、Ⅱ两个矩形，则

$$A_{\mathrm{I}} = 0.072 \text{ m}^2, \quad A_{\mathrm{II}} = 0.08 \text{ m}^2$$

$$y_{\mathrm{I}} = 0.46 \text{ m}, \quad y_{\mathrm{II}} = 0.2 \text{ m}$$

$$y_c = \frac{\displaystyle\sum_{i=1}^{n} A_i y_{ci}}{\displaystyle\sum_{i=1}^{n} A_i} = \frac{A_{\mathrm{I}} y_{\mathrm{I}} + A_{\mathrm{II}} y_{\mathrm{II}}}{A_{\mathrm{I}} + A_{\mathrm{II}}}$$

$$= \frac{0.072 \times 0.46 + 0.08 \times 0.2}{0.072 + 0.08} = 0.323 \text{ m}$$

I-2 惯性矩、惯性积和极惯性矩

如图 I-2-1 所示平面图形代表一任意截面，在图形平面建立直角坐标系 zOy。现在图形取微面积 $\mathrm{d}A$，$\mathrm{d}A$ 的形心在坐标系 zOy 中的坐标为 y 和 z，到坐标原点的距离为 ρ。现定义 $y^2\mathrm{d}A$ 和 $z^2\mathrm{d}A$ 为微面积 $\mathrm{d}A$ 对 z 轴和 y 轴的惯性矩，$\rho^2\mathrm{d}A$ 为微面积 $\mathrm{d}A$ 对坐标原点的极惯性矩，而以下三个积分：

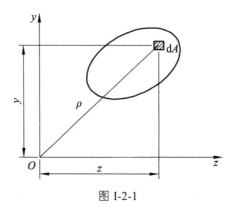

图 I-2-1

$$\left. \begin{aligned} I_z &= \int_A y^2 \mathrm{d}A \\ I_y &= \int_A z^2 \mathrm{d}A \\ I_\mathrm{p} &= \int_A \rho^2 \mathrm{d}A \end{aligned} \right\} \tag{I-2-1}$$

分别定义为该截面对于 z 轴和 y 轴的惯性矩以及对坐标原点的极惯性矩。

由图 I-2-1 可见，$\rho^2 = y^2 + z^2$，所以有

$$I_\mathrm{P} = \int_A \rho^2 \mathrm{d}A = \int_A (y^2 + z^2)\mathrm{d}A = I_z + I_y \tag{I-2-2}$$

即任意截面对一点的极惯性矩，等于截面对以该点为原点的两任意正交坐标轴的惯性矩之和。另外，微面积 $\mathrm{d}A$ 与它到两轴距离的乘积 $zy\mathrm{d}A$ 称为微面积 $\mathrm{d}A$ 对 y、z 轴的惯性积，而积分

$$I_{yz} = \int_A zy\mathrm{d}A \qquad\qquad\qquad （\text{I-2-3}）$$

定义为该截面对于 y、z 轴的惯性积。

从上述定义可见，同一截面对于不同坐标轴的惯性矩和惯性积一般是不同的。惯性矩的数值恒为正值，而惯性积则可能为正，可能为负，也可能等于零。惯性矩和惯性积的常用单位是 m^4 或 mm^4。

I-3　惯性矩、惯性积的平行移轴和转轴公式

1. 惯性矩、惯性积的平行移轴公式

图 I-3-1 所示为一任意截面，z、y 为通过截面形心的一对正交轴，z_1、y_1 为与 z、y 平行的坐标轴，截面形心 C 在坐标系 z_1Oy_1 中的坐标为（b，a），已知截面对 z、y 轴惯性矩和惯性积为 I_z、I_y、I_{yz}，下面求截面对 z_1、y_1 轴惯性矩和惯性积 I_{z_1}、I_{y_1}、$I_{y_1z_1}$。

$$I_{z_1} = I_z + a^2A \qquad\qquad\qquad （\text{I-3-1}）$$

同理可得

$$I_{y_1} = I_y + b^2A \qquad\qquad\qquad （\text{I-3-2}）$$

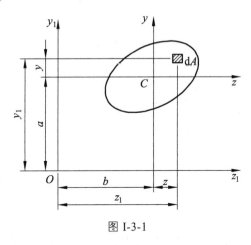

图 I-3-1

式（I-3-1）、式（I-3-2）称为惯性矩的平行移轴公式。

下面求截面对 y_1、z_1 轴的惯性积 $I_{y_1z_1}$。根据定义

$$\begin{aligned}
I_{y_1z_1} &= \int_A z_1 y_1 \mathrm{d}A = \int_A (z+b)(y+a)\mathrm{d}A \\
&= \int_A zy\mathrm{d}A + a\int_A z\mathrm{d}A + b\int_A y\mathrm{d}A + ab\int_A \mathrm{d}A \\
&= I_{yz} + aS_y + bS_z + abA
\end{aligned}$$

由于 z、y 轴是截面的形心轴，所以 $S_z = S_y = 0$，即

$$I_{y_1z_1} = I_{yz} + abA \qquad\qquad\qquad （\text{I-3-3}）$$

式（I-3-3）称为惯性积的平行移轴公式。

2. 惯性矩、惯性积的转轴公式

图 I-3-2 所示为一任意截面，z、y 为过任一点 O 的一对正交轴，截面对 z、y 轴惯性矩 I_z、I_y 和惯性积 I_{yz} 已知。现将 z、y 轴绕 O 点旋转 α 角（以逆时针方向为正）得到另一对正交轴 z_1、y_1 轴，下面求截面对 z_1、y_1 轴惯性矩和惯性积 I_{z_1}、I_{y_1}、$I_{y_1z_1}$。

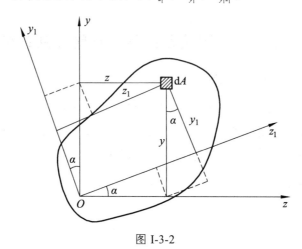

图 I-3-2

$$I_{z_1} = \frac{I_z + I_y}{2} + \frac{I_z - I_y}{2}\cos 2\alpha - I_{yz}\sin 2\alpha \tag{I-3-4}$$

同理可得

$$I_{y_1} = \frac{I_z + I_y}{2} - \frac{I_z - I_y}{2}\cos 2\alpha + I_{yz}\sin 2\alpha \tag{I-3-5}$$

$$I_{y_1z_1} = \frac{I_z - I_y}{2}\sin 2\alpha + I_{yz}\cos 2\alpha \tag{I-3-6}$$

式（I-3-4）或（I-3-5）称为惯性矩的转轴公式，式（I-3-6）称为惯性积的转轴公式。

I-4 形心主轴和形心主惯性矩

1. 主惯性轴、主惯性矩

由式（I-3-6）可以发现，当 $\alpha = 0^\circ$，即两坐标轴互相重合时，$I_{y_1z_1} = I_{yz}$；当 $\alpha = 90^\circ$ 时，$I_{y_1z_1} = -I_{yz}$，因此必定有这样的一对坐标轴，使截面对它的惯性积为零。通常把这样的一对坐标轴称为截面的主惯性轴，简称主轴，截面对主轴的惯性矩叫作主惯性矩。

假设将 z、y 轴绕 O 点旋转 α_0 角得到主轴 z_0、y_0，由主轴的定义

$$I_{y_0z_0} = \frac{I_z - I_y}{2}\sin 2\alpha_0 + I_{yz}\cos 2\alpha_0 = 0$$

从而得

$$\tan 2\alpha_0 = \frac{-2I_{yz}}{I_z - I_y}$$

（Ⅰ-4-1）

上式就是确定主轴的公式，式中负号放在分子上，为的是和下面两式相符。这样确定的 α_0 角就使得 I_{z_0} 等于 $I_{\max}$。

由式（Ⅰ-4-1）及三角公式可得

$$\cos 2\alpha_0 = \frac{I_z - I_y}{\sqrt{(I_z - I_y)^2 + 4I_{yz}^2}}$$

$$\sin 2\alpha_0 = \frac{-2I_{yz}}{\sqrt{(I_z - I_y)^2 + 4I_{yz}^2}}$$

将此二式代入到式（Ⅰ-3-4）、式（Ⅰ-3-5）中便可得到截面对主轴 z_0、y_0 的主惯性矩

$$\left. \begin{array}{l} I_{z_0} = \dfrac{I_z + I_y}{2} + \dfrac{1}{2}\sqrt{(I_z - I_y)^2 + 4I_{yz}^2} \\[3mm] I_{y_0} = \dfrac{I_z + I_y}{2} - \dfrac{1}{2}\sqrt{(I_z - I_y)^2 + 4I_{yz}^2} \end{array} \right\}$$

（Ⅰ-4-2）

2. 形心主轴、形心主惯性矩

通过截面上的任何一点均可找到一对主轴。通过截面形心的主轴叫作形心主轴，截面对形心主轴的惯性矩叫作形心主惯性矩。

【例Ⅰ-4-1】求例Ⅰ-1-1中截面的形心主惯性矩。

【解】在例题Ⅰ-1-1中已求出形心位置为

$$z_C = 0, \quad y_C = 0.323 \text{ m}$$

过形心的主轴 z_0、y_0 如图Ⅰ-5-1所示，z_0 轴到两个矩形形心的距离分别为

$$a_{\text{I}} = 0.137 \text{ m}, \quad a_{\text{II}} = 0.123 \text{ m}$$

截面对 z_0 轴的惯性矩为两个矩形对 z_0 轴的惯性矩之和，即

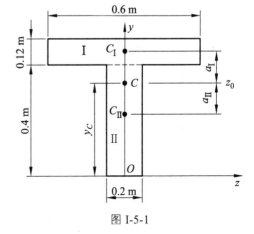

图Ⅰ-5-1

$$I_{z_0} = I_{z_{\text{I}}}^{\text{I}} + A_{\text{I}} a_{\text{I}}^2 + I_{z_{\text{II}}}^{\text{II}} + A_{\text{II}} a_{\text{II}}^2$$

$$= \frac{0.6 \times 0.12^3}{12} + 0.6 \times 0.12 \times 0.137^2 + \frac{0.2 \times 0.4^3}{12} + 0.2 \times 0.4 \times 0.123^2$$

$$= 0.37 \times 10^{-2} \text{ m}^4$$

截面对 y_0 轴惯性矩为

$$I_{y_0} = I_{y_0}^{\text{I}} + I_{y_0}^{\text{II}} = \frac{0.12 \times 0.6^3}{12} + \frac{0.4 \times 0.2^3}{12} = 0.242 \times 10^{-2} \text{ m}^4$$

附录Ⅱ　常用截面的几何性质计算公式

截面形状和形心轴的位置	面积 A	惯性矩		惯性半径	
		I_x	I_y	i_x	i_y
	bh	$\dfrac{bh^3}{12}$	$\dfrac{b^3h}{12}$	$\dfrac{h}{2\sqrt{3}}$	$\dfrac{b}{2\sqrt{3}}$
	$\dfrac{bh}{2}$	$\dfrac{bh^3}{36}$	$\dfrac{b^3h}{36}$	$\dfrac{h}{3\sqrt{2}}$	$\dfrac{b}{3\sqrt{2}}$
	$\dfrac{\pi d^2}{4}$	$\dfrac{\pi d^4}{64}$	$\dfrac{\pi d^4}{64}$	$\dfrac{d}{4}$	$\dfrac{d}{4}$
$\alpha = \dfrac{d}{D}$	$\dfrac{\pi D^2(1-\alpha^2)}{4}$	$\dfrac{\pi D^4(1-\alpha^4)}{64}$	$\dfrac{\pi D^4(1-\alpha^4)}{64}$	$\dfrac{D\sqrt{(1+\alpha^2)}}{4}$	$\dfrac{D\sqrt{(1+\alpha^2)}}{4}$

截面形状和形心轴的位置	面积 A	惯性矩		惯性半径	
		I_x	I_y	i_x	i_y
	$2\pi \cdot r_0 \delta$	$\pi \cdot r_0^3 \delta$	$\pi \cdot r_0^3 \delta$	$\dfrac{r_0}{\sqrt{2}}$	$\dfrac{r_0}{\sqrt{2}}$
	πab	$\dfrac{\pi ab^3}{4}$	$\dfrac{\pi a^3 b}{4}$	$\dfrac{b}{2}$	$\dfrac{a}{2}$
	$\dfrac{\theta d^2}{4}$	$\dfrac{d^4}{64}\left(\theta + \sin\theta \cdot \cos\theta - \dfrac{16\sin^2\theta}{9\theta}\right)$	$\dfrac{d^4}{64}(\theta - \sin\theta \cdot \cos\theta)$		

参考文献

[1] 李永光，牛少儒. 建筑力学与结构[M]. 3 版. 北京：机械工业出版社，2014.

[2] 张春玲，苏德利. 建筑力学[M]. 北京：北京邮电大学出版社，2013.

[3] 杨力彬，赵萍. 建筑力学[M]. 北京：机械工业出版社，2009.

[4] 陈永龙. 建筑力学[M]. 3 版. 北京：高等教育出版社，2011.

[5] 张毅. 建筑力学[M]. 北京：清华大学出版社，2006.

[6] 于英. 建筑力学[M]. 2 版. 北京：中国建筑工业出版社，2012.

[7] 赵朝前，吴明军. 建筑力学[M]. 2 版. 重庆：重庆大学出版社，2020.

[8] 孙俊，董羽蕙. 建筑力学[M]. 3 版. 重庆：重庆大学出版社，2016.

[9] 徐凯燕，聂堃. 建筑力学[M]. 3 版. 北京：北京理工大学出版社，2020.

[10] 赵志平. 建筑力学[M]. 重庆：重庆大学出版社，2004.

[11] 罗迎社. 材料力学[M]. 武汉：武汉理工大学出版社，2007.

[12] 吴明军. 土木工程力学[M]. 北京：北京大学出版社，2010.

[13] 周国瑾，施美丽，张景良. 建筑力学[M]. 5 版. 上海：同济大学出版社，2016.

[14] 胡兴福. 建筑力学与结构[M]. 4 版. 武汉：武汉理工大学出版社，2018.

[15] 沈养中. 建筑力学[M]. 2 版. 北京：高等教育出版社，2015.

[16] 刘鸿文. 材料力学 I[M]. 5 版. 北京：高等教育出版社，2011.

[17] 孙训方，方孝淑，关来泰. 材料力学[M]. 5 版. 北京：高等教育出版社，2009.

[18] 袁海庆. 材料力学[M]. 3 版. 武汉：武汉理工大学出版社，2014.

[19] 王长连. 土木工程力学[M]. 2 版. 北京：机械工业出版社，2009.

[20] 蔡广新. 工程力学[M]. 北京：化学工业出版社，2008.

[21] 刘明晖. 建筑力学[M]. 3 版. 北京：北京大学出版社，2009.

[22] 孟庆昕，陈旭元，高苏. 建筑力学[M]. 镇江：江苏大学出版社，2015.

[23] 邹建奇，姜浩，段文峰. 建筑力学[M]. 北京：北京大学出版社，2010.

[24] 张春玲，苏德利. 建筑力学[M]. 东营：中国石油大学出版社，2010.